方寸之间　别有天地

献给我的父亲乔治·雷尔福克斯

他过去总问我打算什么时候这写本书

我多么希望他能读到它

更高更快更强，不只是人类的奥运格言，也是生物演化中时常发生的情况。在演化生物学中，有一个“红皇后假说”：生物必须永不停歇地演化，才能够满足种间竞争的对抗，因为大家都在变强，所以正如《爱丽丝漫游仙境》中红皇后的那句话：“你必须尽力地不停地跑，才能使你保持在原地。”

这本《力量的进化》，讲述的就是这样的过程。作者以大量的实例介绍自然界中各种动物的惊人能力，这些实例有些来自野外，有些来自实验，多为作者一线研究所得。这些让人耳目一新的实例不仅能开阔眼界，更能让人一窥演化的精彩，自然的神奇。从而了解生物何其为生物，世界何其为世界，我们何其为我们。

——花蚀　科普作家，《逛动物园是件正经事》作者

太棒了！淋漓尽致、思路清晰、扣人心弦、非常有趣，一下子就喜欢上了作者，喜欢他渊博的知识。

——罗伯特·特里弗斯　当今世界最具影响力的进化生物学家之一

从螳螂虾到竞速猎豹，《力量的进化》一书是对包括人类在内的运动生命的迷人探索。

——卡尔·齐默　科普作家，《病毒星球》作者

以进化为基础的动物奥林匹克运动会已持续大约8亿年。西蒙·莱尔沃克斯为自然历史和体育迷们撰写了一部迷人易读的著作，介绍了各种有趣的比赛、参赛者的多样性以及比赛的各种奇妙规则。

——马尔科姆·戈登　加州大学洛杉矶分校教授

How Evolution Shapes Animal Athletic Abilities

Feats of Strength

力量的进化

范伟——译

〔美〕
西蒙·莱尔沃克斯——著
Simon Lailvaux

动物如何变得更强

社会科学文献出版社
SOCIAL SCIENCES ACADEMIC PRESS (CHINA)

Feats of Strength: How Evolution Shapes Animal Athletic Abilities

Originally published by Yale University Press

目 录

前 言

1999 年，在美丽的小城斯坦林布什（Stellenbosch），我参加了南非生理学会（Physiological Society of Southern Africa）举办的一次会议。虽然我参会的目的是发表一个早期项目的研究成果——关于一种鲜为人知的壁虎的生理研究，但随后我发现自己还参与了大量关于运动生理学的讨论。对南非体育界来说，20 世纪 90 年代中后期是一段令人兴奋的时光。南非的运动员刚摆脱国际末流地位，就在世界体育舞台上大放异彩。最引人注目的是斯普林伯克（Springbok）橄榄球队在 1995 年橄榄球世界杯上取得的胜利，而当时那些运动员还正处于从业余球员到职业球员的转型阶段。这一转型的关键是开普敦大学运动科学研究所的科学家正在进行的一项研究。开普敦大学毗邻斯坦林布什，这些科学家中有很多人都参加了那次会议。

其中一位研究者演讲时，我在一张便签纸上漫不经心地写写画画："竞技和运动科学……有人对动物做过此类研究吗？"我很快就把这事给忘了。回家后不久，我无意中又看到这张便条，于是赶往位于约翰内斯堡的金山大学生命科学图书馆查资料。我发现，原来已经有人做过动物运动方面的研究，而且已经研究了几十年，这深深地吸引了我。之后的几个月，我的研究重心从代谢转移到研究蜥蜴运动器官的性能，这是我踏足该领域的第一步。我在动物运动研究之路上一直走到现在，并最终完成了这本书。

能够拥有一份以自己的兴趣所在为中心的工作，我感到无比幸运。在过去的 17 年里，由于我的兴趣一直多多少少与动物的运动能力［athletic abilities，或者叫完整生物体能力（whole-organism performance）——研究者通常这样称呼］相关，因此促使我对遍及 4 大洲的动物物种进行能力研究。非常幸运，我选择的这个研究领域，备受生理学、生态学和进化论方面某些最优秀、最激动人心的思想者的关注。因此，早在我和众多同道进入这一研究领域之前，动物运动能力方面的最基本概念已经得到人们的深入理解。这对我来说是个优势。支持运动的生理和生化途径；针对特定能力背后的力学与运动学分析；飞行、游泳、跳跃和奔跑的能量消耗，诸如此类，以及很多测量它们的数学、统计学和实用技术，都在能力生物学先驱们的努力下，有了详细的成果。

这种广泛的知识基础，使我们这些新手，在无数涉及能力的生物学场景中，可以大量运用理解动物运动能力的现有工具。因此，该研究领域不断蓬勃发展，而且令人沉醉不已。动物怎样运用它们的运动能力捕捉猎物或逃避猎杀？环境温度如何对某类动物的运动能力产生深刻的影响，而这些动物又如何应对温度变化？随着动物年岁的增长，它们的能力会发生怎样的改变？体格健壮的雄性动物会更吸引雌性动物吗？鱼怎样沿瀑布逆流而上，蛇怎样滑行，袋鼠怎样不费力气地旅行，嘴里没衔东西的燕子（非洲或欧洲的燕子）在空气中的飞行速度是多少？这些都是能力研究者试图回答的问题，其答案让人们对自然世界和进化历程都有了更深的理解。当然，它们也引出了更多的问题。

我想写这本书，多少是由于个人的经历。很多次，在跟生物学家之外的人打交道时，我都遭遇了尴尬。当他们得知我靠什么来谋生时，几乎都表现出困惑和怀疑。他们很想知道：沿着跑道追蜥蜴怎么会是一种工作？让甲壳虫彼此打斗，人们希望从中得到什么启示？显然，在大众的眼中，观测星体、探究火山和引发亚原子粒子碰撞才是真正的科学研究，而测量跳蚤能跳多高、蜘蛛能跑多远却不是。虽然研究动物的运动能力看起来有些轻浮，但它的确是有机生物学中某些重要概念和问题的核心。

xi

动物的运动能力之所以吸引了如此多的研究者，是因为它有一大特点：它既是生态学和进化论中多个领域的核心，也是二者的关联性之所在。在动物日常生活中，从繁殖、喂养到信号传递、交配和觅食，能力都是至关重要的，所以我们可以从诸多方面来对其加以研究。实际上，对能力的探索极其重要，甚至已经成为进化论中适应性（adaptation）研究的基础之一。虽然人们还没有总结出关于适应性的唯一的、普遍接受的定义，但却找到了研究适应性的一种可行路径：有机体的某种特征是自然选择塑造出来的，有助于该有机体的生存和最终的繁殖。[1]例如，某些种类竹节虫的伪装和隐藏行为就表现出了适应性，因为出色的伪装可以让它们避免被捕食。而且，它们与同类竹节虫中缺乏这种伪装能力或能力较差的个体相比，最终繁殖出的后代也更多。能力不仅符合不同动物形形色色的适应性标准，还能解释自然界中关于适应性的多种惊人实例。

由于进化在塑造动物运动能力上发挥的关键作用，人们在讨论时不得不同时考虑另一个问题，即这种能力表现是如何一路进化而来的。这不单是一本研究能力的书，而且也涉及进化。我以 xii 能力为透镜，透过它来考察进化过程中诸多迷人的方面。总而言之，我围绕各种主题，而不是具体的运动能力，组织了下文中的章节。跑、跳、飞、咬、滑行、游泳、攀爬、挖掘——书中囊括的话题不止于此。因为我不仅关注动物的能力是“怎样的”，还关注它们“为什么”会拥有这样的能力，所以我需要逐一阐释这些话题，来说明一些重要的概念以及生态和进化领域的背景知识。

这方面，我有一个重要的提醒：能力是一个庞大的研究领域，至今仍在不断发展，所以说，把当今方方面面的研究全部展示出来是个异常艰辛的工作。鉴于此，我没有做宏观概述，而是采取了最简单的表达方式。实际上，我按照自己不拘一格的趣

---

1 更正式的定义可能是：“一组变量中，带来最大繁殖成功的一个变量。”如果你试图在某个进化生物学专业朋友面前使用这个定义，有可能下次见面时，你会想着跟他再来一场令人眼花缭乱的争论。

味，从文献中撷取各种事例——至少，绝大部分章节，我是这样做的。对于某些动物的讨论肯定要比其他动物多。举个例子，如果本书看起来在大篇幅地讨论蜥蜴——我确实也这样做了，这既不是出于个人对蜥蜴类研究的偏好，也不是因为我本人恰好在探索蜥蜴的能力。真实的原因是：在历史上，蜥蜴是研究完整生物体能力的重要模型系统，因为它们既容易在实验室里饲养和测量，也方便在野外研究。因此，我们对蜥蜴在不同环境下的运动能力的了解比对其他任何动物都多得多。如果将伟大的古生物学家乔治·盖洛德·辛普森（George Gaylord Simpson）关于进化论的精辟论述用在我身上的话，可以解读为："我不是因为蜥蜴特别有趣，才去研究它们；相反，我研究它们是因为我们可以从中了解很多能力方面的知识。"看来我不是科学家中唯一这样想的人，研究完整生物体能力的人对蜥蜴都尤其钟爱，我在本书中对该话题的处理也反映出了这一点（相反，还有很多迷人的动物，出于一些显而易见的原因，我们对它们的能力知之甚少。本书中，这些动物遭受了冷遇）。

再补充一点。在书中多处讲述中，我都毫无顾忌地添加了明显的标记，向读者提示这里有些目前尚不清楚或了解甚少的问题。不熟悉科研程序的人，很难接受不确定性。有一种普遍的误解是：对先前的发现和数据加以修订（或者确实是纠正），就意味着科学在某种程度上是不靠谱的。实际上，科学最伟大的力量就在于它具有自我修正的性质。关于能力的研究中，还有很多领域需要人们去解释，去做严谨的实验。但这并不是说我和同行们

xiii

一直以来都在混日子，或者是我们不擅长本职工作；而实际上，这正说明了自然的复杂性。在我看来，很多理解动物能力的机遇尽管令人望而生畏，但也让人心潮澎湃。

在开始本书之前，我先做两个简短说明。首先，关于计量单位。能力的测量需要数字来说明，而这些数字需要用恰当的计量单位做诠释。本书自始至终都采用公制单位。这主要是因为：在生物学上，我们只用公制单位，因为多种单位制混用会带来歧义。就这些数字本身而言，在谷歌上搜索一下动物的运动记录，会发现海量的传闻和错误信息。本书展示的数据，都是我从已发表的科学文献中摘取的经过证实和同行评议的动物能力记录数据。至于极个别的例外情况，我也做了标记。在这个问题上，尽管不能保证绝对权威，但我努力做到真实可信。

其次，敏锐的读者会注意到书中不时会出现脚注。这些脚注的内容包含技术性信息、偏题的资料、偶然发生的个人轶事，甚至几条绝妙的笑话。不喜欢脚注的读者，大可忽略它们。

1
跑，跳，咬

破晓时分，金色阳光洒满大地。奥卡万戈三角洲（Okavango Delta）上，一头雌性猎豹悄无声息地穿过一片深草地。它紧贴着地面，谨小慎微，蹑手蹑脚。远处的稀树草原上，一群黑斑羚正在吃草。羚羊群有些躁动不安，边缘的黑斑羚不时停下来，抬起头，凝视着朦胧的远方，警惕着危险。它们看不到也嗅不到隐藏在幽暗草丛中的捕食者——它隐形了，斑驳的黄褐色皮毛使它的轮廓完全淹没在植被之下，甚至连一丝可以传递气味的风都没有。尽管如此，充任哨兵的羚羊还是抽动着鼻子和耳朵——危险无处不在，天敌随时袭来。猎豹睁大双眼扫视着羊群，聚精会神地搜寻着。没过多久，它锁定了目标——一只还没长大，懵懵懂懂的幼年黑斑羚，因为游荡得太远而脱离了羊群的保护。草丛中的猎手注意到了这一切。

猎豹绕过草垛，慢慢靠近那只倒霉的黑斑羚，它四肢和背部上的强壮肌肉在皮毛下一圈圈鼓起，好似水面泛起了波纹。终于，它来到了合适的位置：蹲下，紧盯着前方的猎物，然后等待——几乎整整一分钟，都一动不动，刹那间，它从草丛中一跃而起。这一串动作下来，放哨的羚羊顿时骚动起来，羊群彻底慌了。那只未成年的羚羊少不更事，茫然无知；它毫不犹豫地奔向羊群。猎豹在快速地迫近，尽管这只年幼的羚羊已经加到全速，但在一场直线奔跑中，它不可能赢。这只黑斑羚猛地转向左边——突然改变方向，意在摆脱紧追不舍的捕食者。但猎豹稳稳地紧追不舍，把它宽大的尾巴往右一摆，抵消了惯性，并在瞬间加速再加速。黑斑羚又一次躲避，这次是往右，但猎豹还是跟上了，把身后的尾巴往左猛甩。幼年羚羊的计谋没有得逞，猎豹的巨爪挥向它的脚踝，羚羊踉跄倒地。母豹迅疾跃上这俯卧在地的动物，用爪子扣住逃生无望的幼年羚羊的咽喉。

相比奔跑，猎豹的噬咬力量要小得多，它可能得花 5 分钟的时间，才能使一只成年黑斑羚窒息而亡。但在今天的场景中，不幸中还算幸运的是，这只年幼的动物没受那么多苦，仅仅过了两分钟，它就死了。总共说来，这一次捕猎花了不到 15 秒，在这段时间里，猎豹跑了 173 米，最快速度为 25.9 米 / 秒（相当于 93 千米 / 小时）。相比之下，成年黑斑羚有记录的最快速度大约只有这个的一半；所以，这只幼年羚羊完全没机会逃生。羊群中其他的羊都逃走了，它的妈妈也在其中，甚至还没意识到自己丢了孩子。然而，至少就眼前来说，这头母豹却已经保障了自己孩子的生存，因为猎物不是给它自己的，而是给它 4 个孩子的——它们在距杀戮场不远的一个洞穴里，正等着它。它还在用爪子紧紧抓住死去动物的脖子，把它拖回洞穴。很快，它的孩子们就有的吃了，这场生与死的循环还会继续下去。

在地球的另一端，美国路易斯安那州新奥尔良市法语区老城外的一个公园里，一只雄性绿安乐蜥（green anole）正坐在一片宽大的绿色叶子上，巡视着它的领地。就绿安乐蜥来说，这是一只重量级的老年大蜥蜴，从它伤痕累累的吻部到长长尾巴的末端，差不多有一个成年男子的手那么长。它的重量超过6克，比一枚25美分硬币稍重一点。它腹部贴着叶面坐在那里，前腿伸直，箭头状的大头高高扬起，这让它占据了绝佳的有利位置，来俯瞰周围区域。在它身下和周围的草木中，一只雌蜥蜴背靠一根叶茎平躺着晒太阳，而另一只雌蜥蜴慢悠悠地爬过灌木丛，搜寻着猎物。相比那只雄蜥蜴，它们不怎么显眼，也小得多。那只大个子蜥蜴猛地把头侧向一边，并眨起了眼睛。它咽喉下松弛的皮肤抽动着张开，展示出它那又大又平的桃红色喉扇，或者说垂肉，显然是在向天下昭示自己的力量。在喉扇完全展开的同时，它快速地上下摆头，以一种非常独特的运动模式，反复多次，然后又完全缩回垂肉，恢复在叶子上的位置，转而朝向另一个方向。它这样展示自己，没有任何专门的针对性，就这样展示着。这是它的领地，它想让所有蜥蜴都清楚这一点。

某个东西吸引了它的注意，它再次展开垂肉，上下摇动头部。俯视身下右侧一米开外的另一片叶子，它看到另一只雄性绿安乐蜥——一个偷偷溜进雄性大蜥蜴领地的入侵者，很可能想对大个子领地内的雌蜥蜴做同样的事。大个子雄蜥蜴不会允许这种事情发生；这种冒失行为是不可容忍的。不假思索，大个子从叶子上跳起来，直奔入侵者而去——四肢伸展，颌骨大开，对栖身其上的叶子使出 5 倍于自己体重的力量（大约 3 牛顿）。

跳跃的力量，结合下冲的轨迹，使得它在不到 1 秒的时间内就跨越了与对手间的距离。尽管落在了入侵者的身上，但柔软叶片的反弹力，使它的判断发生了一丝错误，没能如愿咬住入侵者的背部，两只蜥蜴都从叶子上跌落下来，掉到下面的地上，它们分别着地。

两个动物都没受伤。它们太小，这样摔一下对它们没什么影响。但入侵的蜥蜴现在面临着严重的问题，一只愤怒好斗的大个子雄蜥蜴，随时准备捍卫自己的疆域和雌蜥蜴。两只雄蜥蜴，用一种僵直地伸着腿的独特步法，小心翼翼地绕着彼此打转。大个子雄蜥蜴已经胀大了起来，血液泵进从头顶往下延伸到整个脊柱的静脉窦，从而沿着后背竖起一道脊，使自己显得更大，也更有威胁性。与此同时，它把身子缩向一边，展开垂肉来加强这种效果。

004

尽管有些不情愿，但入侵者还是这样做了。它盯着大个子张开的颌骨，不时伸展开的垂肉，以及嘴巴后部清晰可见、又大又突出的颌骨内收肌群。这种尺寸的重量级雄蜥蜴，可以用那些大块肌肉产生高达 15 牛顿（3.37 磅力）的咬合力——粉碎小个子雄蜥蜴的头骨绰绰有余。入侵者雄蜥蜴真的让自己置身险地了；侵入大个子雄蜥蜴的领地，等于是让自己挑衅一个卧推力高达自己体重25倍的对手。

突然，大个子雄蜥蜴颌骨大张地往前紧逼，小个子雄蜥蜴连忙躲开。大个子雄蜥蜴再次发起攻击，入侵者只好再次后退。小个子雄蜥蜴赢不了这场战斗，它也承受不起受伤，还是溜之大吉吧。它转身逃跑，大个子追了上去。不过，大个子也不能离开自己的领地太远，因为其他雄蜥蜴会试图溜进来，趁它不在时跟它的雌蜥蜴交配。入侵者已经从视野里消失了，它感觉很满足，于是放弃了追赶，爬回草丛，重新开始监视起来。

这两个场景，涉及世界上不同地方、不同种类的动物，但它们至少有一个共同的特征：它们都依赖运动能力来提高自己的繁殖成功率，或者说适合度（fitness）。这个词，并不是指“我超级健康，每天清晨早餐前都能跑5000米”意义上的运动素质，而是指进化意义上的达尔文适合度（Darwinian fitness），指的是一个动物在一生中能繁殖的后代数目。

进化是个数字游戏，且自然选择倾向于（选择）能够使个体提高适合度的行为、能力或特性，也就是说，相对于同一物种的其他成员，那些能繁衍更多后代的成员。在猎豹的例子里，炫目的速度和超强的机动性，使它得以完成一次成功的捕猎，从而它的猎豹崽，也确保能在接下来的一天中得到喂养并存活下来。如此一来，在当下，它不仅为孩子的生存提供了保障，还让它们有机会能够长大，并有朝一日生育自己的孩子。如果它们也能做到这一点，那么，相比那些速度较慢、无法提供足够食物，从而让自己一个或多个孩子挨饿的猎豹，它的适合度更高。反过来，它的孩子很可能也会继承它的超快速度，从而也有高适合度，并进一步增强其进化谱系。

在雄性绿安乐蜥的例子中，它运用了自己的敏捷性和超强力量的威胁性，阻止了另一只雄蜥蜴跟自己领地内的雌蜥蜴交配。雌性绿安乐蜥每次只产一颗卵，如果这些卵被其他雄蜥蜴受精，那么，它遗传谱系的计数中就会少一个后代；而跟自己竞争的雄蜥蜴的后代就多了一个。因此，这只雄蜥蜴通过竭力给尽可能多的雌蜥蜴产的卵受精，从而试图垄断一项有限资源——雌性绿安乐蜥的卵，以牺牲其他雄蜥蜴为代价来提高自己的适合度。[1]

在这两个例子中，个体的运动能力使进化中的胜者和败者之间产生了差异，因而受到自然选择的青睐。诸如此类的较量，在无数动物物种中每天都在上演，从而造就了这个星球上某些令人叹为观止的运动能力的进化，生物学家将这种能力称之为完整生物体能力。动物确实是了不起的运动员，研究者探究的完整生物体能力的类型，跟每四年举行一次的奥运会中每个人都极其感兴趣的体育赛事差不多。换句话说，动物所做的充满活力、可测量的活动，通常（但并非只有动物才有）跟运动器官相关。动物的活动有跑、跳、游泳、飞行、噬咬、攀爬、挖掘等很多，尽管很少有动物能完成所有这些活动，但很多动物会专攻其中一种或几

1　相比繁殖成功，生存对适合度没那么重要。我们将很快探讨这个问题以及“适者生存”这个令人遗憾的说法。目前，说生存很重要也没问题，但只适用于一种动物通常必须活下来才能繁殖的情况。

种活动。

动物的运动范畴比人类广得多，而且能力研究者关注的某些特征，通常不会在奥运会上上演。例如，就我所知，奥运会上没有正式赛事来测量参赛者用嘴吸进液体的速度，但研究者在探求某些种类的鱼如何进食时，却要测量这个数据。另外，你可能还会怀疑，奥运会包含一些与动物运动差别很大的赛事，比如击剑、拳击或沙滩排球。尽管通常情况下，动物确实不参与团队运动，但在动物王国中，搏斗既重要又无处不在，不只绿安乐蜥是这样。在与其他个体搏斗时，动物可能还会运用爪子或脚等武器。一些可以衡量的基本功能性能力，比如力量产生、耐力或功率输出，也促成了这些动物的搏斗，从而成为能力研究者感兴趣的领域。

006

能力的多样性和重要性，吸引了相关领域生物学家的注意。功能形态学、生物力学和进化生物学领域的专家，对生物体的结构一功能关系、能力特征的动力学，以及支持它们的生理学及生物化学途径，都深感兴趣。另外，行为生态学家和进化生物学家对能力如何影响生存、适合度和进化感兴趣。能力的整合性造就了其无法估量的价值：整个动物王国中众多的生物学现象和行为，我们都可借助能力来洞察。于是，能力研究的丰富多彩也吸引了综合生物学家，比如我，想尝试把所有这些零零碎碎的认识组合到一起，实现在生物组织的多个层次（从个体的骨骼和肌肉，一直到动物种群）上理解进化的目标。尽管我最近的兴趣更多集中于进化方面，但我对每个方面都或多或少做了些探讨。

网上搜索才能找到的机器

想要理解动物的能力，我们必须先有办法来测量它们。测试动物能力这项工作本身就很有趣！我们测量奥运会运动员的能力时，除了秒表和卷尺，或者与之相当的数字设备，很少需要其他东西。然而，在考察动物世界时，我们有多少种类型的能力要测量，就几乎有多少种测量方式。例如，有研究者坐在路虎车上，追赶一只只鸵鸟，让汽车的速度（由车速表测定）跟上鸵鸟的速度，以此来测量它的速度。类似的技巧还有蝴蝶飞过中美洲的湖泊上空时，用船速来测量蝴蝶的飞行速度。现在，生物学家尽量以更精确的方式来测量，他们采用了多种经过实验证明的方法，可测量自然界中大部分动物的能力特征。

007

测量能力通常需要专门工具。但因为人们往往将科学家的事业委婉地定义为“小众”，所以我们经常买不到所需的成品设备，于是不得不量身定制。万一其他途径都行不通，就只好自己做一个。[2] 我以前用过一盆水、棉线、天平，还有黏在一起的两个不一样大的咖啡罐盖子这些技术含量很低的东西，来测量小甲虫的运动能力。不过，有的专业科学设备确实有供应商能提供。所以说，研究者测量动物的能力通常需要学会怎样操作和运用很多奇妙的玩具。在下文中，我将简要叙述几种人们研究最多的能力类

---

2 一个同事跟我讲，她有次为了一个紧急的实验，不得不冲进意大利的一家药店，用蹩脚的意大利语请求一头雾水的药剂师帮忙：“我想要你店里所有的凡士林！”

型，以及主要的测量工具和测量方法。虽说不是只有把测量能力的方法搞得一清二楚，才能弄懂能力的重要性，但还是先让我们初步了解几种研究者可能用到的常见方法。

把一只蜥蜴放在跑道上，测量它在跑道上冲刺得有多快，这听起来像是消磨下午时光的有趣活动吗？嗯，确实是。不过，当你凌晨3点待在一间室温为35℃的房间中第100次这样做时，还是会厌倦的！传统的蜥蜴或小动物跑道沿线按照一定的间距设置了红外线光束，以此确定沿跑道奔跑的动物的最快冲刺速度。它的工作原理跟公路上某些类型测速区的原理一样——因为动物沿着跑道奔跑时会切断光束，电脑通过记录光束连续几次被切断的时间，就能算出在该时间段动物从头到尾跑完每一间隔距离的速度。每个动物都沿跑道跑3—5次，两次奔跑间有休息时间。研究人员再对记录到的最快速度加以分析。跑道是一种简单又高效的速度测量手段，多年来，我已经用过多种不同的跑道。我们实验室目前用的跑道应用了遥控赛车跑道的电子元件和配套软件，还附带赛车音效和方格旗图标。我们还可以为青蛙、鱼及其他生活在水里的动物搭建类似跑道，只不过在某些情况下，像高速摄像术（high-speed cinematography，详见下节）这样的技术更适合。

我们能用跑道来迅速准确地测出冲刺速度，但没法用它来测耐力。对于耐力，我们用到了跑步机，看起来跟健身房里对着壁挂电视排成一排的跑步机差不多。事实上，我的实验室里用来研究蜥蜴的跑步机就是用人类跑步机改装的，只不过以极慢的带速运转。因为尽管有些蜥蜴是出色的短跑选手，但绝大多数蜥蜴用氧气做燃料的能力都有限，这就意味着它们的有氧耐力（aerobic endurance abilities）往往也不尽如人意。几乎任何跑步机都能适用于大多数小到中等的动物，尽管现在有公司生产了宠物专用的跑步机。我猜，有了它们之后，生物学家从中获得的好处会大大超过宠物。不过无论如何，用什么型号的跑步机都不如说服被试动物，让它们竭尽全力地在上面奔跑。为了做到这一点，我们经常不得不制作专用的围栏让动物坚持在跑步带上奔跑，以防逃脱——这是任何健全的动物都很可能会干的事。在做硕士学位研究课题时，我花了大量时间和精力为蜥蜴量身定制了一台跑步机，但它们根本不想在上面跑。如今，与我共事的蜥蜴都温驯多了。

009

另一种常见的跑步机是垂直方向的，像仓鼠的滚轮，在特定的实验环境中很管用。不过，由于仓鼠的滚轮和水平跑步机设置不同，我们目前还不清楚仓鼠滚轮测量的耐力跟跑步机测量的耐力间的关系。尽管有研究表明，小动物在跑步机和滚轮上测得的最大有氧能力（aerobic capacity，即动物使用氧气的最大速率，而这通常是耐力研究的测量目标）的数据是可以比较的，但平放的跑步机跟旋转的轮子会导致动物跑步步态不同，从而导致耐力研究的其他方面受到影响。在我看来，这些轮子主要限于仓鼠等小型啮齿类动物使用。

尽管很多动物在跑步机上都表现得非常好，但并非所有动物都是这样（众所周知，鱼类的跑步能力很糟糕）。而且我们也需要一些创造性的想法来测量鸟类、蝙蝠和昆虫的飞行耐力，或者水生及海洋动物的游泳耐力。测量飞行耐力的方法中，流行的有风洞测量法（wind tunnel），以及专门针对小昆虫的系线法（tether）——将线的一头黏在动物背上，另一头系在垂直的杆子上，然后让昆虫绕着杆子转圈，直到筋疲力尽。这时记录下整个过程花费的时间。要估算鱼类耐力，我们可以用水泵按照设定的速度向另一个水箱抽水，鱼会奋力抵抗水流速度以保持原位。通过记录时长，我们可以测得鱼的耐力。

高速摄像机

如果你翻过连环画，或者看过传统的手绘动画制作，你就会明白帧率（frame rate）的概念。帧率是指摄像机在 1 秒钟内记录下的帧数或单个画面的数量，以“帧 / 秒”（fps）来衡量。改变帧率可以影响视频播放时的显示速度。在动画或连环画里，静态图像是顺序出现的；快速播放的话，就会产生图像运动起来的错觉。顺序播放中含有的帧越多，运动就显得越流畅。摄像机也是如此。一般摄像机以 24 帧 / 秒或 30 帧 / 秒的速度记录，但高速摄像机可以超过这一范围，帧率的上限通常在 1000 帧 / 秒左右（某些研究者甚至把帧率提高到超过 10000 帧 / 秒来记录超快的动物运动）。

在能力研究中，高速摄像机的价值在于，可以让我们把动物正在做的事拍成电影片段——因为它们太快了，肉眼没法看清，这样做能让画面慢下来。比如说，如果我们以 500 帧 / 秒的帧率拍电影，就意味着每帧之间间隔 0.002 秒。以更高的帧率拍摄，可以让运动的分辨率更高，而代价是降低了影像的清晰度（因为帧率高需要的光也更多。而另外一种新型摄像机，它保证分辨率的代价是大大地收缩了视野）。因此，一帧一帧地回放视频不仅让我们清楚地看到动物在做什么，还能测出四肢的位置、身体重心，甚至是连续帧中出现的整个肌体。利用微积分，并在适当的参考比例下，我们能从帧与帧之间的图像位置变化，确定相关运动变量的任何数值，比如速度、加速度或质量比功率（mass-specific power）的输出。有了这些数据，我们就可以描述个体动物的能力了。对于无法用其他方法测量其能力的物种和情景来说，高速摄像机尤其管用，而且用途极其广泛。尽管架设机器时需要些技巧，分析视频也很费时间，但作为耐心的回报，研究者将收获大量高质量的数据。

现代高速摄影机的另一个特征是，可以把摄影机带到野外，在动物的自然栖息地拍摄它们。来自康奈尔大学的研究者，运用一台高速摄影机拍摄自然环境中正在表演的鸟，弄明白了一群被称为侏儒鸟（manakin）的鸟类如何产生它们特有的非声听觉信号。他们发现侏儒鸟要么拍打翅膀，要么同时在背上以不同方式拍打羽毛，要么轻拍翅膀快速冲入空中，跟甩鞭子差不多，在这些做法的基础上，它们运用了 4 种不同的信号机制。令人惊奇的是，动物能如此快地完成这些动作，以至于我们无法用肉眼看清，而且如果不用高速摄像机的话，甚至都不能区分这 4 种截然不同的运动。想想这些，实在令人称奇！除了弄明白变幻莫测的鸟类信号，高速摄影机还用于测量各种能力类型，从快跑、攀爬，到飞行、游泳、冲击，等等。

虽然高速摄像机曾经是稀缺而奇特的物品，但如今已几乎随处可见，而且 GoPro 和智能手机也有高速摄像功能。尽管高速摄像机极其有用，但跟其他任何测量能力的设备一样，它们在实验中能否成功运用都取决于实验对象的合作和能力如何。我还是个博士生时，有一次和实验室的搭档想使用实验室里的高速摄像机来测量一种巨型蚱蜢的跳跃能力。不走运的是，我们就没能让这些蚱蜢真正地跳起来。如果不是因为它们出奇地倔强，不愿意跳；就是如我们猜想的那样，它们太大太重，根本就没法正常地跳。最终，这项实验只收获了屈指可数的几段超慢镜头的视频片段，记录下巨型蚱蜢跳跃距离极短然后面部着地的画面。虽然视频令人捧腹，但对于增加人类的知识总量来说，实在是微乎其微。

力量的释放

所有动物的运动能力都涉及产生力量来推动运动，但在某些情况下，比起那些没有涉及明确力量的运动——即“运动学”（kinematics），力量释放本身更令人感兴趣。咬合力与掌力是运动能力的两个例子，力量是其主要兴趣点所在，尽管我们当然也可以研究其中牵涉的运动学。我们只要知道作为研究对象的动物的质量，就可以借助高速摄像机来估计力量的释放及其功能性结果。但有时候，直接测量这些力量更方便。

能力研究者用一系列专门定制的设备来测量这些力量。例如，在我的实验室，我们有一块测力台（force plate），它主要用来测量蜥蜴和青蛙等小型动物的跳跃能力。该测力台使用了被称为压电晶体（piezoelectric crystals）的特殊晶体，在变形时会产生电流，电流强度跟施加到测力的 x、y、z 运动平台上的力成正比。然后，软件将这些力整合在一起，并结合弹跳运动方程，来计算出跳跃的其他数据，比如加速度、速度、角度和距离。不同类型的测力台也以独特的方法和配置来研究动物的运动，从松鼠到人类，甚至还包括大象和犀牛。研究人员还用测力台测量过脚垫蜥蜴（toepad-bearing lizard）的吸附力。

第二种有用的测量力量的装置是咬合力测量仪。该装置由两块与压电式力传感器（用于测量拉伸和压缩的力量）相连的金属板组成。它的工作原理是：动物咬住金属板时会拉伸传感器，从而施加在金属板上的力就会显示在手持电荷放大器上。这可能是我用得最频繁的一种设备。我有一篇论文讲的是雄性加勒比安乐蜥（Caribbean *Anolis* lizard）间的争斗，这篇文章说明在动物中，咬合力是雄性战斗力的一个重要部分。如果没有咬合力测量仪（以及许许多多的强力胶带），我的这篇论文不可能完成。我和合作者还用这些仪器测量过招潮蟹（fiddler crab）蟹螯的夹钳力，即用传感器来测量将一只雄性招潮蟹从人造洞穴中拉出来所需要的力量，它的大小与诱导蜥蜴断尾逃生所需的力差不多。

市面上也有给像蝙蝠那样稍大一点动物用的咬合力测量仪，它们更专业、更大也更结实，而且压电传感器也不是现有仪器中的唯一一种，其他研究者还用应变计（strain gauges）和家用材料制作过咬合力测量仪。而在我的实验室里，我们还用过另一种测量器材，核心组件是薄而柔韧的力敏电阻电路（force-sensitive resistor circuits），用来测量小昆虫的咬合力，比如蟋蟀和蚱蜢，它们没法用颌骨咬住常规测力仪的传感器。

遥　感

本章开头给出的几个关于猎豹捕猎的数据不是杜撰的，而是在博茨瓦纳的 3 头雌性猎豹的 367 次奔跑的基础上得出的数据。这些数据是由一种结合了 GPS（全球定位系统）和惯性测量装置（inertial measurement units，简称 IMU）的设备记录下来的，它跟嵌入在最新智能手机中，测定手机移动方向的加速度传感器（accelerometers）很像。在这项了不起的研究中，研究人员将这一设备安装在猎豹（3 头雌性、2 头雄性）的项圈中，利用它来监控猎豹的移动，记录动物在自然界中实际的能力数据，与实验室数据做对照。

遥感技术代表了能力研究中最激动人心的前沿领域。未来，我们预计会获得更多动物在各种生态环境中运用其力量的数据，这些数据在以前都是难以获得或不可能获得的。仅仅过去几年，研究者已经使用类似的装置，通过传送到卫星的数据，来了解从鸟类到海豚等动物在自然条件下所表现出来的能力。对于这一能力研究的新纪元，我尤其欣喜，因为野外工作虽然很有趣，值得全身心投入，但怎么也不会比你在睡觉或在酒吧放松时就能收集到大量数据更好。

为什么要研究能力

综上所述，我们可以把蜥蜴放在跑道上，测量它冲刺的速度；或者用高速摄像机拍摄蟋蟀，测量它可以跳多高；再或用多种其他方法来测量各种类型的能力。但是，我们为什么要关心这些呢？在大多数大城市，你随便哪天走到当地的赛场，都能看到各种比赛——赛马、赛狗、赛骆驼甚至赛鸵鸟，具体能看到什么取决于你身在哪个城市。如果你碰巧住在澳大利亚的悉尼，在几个酒吧（或者酒店，澳大利亚人这样称呼它们，这样表达的目的很可能是让外国人摸不着头脑）里，甚至有机会观看到赛螃蟹。在酒吧里让螃蟹比赛虽说是一种打发周三夜晚的无害方式，但为什么科学家要浪费时间研究这样的琐事呢？

研究完整生物体能力具有广泛的社会意义，不但能加深人们对自然世界的理解，甚至能直接或间接地推动技术进步，影响我们的生活。例如，近 40 年对动物运动能力的力学和进化研究已经带来了一系列的技术创新，人们或是模仿动物本身，或是从其功能性能力中汲取灵感。壁虎皮（Geckskin）就是这些新技术之一，它是一种具有超级黏性且能反复使用的材料，使用时没有任何残留。这一技术受壁虎脚掌和吸附力的启发而诞生，来自对蜥蜴常规运动能力的早期研究。昆虫、螃蟹、蝙蝠和蛇等动物的步态和运动影响了机器人的设计，从观测到军事再到搜救等各个领域都是其潜在应用范围。诸如此类的大量创新的源头，都可以直接追溯至基础科学，这些由好奇心驱动的研究中就包括让小动物在跑道上奔跑，或者用高速摄像机拍摄无脊椎动物的飞行。

进化生物学处于一个奇怪的位置，它可能是唯一一个不得不定期为其存在而辩护的科学研究领域，而相关的动物和植物研究也经常遭到抹黑。2011 年，俄克拉荷马州共和党参议员汤姆·柯本（Tom Coburn）发布了一份题为《美国国家科学基金会：在显微镜之下》（*The National Science Foundation: Under the Microscope*）的报告。在该报告中，他指责美国国家科学基金会（NSF）作为资助基础科学研究的联邦政府机构，将纳税人的钱浪费在他个人认为愚蠢的研究上。柯本强调的研究中，有一项就是能力研究。

根据这份报告，NSF 在 2008 年提供给查尔斯顿学院的卢·伯内特（Lou Burnett）及其同事 50 万美元，唯一目的是让他们做虾在跑步机上跑步的实验。对于柯本的报告，媒体的火力都集中在这项研究上。YouTube 上的一个视频更是火上浇油。视频中，科学家们身着实验服，在小型跑步机上测量奔跑的虾的耐力。之后，美国退休人员协会（American Association of Retired Persons，简称 AARP）播出的一则商业广告中包含了同样的视频，告诉退休人员：政府宁愿把钱花在这方面，也不愿意花在他们身上。

对于企图让科学家的研究看起来荒谬的批评者来说，这两个视频以及那句点评——“跑步机上的虾”——犹如一份礼物。这事本身算不得什么成就。几乎任何研究，无论是否重要，如果脱离所处的背景仅将其浓缩为简单的一句话，都很容易被误解。以著名的开创性研究为例，如果我们将其概括为“让窗台长霉（人们获得了青霉素）”“找出某些分子的排列方式［人们理解了DNA（脱氧核糖核酸）复制］”或者“为什么我们不应该喂肉给牛吃（人们发现了会致病的朊病毒）”，会有人真正支持资助它们吗？

公平地说，柯本的报告在这方面没说错，被柯本办公室针对的NSF提案确实牵涉把虾放到跑步机上，但跟其他所有受资助的NSF提案一样，这样做的理由都是充分的。伯内特及其同事的提案以考察如何改变海洋环境为目的，比如在缺氧条件下，怎样提高海洋生物体的健康和对抗感染的能力。由于虾是高度活跃的生物体，虾在活动时的免疫功能当然值得研究。在缺氧环境中，考察的应该是受环境中氧气水平影响的具体活动，换句话说就是在氧气支撑下表现的能力，比如耐力。因此，这些研究者选择了让虾在跑步机上跑步，通过以耐力为基础的活动，测量此期间虾在低氧条件下的免疫功能。

2010年4—7月，英国石油公司的深水地平线（Deepwater Horizon）石油泄漏事件造成490万桶原油泄入墨西哥湾原本就低氧的区域，在高达17.61万平方公里（约为德国国土面积的一半）的海域里，包括虾在内的数量惊人的海洋野生生物遭到毒素污染。在这样一种背景下，把虾放在跑步机上研究是完全符合逻辑的，而柯本却把这个特殊实验当靶子就令人费解了。墨西哥湾沿岸的居民，要么喜欢吃虾，要么靠捕虾为生——作为一名路易斯安那州的居民，我可以向你打包票，有很多人会对虾在跑步机上能跑多久极感兴趣，甚至对这个实验所回答的两个问题更感兴趣：虾的免疫力能承受多大的挑战，虾在低氧条件下的运动能力如何。柯本的报告完全忽视这一点，这清楚说明：他要么没有仔细地阅读原始的 NSF 提案，要么没领会提议该研究的目的，当然也很有可能两者皆有。

016

柯本每年都会发布一份《浪费年鉴》(Wastebook)，直到 2015 年从公职上退休［不过在我撰写本书时，亚利桑那州的共和党参议员杰夫·弗雷克(Jeff Flake)仍在延续这一做法］。看起来，他尤其不喜欢利用跑步机来研究能力，又选出了另一项能力研究让公众来监督——这一次是用跑步机来测算美洲狮的耐力。由于持续受到关注，人们可能会问：在这样一项研究的经费中，明确用于研究能力的费用到底占多少？以虾的研究为例，我们可以计算一下费用。科学家大卫·舒尔尼克(David Scholnick)是该提案的主要研究人员之一，也是负责把虾放上跑步机的人。他在《高等教育纪事报》(*The Chronicle of Higher Education*)发表的一篇文章中声明："臭名昭著"的 YouTube 视频片段中出场的跑步机，是他自己拼凑出来的，总共花了 47 美元，而这笔钱还是他自掏的腰包。

称霸大陆的蟾蜍

动物运动能力研究所获得的成果，并不总是立即得到验证。除了促进技术创新，动物运动能力研究在论证 20 世纪一大生态错误——将甘蔗蟾蜍（*Rhinella marina*，巨型海蟾蜍）引入澳大利亚这件事上，已经证明了其无与伦比的价值。

20 世纪 30 年代，澳大利亚农业面临着来自各种害虫与日俱增的威胁。害虫之一是被称为甘蔗甲虫（cane beetle）的小昆虫，它们当时正在摧毁澳大利亚昆士兰州境内所有新引入的甘蔗作物。甘蔗遍及世界很多地方，是一种极受欢迎的经济作物。这不是澳大利亚独有的问题，其他国家也采取过措施来保护它们的农产品，其中就包括一种较新的方法，称为生物防治（biocontrol）。传统的害虫控制方法，比如杀虫剂或手工移除，可能昂贵或者有害，要不就是没有效果。相比之下，生物防治的理念是，通过有意往受害区域引入害虫的天敌，即使不能彻底消灭它们，也可以减少害虫的种群。而生物防治的美妙之处在于一旦生效它就可以自我维持；且理想状况下，一旦捕食者吃光了食物，它们本身就会跟随目标物种在当地灭绝，生物防治由此自行终止。

20 世纪早期，波多黎各的甘蔗作物面临着同样的威胁，人们把后来称为甘蔗蟾蜍的动物引入种植园里，旨在消灭害虫。计划看起来奏效了，人们赞扬甘蔗蟾蜍，称它为消除甘蔗害虫的理想生物。1935 年 8 月，有人从夏威夷（该地区在之前受加勒比国家启发，引进了甘蔗蟾蜍）收集了102只甘蔗蟾蜍，投放到昆士兰州的戈登维尔（Gordonvale）。研究人员早期研究过这种蟾蜍的捕食习惯，结论是它对本地其他物种不构成威胁——事实证明是错误的。1936—1937年，又有成千上万只小蟾蜍被投放到昆士兰州各地的种植园和城镇中。

接下来的80年里，这种大型外来蟾蜍的大规模引入造成了两大影响。首先，这种蟾蜍，显然从来没读过那项饮食研究，开始疯狂捕食它们能找到的任何动物，只要比它们个头小就行（具有讽刺意味的是，甘蔗甲虫除外，它们跑到甘蔗茎的顶部，蟾蜍没法跟上去，而未成熟的幼虫一直安全地待在地下，就这样，甘蔗甲虫没能成为蟾蜍的食物）。其次，这种蟾蜍的繁殖率奇高，造成种群大爆炸，蟾蜍的数量激增，扩展到整个昆士兰州，并以难以置信的速度扩张到相邻各州。从1935年最初被引入孤立的甘蔗种植园开始，这种蟾蜍目前的分布范围囊括了澳大利亚热带和亚热带地区超过100万平方公里的土地。这些蟾蜍甚至抵达了西澳大利亚的布鲁姆（Broome）镇——横跨3300公里的大洋洲大陆。甘蔗蟾蜍的扩散速度令人震惊。20世纪40年代到60年代，它们穿越和走出昆士兰州的移动速度大约为每年10公里。而2006年的一项研究估计，当时的扩散速度大约为每年50公里——每年入侵前线的推进速度加快了5倍。

过去的80年里，甘蔗蟾蜍的扩散速度不可思议，这是由它们极大的局部种群密度导致的。甘蔗蟾蜍的皮肤会分泌一种毒素，任何动物只要攻击或试图吃掉它们，接下来的一天都会过得很糟糕。或许是试图“物尽其用”，有报道说在澳大利亚有人曾尝试舔这种蟾蜍，甚至把蟾蜍皮晒干当烟抽，用蟾蜍毒素来让自己兴奋。然而，人类之外的其他动物则只想躲避这种有毒的蟾蜍。这种化学防御使该蟾蜍不会受到捕食者的伤害。除了没有天敌，它们的繁殖能力还超强，有能力每年产下数万颗卵，这让它们会以惊人的密度分布。有人估计，甘蔗蟾蜍的密度为每平方公里 1500—3000 只，整个澳大利亚的甘蔗蟾蜍种群总数至少有 15 亿只。2008 年，我在访问位于布里斯班的昆士兰大学期间得知的这一数字。当我的朋友、一流的能力研究者罗比·威尔逊（Robbie Wilson）带领我游览庄严的昆士兰大学校园时，我问他：我无数次听说过的甘蔗蟾蜍都在哪里？威尔逊回答说：你应该往下看。我照做了，当我抬起脚，一连串的小蟾蜍从刚才踩着的地方跳出来。这些动物的繁殖能力太强大了，草坪上到处都是小蟾蜍。尽管它们还未长大，但不出意外的话，大多都能活到成年，然后再繁殖数量惊人的小蟾蜍。这就是我们现在所看到的画面。

然而，对于某些个体来说，所有同类都挤在同一个地方会让它们产生强烈的搬家动机。蟾蜍会从像新年前夜的时代广场一样拥挤的地方，搬到资源多、竞争少的其他地方。等找到之后，蟾蜍将继续繁殖，密度又会攀升，于是再次搬家。过去 80 年里，这种扩散能力的动力源于蟾蜍在运动能力上有极其强烈的正向选择（这意味着，能力强的蟾蜍比能力弱的有更强的繁殖能力，从而适合度更高）。针对甘蔗蟾蜍运动的研究揭示了这种能力选择的特征。蟾蜍运动能力的一个关键预测指标是腿的长度，因为相对身体大小来说，腿长的蟾蜍比腿短的能力更强。如果运动能力的选择能加快扩散速度，那么，选择的特征就应该表现为同一时期内相对腿长的进化。

悉尼大学的里克 · 夏因（Rick Shine）研究团队及其同事对入侵的蟾蜍做过一系列的长期研究，结果证明了这一点。腿较长的蟾蜍，不仅在短距离内跑得更快，而且在 24 小时到 3 天的不等时段里也移动了更长的距离。这充分表明速度越快，扩散越快。此外，如果腿长、速度快的蟾蜍由于扩散能力强而被进化选中，那么，作为先头部队入侵的蟾蜍与后到的蟾蜍相比，应该有更多的长腿个体。研究人员又一次证明了事实的确如此，最好的蟾蜍运动员确实位列入侵前线。跟平常一样，运动能力强的蟾蜍彼此交配繁殖，生育出运动能力强的后代（夏因的团队称其为“奥运村效应”）。

入侵的甘蔗蟾蜍在腿长、运动能力和扩散速度方面迅速更替。这一切说明入侵的甘蔗蟾蜍对运动能力的选择，推动了进化，让它们扩散速度越来越快。另一项针对入侵者骨骼的研究表明，多达 10% 的大型成年蟾蜍患有严重的脊柱炎。脊柱炎的致病因素（也就是说频繁运动、腿长、运动能力更强）也同样影响蟾蜍的扩散。这意味着蟾蜍选择的运动能力过于强大，以至于脊柱弯曲的风险与运动驱使下的高速扩散所带来的高适合度相抵消。在第三项研究中，研究者发现，跟天然的非入侵种群相比，入侵种群的耐力也得到了极大的提高，这进一步证明了运动能力在推动蟾蜍异乎寻常的迁徙。

于是，甘蔗蟾蜍横霸澳大利亚，所到之处一片狼藉，造成了生态灾难。它们捕食各种澳大利亚独有物种，比如阔脚袋鼩（quoll）和袋鼬（antechinus），这些动物缺少手段来对付这种善于跳跃的两栖动物。在这片大陆上，跟每一只土生土长的青蛙及其他动物相比，甘蔗蟾蜍在竞争、繁殖和奔跑水平上都要更具优势。现代生物防治在对候选捕食者的评估上要更加严格、谨慎。而且由于甘蔗蟾蜍事件，现在禁止将脊椎动物用于生物防治，这种认识的得来要大大感谢甘蔗蟾蜍（不过，世界上有些地方误入歧途，引进食蚊鱼作为生物防治的捕食者，估计又要重蹈覆辙了）。另外，甘蔗蟾蜍的案例还给研究者提供了另一个宝贵的教训，提醒他们未来不仅要考虑生物防治的捕食者的饮食，还要考虑它们可能的扩散能力；因为扩散跟生态学的诸多其他方面一样，同样体现了能力。就此而言，我们刚才已经见识过了。

2
捕食与逃脱

地球上几乎所有的动物，要么充当其他动物的食物，要么把其他动物当作食物。通常，这两种情况同时发生。捕食行为在动物世界里无处不在，动物们的捕食或者逃脱策略也五花八门，其中很多都体现了进化的创造性。你不用费太多心思，就能在动物世界中找到一种特别惊人的捕食策略。

这些策略中，我最偏爱的一种来自鬼面蜘蛛（ogre-faced spider，这样称呼是因为它们有一双大大的中眼）。这种蜘蛛也被称为撒网蜘蛛（net-casting spider），因为它们的结网捕食方式很特别。举例来说，圆网蜘蛛（orb-weaving spider）能织出非常大而且与众不同的网，然后蹲在里面捕食误入的不幸猎物。而撒网蜘蛛则完全不同，它们采用了一种完全不同的捕食方式，在夜间伏击捕食。鬼面蜘蛛用寥寥几根蛛丝搭出一个三角形支架，与起支撑作用的草木相连。鬼面蜘蛛倒挂在支架上，就像个在蹦极的掠食者。不过，鬼面蜘蛛用丝做的吊桥并不是其个性独特的建造物中最引人注目的。它还能以身体最前面的一对步足为基点，织出另一种更专业的网。这种网非常神奇：线条细密却可以伸展。蜘蛛以此网为根据地，既可以直垂而下，又可以向猎物冲刺，就跟古罗马角斗士在角斗场中抓住对手一样［于是这种蜘蛛又常被称作角斗士蜘蛛（gladiator spider）］。蛛网和支架是用不同类型的蛛丝织成的。蛛网上的每一根丝都包含数百根纤维，所以不用借助任何胶水或黏合剂就能缠住猎物，而且看起来毛茸茸的。而组成支架的蛛丝则细得多，而且没有绒毛。鬼面蜘蛛会挂在蛛丝上吊着，一动不动，正好能够到正下方最近的平行蛛网——当猎物从潜伏的狩猎者身下经过时，鬼面蜘蛛就会很快垂下来，制服猎物。

撒网蜘蛛的捕食行为是建立在视觉刺激基础上的。这些动物以惊人的视觉能力著称，在几乎完全黑暗的环境中也能视物。实际上，它们的中眼有吸收光线的功能。某些种类的撒网蜘蛛，其中眼的吸光能力是常见的昼行蜘蛛的 2000 倍。从视觉目标刺激的观点来看，撒网蜘蛛会在捕猎区正下方的地上留下一个白色粪便斑点，这样做的目的是把该斑点用作捕获目标的参考点——如果你愿意的话，也可以把它当作靶心。等潜在的猎物穿过白色标记时，蜘蛛就会吊下来，把它那张开的网猛地往下撒向猎物将其困在地面上，再用那带有黏性的网缠住，然后撕开猎物，注入毒液。

撒网蜘蛛非凡的捕食策略，仅仅是众多不可思议的蜘蛛捕食方式中的一种。蜘蛛是超级猎手，它们的捕食计谋不但精彩而且禁得起严格的功能性分析，其丰富程度更是令人啧啧称奇。另一种叫作流星锤的蜘蛛（mastophoreae）也有类似的捕食策略。它们把蜘蛛网当作套牛绳，对准飞进撒网范围的蛾子猛掷，就像高乔人（Gauchos）在潘帕斯草原上诱捕比自己大得多的猎物时做的那样。

准备晚餐

20 世纪 70 年代初，一群美国生物学家在卡拉哈里沙漠上追逐蜥蜴，其中有雷·休伊（Ray Huey）、阿尔·贝内特（Al Bennett）、亨利·约翰－阿尔德（Henry John-Alder）和肯·纳吉（Ken Nagy）。他们是当代进化生理学领域最杰出的先行者，关注动物能力的研究。他们的工作以及之后在沙漠进行的科研旅行，对生态学研究产生了巨大影响。其中有一项由休伊和埃里克·皮安卡（Eric Pianka）负责的研究，考察了动物如何利用运动能力寻获食物。他们根据捕食策略将动物分为两类：伏击捕食者和主动捕食者。在观察了包括蛇鹫（secretary bird）、蝰蛇（viper）和蜥蜴在内的大量动物种群后，休伊和皮安卡提出了适用于多种动物的理论框架。

023

第一类是伏击捕食者，又称为坐等捕食者，这类物种运用的捕食策略建立在伏击和（或者）诱捕的基础上。这类动物与撒网蜘蛛类似，会躲藏在不起眼或意想不到的地方，巧妙又狡猾地把自己伪装起来，等着猎物出现。不过，受猎物的类型与大小、捕食者的类型与大小、捕食者和猎物相遇时的环境以及其他生态和生物因素的影响，实际的捕食方法会各有不同。虽说如此，但最重要的因素还是出其不意，所以很多坐等捕食者的一个常见特征是拥有优异的爆发力，比如快速出击的能力或者强大的跳跃能力。

如果你想花点时间，亲自徒步探索卡拉哈里沙漠，就可能很“走运”地见识到坐等捕食策略的经典案例。在非洲南部，鼓腹巨蝰（puff adder）以极其高超的伪装技巧而声名远扬，猎物不会发现它们的伪装。它们的攻击能力更进一步地保证了伏击的成功率。鼓腹巨蝰是攻击速度最快的蛇类之一，平均出击速度为 2.6 米 / 秒（即 9.4 千米 / 小时），同时还有极其可怕的平均加速度，达 72 米 / 秒 ^{2}。与包括人类在内的其他生物的攻击能力相比，这组数字可能不会给人特别深刻的印象——奥运会拳击手的出击速度要比鼓腹巨蝰快 3 倍以上，但是人们应该记住其中的奥妙。具体说来，蛇没有四肢，这就意味着，它们只能依靠背部、腹部和体侧肌群的平衡能力，把连同大大的头部在内的整个身体前部抬离地面并快速向前移动。鼓腹巨蝰的脊柱比人类的要灵活得多，它们的能力足以称为“壮举”，而实现“壮举”的原因正是它们的脊柱；但你如果想实实在在地体验一把，那就走上前去，亲自试试看吧。

蛇的攻击能力虽然又快速又高效，但地球上还有一种动物的攻击能力强到令人匪夷所思，这种动物就是螳螂虾（mantis shrimp），蛇的攻击能力在它面前就相形见绌了。螳螂虾吸引人们注意的多种特征中就包括连撒网蜘蛛都羡慕的视觉系统，但螳螂虾的攻击完全是靠自身能力实现的。这种动物胸部的第二对附属肢已转变成捕食用的螯，跟螳螂的“镰刀”类似，螳螂虾的英文名称就是这样来的。根据螯的形状和功能，螳螂虾又分为两种：穿刺型（spearer）螳螂虾和粉碎型（smasher）螳螂虾。穿刺型螳螂虾的螯，尖端锋利，一般带刺；而粉碎型螳螂虾的螯是钝的，跟锤子差不多。虽然这两种螳螂虾都用螯来攻击、撕碎猎物，但雀尾螳螂虾（peacock mantis shrimp）等粉碎型螳螂虾的攻击能力真是无与伦比。

雀尾螳螂虾擅长捕食硬壳猎物，比如螺类 、蟹类、贝类和牡蛎等。它们用铁锤一样的螯敲破猎物的保护壳，从而获取里面美味的食物。猎物的硬壳是自然选择而成的，用来承受各种机械性损伤，被打破的话需要巨大的力量才行。不过这又意味着，螳螂虾的螯必须以极快的速度释放能量，才能发动一次足够强力的攻击。雀尾螳螂虾借助一种“蓄力和反弹”相结合的机制来实现这一点。在这种机制中，它们先储存弹性势能，直到肌肉达到最大收缩，再发力攻击。就好比弓箭手通过拉弓储存弹性势能，射出的箭比人直接投掷速度更快，射程更远。收缩到最大限度时放松，储存的能量释放速度远快于肌肉收缩速度。

这样做的最终结果是，像锤子一样的螯以无比惊人的速度（14—23 米 / 秒，即 50—83 千米 / 小时）和加速度（最高可达重力加速度的 10400 倍）向前弹出，而所有这一切仅仅发生在 2.7 毫秒的时间里！我们来做一番比较：螳螂虾攻击的最慢速度大约相当于尤塞恩·博尔特（Usain Bolt）在百米短跑中达到的最快速度；而最快速度非常接近于萨米·哈格（Sammy Hagar）所声称的他没法开得更慢的速度。这种打击的力量难以置信，估计其最小值为47万瓦/千克肌肉，比已知的收缩最快的肌肉所释放的力量还要大出数百倍，足以击碎猎物的硬壳。[1]这种击打力量太大，据报道，某些圈养的大型螳螂虾，一次击打就能砸裂水族馆的厚玻璃。

尽管螳螂虾的攻击力如此惊人，但更惊人的还在后边。虾是水生的，这意味着它们是在水下进行的攻击。在水中快速运动的力学还带出了另一种现象：任何动物，只要受到粉碎型螳螂虾的攻击，都会惹上麻烦。由于打击的速度极快，在螯的表面和受冲击的位置之间就会形成空化（cavitation）气泡。当临近区域的液体以明显不同的速度流动时，它们之间就会形成一个低压区，从而形成空化气泡。空化气泡的存留时间很短，崩解（collapse）时会以声、光和热的形式极其快速地释放能量。气泡快速崩解造成的冲击波会损坏附近的各种表面；一个直径仅2.7毫米的小气泡，在一堵墙旁边崩解时，就能在短短5微秒的时间内产生高达900万帕斯卡的冲击压强，差不多是金星表面的大气压强。这么短的时间内产生的力足以摧毁船只的螺旋桨。

螳螂虾的螯攻击带壳动物时也会产生这样的气泡，随之而来的冲击波的力量也不亚于击打本身的力量，有时候甚至更强。用

1　这里回避了生态学问题。严格意义上来说，穿刺型螳螂虾是伏击捕食者，而粉碎型螳螂虾是主动捕食者。不过，两种出击机制很相似，从软体动物的角度来看，很可能任何形式的攻击都是伏击。

准确的数字来说，雀尾螳螂虾的螯产生的攻击力可达 400—1501 牛顿，是其身体重量的 2500 倍。一般来说，空化气泡所产生的力量峰值仅有一半，但其最大值处于冲击力的范围内。实际上，空化气泡产生的力量已经足够大，所以某些螳螂虾只利用空化气泡捕食，射出空化气泡来打晕猎物的鼓虾（snapping shrimp）便是其中之一。相比之下，雀尾螳螂虾会将猎物置于双重险境之中，它们连续发动两次极其有力的攻击，而平均间隔只有 390—480 微秒；如果再算上雀尾螳螂虾两只螯的粉碎力，那么一只成为靶子的倒霉螺类或帽贝要在不到 1 秒的时间内，承受至少 4 次能粉碎其外壳的重击。

就像螳螂虾在其捕食策略中利用了水的物理特性一样，其他动物也进化出利用水的特性来捕捉猎物的能力。比方说，所有采取伏击捕食模式的鱼都跟蛇一样面临某些挑战——首先是没有四肢。不过，不像大多数的蛇，鱼几乎完全处在水中。尽管我不清楚，是否有某些种类的鱼利用空化气泡来捕食；但我知道，鱼的一种常用捕食策略是反过来利用水，也就是把水拉向自己，而不是把水推开。

大多数鱼在呼吸时，把水吸进嘴里，然后通过头两侧的开口把水排出。这些开口覆盖的骨板称为鳃盖（operculum，某些鱼，比如鲨鱼和金枪鱼，在它们推动自己前进时，利用冲压发动机原理来使水流过鱼鳃）。被推开的水经过鳃的表面，氧气（从水进入鳃，从而进入鱼的血液）与二氧化碳（从鳃进入水）的气体交换就在这里发生。鱼需要将水吸进嘴中，事实证明，这对于掠食鱼类来说是很方便的。而且大多数硬骨鱼类将吸水与攻击能力结合起来捕食容易逃脱的猎物。

或许最非凡的吸食者来自海龙科（*Syngnathinae*），这是鱼类的一个亚科，包括海马（seahorse）、海龙（seadragon）、管海马（pipehorse）和尖嘴鱼（pipefish）等。海马和管海马是动物王国里最漂亮、最奇异的成员。人们经常发现，它们身为鱼类中的独特种类，常用卷尾把自己锚定到某些水生植物上，这些植物就是叶海龙等物种模仿得无比惟妙惟肖的植物。它们对锚定的位置选择都颇有技巧：不仅把自己隐藏起来，让经过的猎物不易发现，而且会有一处基地，便于对猎物发动攻击。海马捕食猎物的方式称为“轴转摄食”（pivot feeding），分为两个步骤：首先，海马向上抬起头部，让平时弯曲的头部更好地跟躯干呈一条直线，从而使伸长的口鼻部更靠近猎物。其次，一旦口鼻部靠得足够近，海马就会迅速地将猎物吸进嘴里。

对捕食动作的分析表明，海马的 S 形特点——它们的常用名即由此而来 —— 很可能是为了适应轴转摄食，因为这让海马能迅速伸直其身体，从较远的地方对猎物发动攻击。相比之下，尖嘴鱼的攻击距离就没这么远了，虽然它们表现出类似的行为，但缺少马形的身体构造。跟螳螂虾差不多，海龙科的鱼类，通过释放颈部肌腱和躯干肌肉中储存的弹性势能，克服肌肉的固有力量束缚，让它们能够用比仅由肌肉驱动快得多的速度出击，突然将头部伸向前方，冲向猎物。对未成年海马的研究也表明，这些动物在出生（严格说来，从携带受精卵的父亲的孵育囊中排出来）

的第一天就能做到快速轴转摄食，幼年海马的出击速度可媲美螳螂虾。这的确是非凡的壮举！

海马突出的口鼻部也可视为对轴转摄食的适应，但这不是对硬骨鱼纲中某些物种复杂的颌骨系统的修正。某些鱼类的吸食行为，比如热带伸口鱼（*Epibulus insidiator*），就涉及一种无伤大雅的称为“下颌突出”的现象。这是怎么一回事？我们可以从伸口鱼的英文名“slingjaw wrasse”（单颌苏眉）得到一条很好的线索。解剖伸口鱼的下颌骨会发现，它有一套特别的连接系统，由4根骨头组成，能让这种鱼做出一些人们亲眼所见才会相信的特别动作。它们把下颌骨向外伸向猎物，只要猎物靠近下颌骨，就能把猎物吸进嘴里。明确地说，我不是指跟《异形》系列中异形的下颌骨相似的系统——异形的嘴张开后会露出第二个嘴，向其目标喷射攻击；我指的是，丽鱼科（actual jaw）鱼类的脸部向前射出的真实下颌，由呈格子排列的4根骨头支撑，当下颌缩回跟口鼻部对齐，颌骨又折叠回来！［顺便说一下，海鳝（moray eel）确实在其咽喉内有第二套下颌，它们可以向前延伸，抓住已经到嘴里的猎物，然后将它们传送入食道。另外，《异形》的设计者很可能真从鱼类身上让人不安的甲壳类寄生虫那里获取了灵感：这些寄生虫吃掉受害者的舌头，然后取而代之，用后腿将自己黏附在毁坏的舌根上，假冒舌头——该舌头上布满了它自己成对的下颌。这就是这些动物身上发生的事。］*

028

---

* 伸口鱼、丽鱼科与海鳝都归属硬骨鱼纲，拥有可以向前伸出的下颌。——译注

多种辐鳍鱼（ray-finned fish）的下颌也都很突出，但都没有伸口鱼这么极端。有太多鱼以为它们逃离了潜伏在海草中的大型捕食者的控制范围，却不幸发现，当伸口鱼向它们射出那奇特的下颌后自己便进入了暗无天日的环境。加州大学戴维斯分校的彼得·维恩怀特（Peter Wainwright）研究小组致力于吸食研究，他在自己的网站上发布了几段高速摄像机拍摄的伸口鱼和以该种方式捕食的其他鱼类的视频。我在讲课时为了让本科生不会昏昏欲睡，强烈推荐过这些视频，并借此提醒他们：生物进化通常会设计出比好莱坞电影想象的更离奇的场景。

在讲下一话题之前，我想提一下另一种展示出特别惊人的伏击捕食模式的动物。鳗鲶（eel catfish）生活在非洲中部的泥泞沼泽中，用类似于海龙科鱼类和伸口鱼的吸食方式来猎取水生食物。但跟这些物种不同，鳗鲶不会只吃所栖息的水域中的食物，它们食物的很大一部分是昆虫，而且还是陆生昆虫。实际上是这样的，这种水生鱼类把自己推出水面，捕捉陆地上的猎物，然后再退回到幽深之处，开始悠闲地消化食物。另外，鳗鲶并不是已知的唯一一种以陆地生物为食的鱼类；人们认为，仅在辐鳍鱼类中，就至少有 5 次这样的独立进化行为。

这就产生了一些疑问，适于水生吸食的动物究竟如何实现了这种壮举？同样的技巧在水里奏效，在陆地上却无效；空气的密度大约只有水的 1/800，空气流动所产生的摩擦力只有水的 1/50，这意味着，不把吸食能力迅速提高到一种不可能的程度，鳗鲶就没法把远处的陆生昆虫吸入嘴中。因此，这些动物必须做点完全

029

不同的事。基本上，它们进化出了两套独立的生物力学捕食适应能力：一种用于水生环境，而另一种用于陆生环境。

鳗鲶捕食陆地生物的挑战源于其形态，或者说形状。鳗鲶将自己推出水面，获取必需的速度来实现一次陆地伏击，力量的增强很大程度上得益于从密度高的水中进入密度相当低的空气中的突然转变。飞鱼跃出水面，升到足够的高度然后用长长的鳍来滑翔（详见第 6 章），就是基于同样的原理。然而，一旦头向上离开水面后又必须低下头来抓取猎物——对于一种没有脖子的动物来说，这多少是个问题。比利时安特卫普大学的萨姆·范·瓦森堡（Sam Van Wassenbergh）和他的同事们收集的高速摄像机拍下的连续镜头显示，为了克服这个问题，鳗鲶的办法是把头和身子歪向一边，而这种行为在水中捕食时没有出现。不过，相比水，空气中减少的阻力让鳗鲶在捕获陆生猎物时张开嘴巴（想必闭上嘴巴也一样）的速度快了 50%。然而，它已有的吸食能力也没有浪费，这样的分析表明，尽管鳗鲶可能无法像在水中那样利用吸力把陆生猎物拉向自己，但它仍然可以利用吸力将捕获的猎物拉入口中，就像我们吸食意大利面那样。此外，还有另一种陆地捕食的鱼类：令人着迷的弹涂鱼（mudskipper）。它们也会嘴里含着水冒险爬上陆地，然后用吸力摆布充满水的嘴中的猎物。研究者把这种现象比作拥有水动力的舌头！

休伊和皮安卡确认的第二类常见捕食策略是主动捕食模式。这种策略下，动物在特定的区域来回活动，搜寻猎物，甚至有可能在移动时抓住猎物。这些动物比坐等捕食者活跃得多，它们也很少在一次觅食过程中一直待在同一个地方。如果说伏击捕食者获得食物靠的是欺骗、出其不意和非凡的爆发能力，那么主动捕食者靠的则是耐力。事实上，展示出更快的移动速度和更强的活动能力的主动捕食模式的蜥蜴，往往也有更强的耐力，以及更适合于较慢速度的运动步态。

更快的移动速度是以增加对运动的能量投入为代价的；不过，更高的猎物捕捉率部分上弥补了这种消耗，因为主动捕食的动物偶尔会遇到生活着大量潜在猎物的区域。事实上，捕食模式似乎跟猎物的移动速度有关，因为主动捕食的动物凑巧碰上的是一群有固定栖息地的猎物，移动得不是很频繁，比如白蚁；而待在原处不动的坐等捕食者，遇到的猎物本身则很活跃，且移动速度更快。

虽然主动捕食的动物不一定会发挥爆发力从暗中跳出来冲向猎物，但并不是所有的主动捕食者都会按照规则缓慢移动。对于某些种类的动物来说，主动捕食者的能力仍然惊人。猛禽类是地球上最快的动物之一，它们就采用了基于运动的捕食策略——不停地奔跑。然而捕猎通常光靠速度快还不够，动物如何运用自己的运动能力同样重要。科学家已开始将摄影机安在空中捕食者身上，这种做法得到了广泛的社会效益，不仅增加了我们对猛禽生态的了解，而且还非常适合制作诱发观众患晕动病的视频。例如，该研究表明，游隼从固定的角度靠近潜在的猎物，盯住它的同时还保证不让它看到，不向猎物所处的地方靠拢，而向猎物很快就会到的地方靠拢。事实证明，这是非常有效的捕食策略。凭借该策略，猛禽基于猎物的运动轨迹来阻击它，就跟一个人在操场上拦住一个走“之”字形路线的蹒跚学步的孩子一样，而不是浪费能量跟踪它，或者在其头顶盘旋。从耐力角度而不是单纯的速度角度来看，非洲野狗能够追上比它快得多的猎物，因为它们能以猎物没法保持的速度跑更长时间。所以尽管一只逃跑的羚羊起初可能会占上风，但如果追猎持续足够长的时间，羚羊就会因为疲乏而慢下来，最终被一群狂奔的猎手捕获。

捕食的效率很重要，因为主动捕食者会大量消耗能量。如果主动捕食者不断地开展觅食活动，而且还要花很长一段时间去追捕和享用猎物，那么所获猎物的重量最终都会加到捕食者的身上，增加它们的体重。因为在既定的一段距离里运动，相比较轻的动物，较重的动物消耗的能量更多。因此在研究主动捕食模式中，一个重要的问题诞生了:“被吃掉的猎物的重量如何影响其能力? ”

狼蛛（wolf spider）是蜘蛛的一种，它们不织网，而是凭借运动能力追赶、捕获猎物。这种动物的速度能力为每只狼蛛每次觅食量设定了上限。之所以狼蛛不吃大的猎物，是因为吃下它们肯定会减缓自己的速度。这种现象看起来跟人们的直觉认识相反，毕竟，如果觅食的关键是找到食物，而拒绝掌控之中的食物到底有何意义？以狼蛛为例，加州大学圣芭芭拉分校的乔纳森 · 普鲁伊特（Jonathan Pruitt）的实验研究证明，速度是正向选择。这意味着，相比运动较慢的动物，运动较快的动物更有可能活下来。吃下大型猎物会造成能力下降是控制动物食欲的有力诱因，毫无疑问，有的吃总要好过饿肚子，但狼蛛贪嘴的后果是可怕的。

接下来的问题可能是“多大的猎物算大”。吃进去的猎物大小超过多少就会降低能力而让捕食者变得不适应环境？这个问题的答案很可能因动物种类的不同而不同，取决于它们的大小和运动的方式。比如说，相比在陆地上奔跑，游泳是轻松得多的运动方式。用主动捕食的欧洲鲫鱼（crucian carp）做的喂食实验表明，喂食量超过身体重量的4%，会导致耐力下降12%。不过，该物种会把相当高比例的每日能量预算分配给消化，这意味着它能极快地消化吸收食物，从而有可能达到补偿的目的。因此，像这种能力下降的情况只发生在很短的时间内，对欧洲鲫鱼的生态与生存可能影响很小。

最后，有必要说明，尽管就探索意义来说，休伊和皮安卡提出的两类捕食模式很有价值，但多年来，研究者认为还存在很多中间类别。捕食模式的二分法严重依赖于针对蜥蜴的生态研究，但某些蜥蜴难以简单地将其分类为坐等捕食者或主动捕食者。实际上，休伊和皮安卡从一开始就明确考虑过捕食模式的灵活性。例如，变色龙可能被认为是最典型的坐等捕食者，因为变色龙好用伪装和保护色，以及它们有名的捕食方式——射出舌头捕获浑然不觉的猎物。然而，夏威夷大学马诺阿分校的玛格丽特·巴特勒（Marguerite Butler）教授，研究海角侏儒变色龙（*Bradypodion pumilum*）的捕食行为的过程中发现，该物种展示出的运动速度，与主动捕食的动物更一致。此外，某些种类的金枪鱼会根据猎物的分布和获取难度，切换主动或伏击捕食模式。

诸如此类令人信服的例子提醒我们，基于行为的分类系统，以及像生物特征这样的基础理念，都是用来方便我们人类的，而不是自然世界的反映。自然坚定地抵制分类，而进化总能制造惊喜。

好好活下去

任何生物体的最终目标都是繁殖，因此，自然选择对动物繁殖能力的影响非常强大。然而，尽管进化与繁殖的关系确实比进化与生存的关系更密切，但自然选择也完全有可能对生存产生影响，因为就像死人不会说话一样，死去的动物也不可能繁衍后代（除非它们在临死之前设法使雌性受精了），因此好好活着绝对符合一个生物体的最佳进化利益。能力研究者的一个重要目标就是弄明白自然选择在这些场景中的作用。食物链中处于中下端的动物，生活很艰难。事实证明，就适合度的进化而言，时常面临危险是一种有效的激励，让这些动物得以避开鬼鬼祟祟的伏击捕食者和快速奔跑的主动捕食者。

以能力为基础的应对捕食者的策略中，最简单的就是逃跑，很多动物物种肯定都赞成这一理念。从老鼠到大象，对于某些物种——尤其是那些体型极端的物种来说，它们不仅做不到跑得足够快来避开捕食者，而且它们可能永远也不会这么做。尝试通过运动从捕食者那里逃生的小型动物，面临着生物力学上一个非常不利的事实：几乎每一次，小型动物都比大型动物慢（在绝对意义上）。那么，它们在飞驰而来的体型更大、速度更快的捕食者的死亡威胁下，该怎么做呢？

善于跳跃的小型动物，比如跳鼠和袋鼠，进化出了一种以不可预测性为基础的解决方案。它们利用自己专业的跳跃能力，在完全适用于跳跃的一套骨骼肌适应系统（musculoskeletal adaptations，比如连接到杠杆式大脚上的坚硬肌腱）的有力支持下，朝着随机方向以极大的加速度跳出去。它们的想法是如果连它们自己都不清楚下一步会走哪条路，那么追捕它们的动物就更不可能清楚。于是，任何试图根据当前的轨迹来预测一只正在逃跑的跳鼠接下来位置的捕食者，都很可能被快速的转向搞得晕头转向。因为对于大型动物来说，很难突然改变方向（相比小型动物，它们更容易受到惯性的影响）。所以，运动轨迹的随机改变是一种有效的逃跑策略。

塔利亚·摩尔（Talia Moore）在哈佛大学开展的博士学位研究就是以跳鼠运动为基础的；她的野外助理拍了一些视频，记录下小跳鼠在自然界中快速又难以预测的运动镜头，这些视频清楚地展现了跳鼠的逃脱策略是多么有效［在看到这些视频时，我不禁想起班尼·希尔（Benny Hill）的主题曲《喋喋不休的萨克斯》（Yakety Sax）］。为了测试跳鼠的跳跃是否真的不可预测，在分析跳鼠躲避捕食者时所表现的跳跃模式时，摩尔运用了信息论（information theory，该理论以模型和序列来处理信息的编码和传输）和熵（entropy）这一物理概念。她的分析证实了这种跳跃模式具有高度规熵（metric entropy），也就是说，其中包含的信息基本上是随机的，没法从当前或过去的位置来预测跳鼠未来的位置。

其他有可能成为猎物的生物体也会运用基于不可预测性的类似策略以免成为真正的猎物。例如，飞行中的昆虫，当发现自己被蝙蝠盯上后，通常会根据与追捕者的距离采取不同方式改变飞行模式，以此逃脱。夜行性的食虫蝙蝠（insectivorous bat）利用回声定位来捕食；它们发出能反射的高频声波来确定潜在猎物的空间位置和间隔距离，从而找出猎物的位置。[2] 自从蝙蝠开始飞向夜晚天空的大约 5000 万年以来，昆虫已进化出一系列的应对措施，如被蝙蝠声呐瞄准时能警告自己的特化耳朵，发出高频声波搅乱蝙蝠产生的回声，干扰蝙蝠的回声定位信号（天蛾用生殖器来做这件事）。在探查到蝙蝠声呐后，蟋蟀简单的神经元回路（neural circuitry）就会相应地触发简单的逃避飞行行为，使它们避开声源。当发现自己暴露在频率范围通常属于蝙蝠声呐的强烈声波中时，灌丛蟋蟀会立即俯冲下去；不过，俯冲的方向与声波发出的方向没有关系，这再次表明蟋蟀跟跳鼠一样会随机选择移动方向。

2　食虫蝙蝠的捕食行为似乎符合一种合理的假设，即夜间任何空中飞行的小动物都是飞虫。在波多黎各的一个研究站，一个平安祥和的夜晚，我曾经利用这种假设自娱自乐。我坐在露台上，往空中扔花生，然后看着蝙蝠们猛扑下去抓它们。后来，我了解到摇晃钥匙会影响飞蛾的飞行，因为这样做所发出的声音，与蝙蝠用来回声定位的声音的频率相同。

035

对抗蝙蝠捕食最复杂的反抗可能来自飞蛾。基于蝙蝠发声的性质，飞蛾能确定这些蝙蝠离得有多远，并相应地调整自己的逃跑行为。实际上，某些夜间出没的飞蛾，它们能探测到蝙蝠的范围是蝙蝠能探测到飞蛾的范围的 10 倍。远离蝙蝠发声源头的飞蛾只需掉转身体，而那些靠近的飞蛾则会以“之”字形线路曲折前进，或者全力俯冲。若低于某一距离，有的飞蛾会展现出一种委婉地被称为飞行中止的行为；也就是说，它停止飞行，合拢翅膀，从空中掉下去。绿草蛉（green lacewing）——它们不是飞蛾，但也展现出这种行为——做得更绝。如果一只蝙蝠靠近正在下坠的草蛉，那么当草蛉觉察到蝙蝠发声速度突然加快时，就会猛然翻动，把翅膀打开，停止下坠一段时间，然后再次收起翅膀，继续俯冲。研究者有时会提到蝙蝠回避行为的可避免性（evitability，跟不可避免性相对），作为它们不可预测性的参照——再一次，就避开夜间食虫蝙蝠的捕杀来说，这是对夜间飞行昆虫很有利的一个特征。

虽然对于某些物种来说，随机地开展行动是一种有效的逃脱策略，但有另外一些物种运用了直接来自《巨蟒剧团之飞翔的马戏团》（*Monty Pythons Flying Circus*）的另一种方法，绝佳地展示了“不被发觉”的价值。以伪装和隐身［归类到保护色（crypsis）这个涵盖性术语中］为基础躲避捕食者的策略在动物界颇为流行。保护色可能是动物个体在不得已的情况下被迫接受的。比如说，怀孕的雌性通常采取保护色的策略，因为带着额外重量的卵或胎儿，想快速地逃离迫近的捕食者很困难。保护色还可能是环境因素促成的，有保护色的物种通常都是那些住在落叶层等复杂环境中的，或者是模拟一种特别类型的小生境（microhabitat）*，比如某些变色龙模拟它们栖息其上的小树枝。

还有一种普遍的情况就是依赖于保护色的生活方式，我认为这种情况没有得到实际上的认真对待，它们的能力看起来没那么引人注目（尽管还是伏击捕食者）。如果确实存在的话，这样的情况可以根据效率来预测。支撑动物能力的生理机制，无论是施展还是维持都需要付出沉重的代价，如果有一种高性能的机制，在你身上没什么用处，那为什么还要保留它？这一点，只有拥有超级跑车的人才会明白。

有本事就来抓我呀

036

保护色的逻辑是令人信服的。即使是那些依靠运动来逃跑的物种，如果不必逃跑的话，对它们的生存也会更有利。逃离捕食者是要付出代价的，小到快速逃跑的能量消耗，大到失去觅食或交配的机会。想象一下，刚在别人之前找到了一片可口的草地，或者费尽九牛二虎之力才打动一只雌性动物，马上就要成为与之

---

* 生境是生物栖息的场所。小生境是一种生物在生态系统中的行为和所处的地位。如果把生境看作生物的“住址”，小生境则是它的职业。生物的小生境由它的分类地位、形态特征、生理反应和行为所决定。——译注

交配的雄性，就在这时，你却只得把这一切扔在一边，赶忙逃离某个冲过来搅局的捕食者。即使逃生成功，捕食者也已离开，但你已经无法保证那片草地或那只雌性动物还能找到。在诸如此类的情况下，去说服上述那只试图抓住你的捕食者，使它认为它的捕食行为得不偿失，也许是一种更有利的做法。出于该原因，某些动物进化出了发信号（通常是听觉或视觉信号）的能力，生物学家怀疑，这些信号是为了跟追捕它们的动物沟通，想让捕食者明白它的捕食行为将会徒劳无功。

给捕食者发信号的一个著名例子是被称为腾跃（如果你是南非人的话）或弹跳（如果你不是南非人的话）的行为。[3] 两者指的都是同一种引人注目的瞪羚的行为表现，人们普遍认为这是给其他想杀死和吃掉它们的动物一种追击—威慑信号（图 2.1）。在看到捕猎动物后，跳羚（springbok）和汤姆森瞪羚（Thomson's gazelle）等动物会做出一次特殊的跳跃：四条腿向下伸直，脊背拱起，头往下探，仿佛在练习某种怪异的空中瑜伽。瞪羚也不是在原地弹跳，它们经常会在逃跑或遭到追捕时弹跳。尽管动作怪异，但瞪羚在弹跳时能达到令人惊叹的高度（据估算，它们跳起的高度可达 3 米，距离可达 14 米，不过，应该强调的是，这些测量都未经证实），而且几乎可以肯定是有意为之，因为这种表现的目的毕竟是让对方看到——就是想让捕食者看到它。

037

有不少于 11 种猜想试图解释这种行为的意图，但目前，在

3　“Stotting”源于苏格兰语单词，意为“快活地走”。“Pronk”是南非荷兰语动词，意为“腾跃”或“高视阔步”。

图 2.1 一只弹跳的跳羚

来源：iStock.com/johan63

实证上最经得起考验的一种猜想是，弹跳是告诉对方无利可图的信号。具体说来就是，通过展示自己良好的状态和身体（跟达尔文的学说相反）素质，瞪羚在向捕食者示意尝试去捕捉它们是不值得的。这至少有两个原因：首先，因为弹跳的瞪羚特别健康，身手敏捷，因此很可能会跑得比捕食者快；其次，因为捕食者已被发现，瞪羚对它们的存在一清二楚。支持这种解释的数据表明，野狗会优先攻击要么不弹跳，要么跳得比其他个体少的汤姆森瞪羚。有趣的是，捕食者的类型看起来也很重要。与靠追赶捕捉猎物的野狗——它们凭借耐力来追逐并最终胜过逃跑的猎物，它们通常在猎物完全处于视野之中时就开始追捕——不同，瞪羚不大可能向猎豹和狮子等潜行跟踪自己的捕食者展示弹跳，因为它们在发动攻击前会尽可能地靠近猎物。瞪羚通过弹跳展示自己的耐力，对依靠速度进行短途捕猎的猎豹而言毫无意义。

如果弹跳是向主动捕食者发出的“无利可图”的信号，那么在弹跳和动物个体的运动能力之间，应该有一种联系。如果想对这个猜想进行直接验证的话，将涉及测量每只瞪羚的速度和耐力，以及它们的弹跳速率，并测试是否可从其中一个预测出另一个。出于可以理解的逻辑原因，这种研究还没人做过。然而，得益于 GPS 技术的发展，现在这种研究比以前任何时候都更可行，因为这项技术避免了将瞪羚带到实验室的跑步机上，当然，这也避免了再次惹到汤姆·柯本。关于弹跳和能力之间的关系，现有的证据充其量是间接的，因为相比资源丰富的雨季，汤姆森瞪羚在食物匮乏的旱季弹跳频率要少。这意味着，在资源匮乏时，支持动物展示该能力的肌肉很可能较少，因此它们较少弹跳。然而，这些都还没有过硬数据，只是推测，可能还有很多其他原因。不过，如果说将瞪羚对捕食者的表现跟其运动能力联系起来很难，那么这种联系已经在一种迥异的动物——蜥蜴身上建立起来了。

在波多黎各的森林里，不用费太多力气，就能找到一种名为八哥安乐蜥（*Anolis cristatellus*）的蜥蜴。跟其他安乐蜥一样，它是一种漂亮而迷人的动物，也像大多数其他蜥蜴一样，有一大套求偶炫耀行为。几乎所有蜥蜴的主打项目都是俯卧撑，也差不多如此。安乐蜥先屈腿再伸腿，做俯卧撑的动作，几乎跟你同军队长官顶嘴后被罚做的完全一样。安乐蜥会在多种生态环境下表演整套俯卧撑：雄性蜥蜴会在与其他雄性对峙时表演，向雌性求爱时表演，在无主的地盘里向非特定的任何动物表演，甚至有的报道中提到它们也会向潜在的捕食者表演。尽管每位研究安乐蜥的生物学家都曾经成为安乐蜥的表演对象，但大多数人认为，这是蜥蜴搞错了身份。以前，人们一直认为，这些蜥蜴把人当成捕食者，从而想把传达给捕食者的信号表演给我们看，直到曼纽尔·里尔（Manuel Leal，当时是圣路易斯华盛顿大学的一名研究生）决定去检验一下这种想法。从此之后，我们才深入了解了这种信息到底是怎么回事。

039

里尔将雄性八哥安乐蜥与一条捕食它们的蛇模型之间的互动进行了分级，通过这种方式量化每只蜥蜴在同种捕食者—猎物环境下的表现。然后，他把蜥蜴做俯卧撑的频率跟一种被称为距离能力（distance capacity，也称为最大发挥）的特定运动能力联系起来。距离能力或最大发挥的测量方法是围绕着一个圆形跑道来追逐蜥蜴，直到它筋疲力尽跌倒在地。换句话说，该方法测量的是一个动物在跑不动之前的快速奔跑能跑多远，多久——显然，对于通过逃跑来对付捕食者的动物来说，这是一个相关的度量标准。里尔的数据令人信服地表明，在分级互动中做俯卧撑次数多的蜥蜴比俯卧撑次数少的蜥蜴，有更强的能力。这强烈表明，雄性八哥安乐蜥通过表演俯卧撑向捕食者传达着它们身体素质方面的信息，从而展示自己拥有更长久的逃脱能力，这颇类似于人们对弹跳的看法。

向捕食者炫耀的动物并不仅限于瞪羚和蜥蜴，而且表演也不一定都是视觉上的。例如，袋鼠科都是一群有袋类动物，包括袋鼠（kangaroos）、小袋鼠（wallabies）和有名的鼠袋鼠［rat-kangaroos，不要跟长鼻袋鼠（kangaroo rats）混淆］等。它们在遇到捕食者时，会单脚或双脚跺地，发出声音警告作为信号，就像某个完全相反版本的《桑普》(Thumper)。说起弹跳，目前有9种互有矛盾的猜想来解释袋鼠科动物跺脚的目的。尽管不同于弹跳，但是，用跺脚来传达徒劳无功的信号，这个看法很少有人关注。同样，鸟类及其他听觉信号动物发出的声音，通常跟动物个体生理与功能的某些方面有关，但很少有人将其跟具体运动条件联系起来。这种针对捕食者的警告式呼叫，完全有可能是运动能力的信号，就跟八哥安乐蜥和瞪羚所表现的一样，但目前我们缺少数据来评估这种想法。

040

为生命而奔跑

有些动物，不管是意外还是故意，都采取了应对捕食者的终极策略：它们栖息在捕食者不喜欢的地方。但是，如果从生态学角度看，一个缺乏经验的当地物种，突然遭遇另一种可能是被引进的新捕食者，会发生什么呢？进化论、直觉和证据都表明，这样的物种只有两个选择：要么适应，要么死亡。

选择对能力有重大影响，尤其是在几乎决定生死的情况下，某些物种既没有表现出高适合度的能力，也没有在缺乏捕食者的情况下发挥伪装的能力，但如果它们想生存，最好尽快进化出其中一种能力。然而，尽管我们对于能力如何使动物在当前的环境中生存下去有很多了解，但关于什么样的环境导致什么样的能力的进化则是另一回事。从很多方面而言，进化生态学（evolutionary ecology）是一种历史性科学，因为我们必须经常努力理解某些特征和场景，而它们通常则是超长时间段的选择和改变的结果，这些选择和改变的源头通常也不是显而易见的。不过，在某些情况下，通过运用巧妙的实验，我们有可能洞察到这些过程是怎样开启的。

有人在几个巴哈马群岛的小岛上研究过一种蜥蜴，这为在捕食者驱动下发展出的有效能力适应提供了一个迷人的实例。这些岛屿有着漫长而传奇的进化生物学历史，甚至可以称为进化的实验室。这是因为，岛屿在某些时候是物种种群简单的分散区域，岛屿的特性能够为人所掌握，并能比较容易地加以控制。通常的岛屿和群岛——特别是巴哈马群岛——另一个有用的特征是在一个岛屿上做的实验可以在另一个岛屿上复制。复制可以让我们多少了解，我们在某些岛屿上通过控制条件得到的结果，是可重复的还是偶然的；从而也让我们清楚，对于这些结果该抱有多大的信心。

我们所探讨的巴哈马群岛中特定的岛屿，住着安乐蜥的另一个亚种，名为沙氏安乐蜥（*Anolis sagrei*），也称为褐安乐蜥，因为它是一种褐色的安乐蜥。安乐蜥属（*Anolis*）在生物界声名远扬，因为它是脊椎动物中物种最丰富的属之一。迄今已发现的安乐

041

蜥有近400种，其中很多都生活在加勒比地区。人们对它们的研究极其透彻。之所以如此，部分原因是爬行动物学家很快就意识到，加勒比是做野外研究的绝佳场所。在加勒比，安乐蜥属有着田园诗般的生活。尤其是在大安的列斯群岛，蜥蜴是岛上的唯一主宰者；除了偶然的几个例外，它们在加勒比的昼行蜥蜴小生境中处于垄断地位。当然，它们也得对付个别的捕食者。这种机会很可能促成了整个加勒比地区安乐蜥种类的多样性，蜥蜴们已经辐射并散布到各类栖息地中，从树梢到树枝，从树干到灌木丛。褐安乐蜥喜欢栖息在低矮的树干和草木上，人们经常会发现它们在地面上活动。在周围没有使它们担心自身处境的其他蜥蜴时，更是会这样做。另外，鉴于大型岛屿可能生活着各种安乐蜥，生存环境严酷，所以褐安乐蜥往往栖息在小型岛屿上，那里只有它们。

乔纳森·洛索斯（Jonathan Losos）和汤姆·舒尔纳（Tom Schoener）带领的科学家团队将一种在地面栖息的食肉卷尾蜥蜴（curly-tailed lizard）引入了这个乐园——这次没有选择蛇。在巴哈马政府的许可下，他们有意把这些贪得无厌的小动物释放到聚集着褐安乐蜥的几个巴哈马小岛上，由此研究安乐蜥对新捕食者会做出何等进化反应。作为一种捕食蜥蜴的动物，卷尾蜥蜴是一个好选择。不仅它们的栖息地在附近，而且还经常移居并占据邻近的小岛，除此之外还贪吃又好斗，任何能吃下的东西都不放过。这样一来，它们很可能成为个子较小的褐安乐蜥的强劲对手——事实也确实如此。

请想象一下这个画面，研究人员聚在一起，一边搓着手疯狂地咯咯笑，一边放生卷尾蜥蜴，做完这一切便离开了现场，让动物自己来解决差异性问题。6个月之后，他们回来了，想看看褐安乐蜥在对付卷尾蜥蜴的屠杀上进展得如何，再对幸存者做个评估。他们发现，从卷尾蜥蜴的魔爪中幸存下来的蜥蜴的平均四肢长度，比卷尾蜥蜴发动闪电战之前同一种群的褐安乐蜥要长。这表明，褐安乐蜥的后肢长度表现出强大而积极的自然选择。假如我们从褐安乐蜥的角度思考卷尾蜥蜴的引入，如下的观点合情合理：你是一只小个子褐安乐蜥，在属于自己的小岛上闲逛，做着褐安乐蜥该做的一切；某一天，一帮贪婪的陆生肉食动物骤然出现，它们都想拿你当午餐。既然它们都比你个子更大更强壮，这种情况下，你最好的选择就是逃跑。因为长腿的褐安乐蜥比短腿的跑得更快（其他大多数种类的蜥蜴也是这样），只有跑得足够快的长腿褐安乐蜥才能避免成为劫掠成性的卷尾蜥蜴的零食。这一结果简单而直观。如果洛索斯和同事的实验到此为止，那就只是一个简单的案例研究而已：在应对新的生存压力时，种群有怎样的变化。幸运的是，这帮蜥蜴的同伙没有就此止步，6个月之后，他们在又一次巴哈马群岛之旅中有了更加有趣的发现。

042

第一次实验记录下了褐安乐蜥四肢长度上的选择之后，研究者又回到了饱经创伤的蜥蜴所在的小岛，来看看选择是否还在朝同样的方向继续，并最终战胜卷尾蜥蜴。然而，研究人员在6个月后再一次测量褐安乐蜥时，发现了跟第一次测量完全相反的结果：选择的方向已经逆转，转向了腿更短的安乐蜥，而不是腿更长的！如果我们对安乐蜥的生态了解不多的话，那选择方向的突然逆转看上去就可能非常奇怪。凑巧的是，我们对蜥蜴了解得非常多，一旦明白了这些动物经历了什么，选择压力变化的原因就显而易见了。突如其来的选择转变，是因为一个行为出现了变化。逃跑并不是避开横行霸道的卷尾蜥蜴的最佳方法。相反，褐安乐蜥几乎立即明白了，最安全的做法是完全离开地面。结果，随着时间的推移，它们基本上抛弃了最初的逃跑策略，开始更频繁地躲到树上。

043

跟大多数其他安乐蜥一样，褐安乐蜥有脚垫。脚垫与爪子的配合让它们比缺少脚垫的蜥蜴，比如大多数其他非壁虎类蜥蜴，包括卷尾蜥蜴在内更擅长攀爬。实际上，卷尾蜥蜴并不擅长爬树，只能爬上非常粗的树。因此，褐安乐蜥爬上树后，卷尾蜥蜴就没法追上。但是，在树的细枝条上爬来爬去对身体机能的考验很不一样，需要蜥蜴长着与在空地上疾跑不同的、更短的四肢。一旦褐安乐蜥安全爬到树上，就会面临一个新的问题——它们长长的四肢虽然可以让它们迅捷地逃离卷尾蜥蜴的血盆大口，但却不适合在大大小小的树枝之间施展。于是，它们现在采取了这种主要栖息在树上的新生活方式。腿短的褐安乐蜥被选中了！这个例子的启示是，选择会快速波动，而且是超乎任何人想象的快。如果安乐蜥研究团队等 12 个月才去测量褐安乐蜥的种群，而不是 6 个月，那他们也许就错过了这个突然而震惊的反转。

令人瞠目结舌的蚂蚁炮弹

作为这一章的结尾，我想介绍一种特别的动物，它们展示了让人无比感兴趣的运动能力。可以说，地球上最惊人的捕食攻击、反捕食防御以及最极致的运动能力，都包含在同一个特征里：长颚蚁（*Odontomachus bauri*）的下颌。

蚂蚁是动物王国中最贪婪的捕食者，昆虫学家、蚂蚁发烧友和电影《夺宝奇兵》（*Indiana Jones*）第四部的粉丝都明白这一点。在所有的蚂蚁中，长颚蚁表现的捕食攻击能力最令人啧啧称奇。这种生物将其硕大的下颌骨舒展开，像极了一个打开的捕熊夹，它的名字即由此而来。它们会以不可思议的速度用下颌展开攻击。对长颚蚁出击的描述令人难以置信：根据记录，下颌猛然闭合的平均速度是 38.4 米 / 秒，闭合速度的峰值从 35.5 米 / 秒到不可思议的 64.3 米 / 秒——仅略低于世界上最快的过山车能达到的最快速度。在一项针对长颚蚁下颌功能的研究中，杜克大学的希拉 · 帕特克（Sheila Patek，她还负责了上文提到的螳螂虾项目）和其同事也测量过如此极致能力的加速度，根据估算，大约是重力加速度的 10 万倍，是地球上所有动物能实现的最大加速度之一。让我们再把长颚蚁跟人类的奥运会拳击手做一番比较。后者的最快出拳速度能达到 9.14 米 / 秒，而最大加速度仅为重力加速度的 58 倍。相比长颚蚁的出击，奥运会拳击手的最快出拳不如说是慢动作。在这一纪录面前，螳螂虾也黯然失色，这些蚂蚁的速度比粉碎型螳螂虾的螯攻击速度还要快 3 倍。不过，长颚蚁的

044

下颌不是仅凭纯肌肉力量，而是利用“蓄力和反弹”机制实现如此不可思议的速度和加速度的。就运动机制而言，长颚蚁的下颌与奥运会拳击手不同，而跟雀尾螳螂虾的螯以及海马类似。在能力研究中，这是一个反复讨论的常见话题。任何时候，只要你发现一个动物以令人咂舌的加速度高速行动时，肯定是弹性存储机制在发挥作用（关于这一现象，我将在第 7 章中详谈）。

无论是仅由肌肉驱动，还是有弹性存储助力，长颚蚁的攻击都足够令人惊叹。如果这种攻击能力全部用于捕捉猎物，那么长颚蚁将会因为拥有顶级攻击能力永载史册。然而，显而易见的是，这些蚂蚁还把它们超级强大的下颌骨攻击能力用于另一个目的——弹跳运动。我在上文提到过，长颚蚁的攻击也是一种对抗捕猎的防御行为，而它们也确实运用了完全一样的攻击机制来摆脱危险。为了实现这一点，它们要么直接向下对着地面攻击，要么直接对着捕食者攻击，从而让自己弹起相当的距离跃入空中，远离近在咫尺的危险源。

帕特克的研究小组对长颚蚁的弹跳运动做过详细的运动分析。他们发现，下颌攻击涉及两种截然不同的对抗捕食者的行为。第一种称为保镖防御，其中就包括了攻击捕食者。这实现了两个目的：首先，捕食者受到了地球上闭合速度最快的下颌的打击，这至少会让对方大吃一惊；其次，根据牛顿第三定律，任何力都有另一个跟它大小相等但方向相反的力。得益于此，长颚蚁以极快的速度（1.7 米 / 秒）和加速度（重力加速度的 680 倍）把自己推向后方，远离危险，距离平均可达 22 厘米……对于小小的昆虫来说，这是很了不起的距离了！

第二种防御行为被简单地称为逃跑跳跃。具体说来，长颚蚁让自己的头部直接向下，对着地面，下颌张开再扣上，然后引出下颌闭合机制。长颚蚁以 76 度的平均角度射入空中，最高高度可达 7.3 厘米。如果你想只看一段有蚂蚁用下颌逃跑画面的高速视频，那这只蚂蚁应该是一只长颚蚁。多个动物同时做出这种行为时，效果更加不可思议，引用帕特克的话来形容就是“蚂蚁像爆米花一样弹入空中”。下一次当你被略微高出一块的地面绊倒时，可以这样想：长颚蚁可能不会遇到这样的问题，它能用它的下颌来解决。

3
情人与对手

046

人是独特的动物。相比地球上其他大多数动物物种，很多我们以为稀松平常的行为实际上都相当古怪。这些行为中，又有很多都跟性有明确的关系。例如，除了生殖，还用性生活来取乐的物种只有少数几个，而人类是其中之一，这已经是老生常谈的话题了。实际上，我们无比享受性，以至于经常费尽心机地避开性的生殖功能，这样就可以把性继续下去，而不必担心家庭支出不堪重负、人口过剩或者必须养育孩子。故意避免对性有好处的适合度，在其他大多数动物看来都会是困惑难解的——假如它们所属物种有正常的头部，也有清晰可辨的脖子的话。对于其他物种来说，性行为是一种服务于某个目的的手段；而且，繁殖成功对适合度是那么的重要，以至于为了繁殖可以忍受不便、不适和伤害。对于某些物种来说，雄性动物甚至愿意为了繁殖去打斗，去杀戮，甚至去死。

吹毛求疵的雌性和爱出风头的雄性

在自然界中，雄性和雌性通过一种被称为性选择的程序来寻找交配对象。自然选择支配着任何有助于提高生物繁殖成功率的行为（包括生存，这一点我们已见识过）；而性选择关注的仅是交配和繁殖，与其他行为无关。

任何特征，只要能让动物个体的适合度比同物种（无论它们是短吻鳄、蓝鹤还是大象）其他成员高，就会受到自然选择的青睐；而性选择更倾向于那些相对于该物种内其他同性成员的适合度更高的特征。例如，虽然自然选择会选出同物种中最好的蓝鹤（根据适合度），但性选择会倾向于比其他雄性蓝鹤适合度更高的雄性蓝鹤。同样地，自然选择通常会选出有助于动物捕猎或逃脱捕猎的特征，这两方面都能产生实际效果，让这些动物至少存活到能繁殖的年龄。然而，由于雄性之间或雌性之间获取配偶的竞争如此激烈，所以即使要付出生存和寿命的代价，性选择也得选出能提高动物个体当前繁殖成功率的特征。这意味着，尽管自然选择和性选择具有一致性，即增加一生中繁殖成功的机会，但实际上两者采取了完全不同的方法，有时甚至会完全冲突。

047

性选择的概念是达尔文于1872年提出来的，它解释了某些雄性特征存在的原因。对于生存来说，它们就算不是明显有害，也是完全无用，比如鲜艳的颜色、长长的尾巴，或者响亮的叫声。这些特征被叫作第二性征，之所以这样称呼是因为它们通常明显不同于生殖器等第一性征，它的产生是对性选择两大过程中的一种（或者两者兼顾，只是这种情况通常少一些）的回应。

第一大过程称为雌性选择，选出雌性动物最有可能关注和受到吸引的进化特征，比如特定频率的叫声或颜色独特的羽毛。雌性动物对其做出评估，决定是否跟具备这些特征的雄性交配。第二大过程则称为雄性搏斗，它推动了雄性动物的某些武器和信号的进化。雄性动物在与“情敌”的打斗中运用这些武器和信号，通过赢得雄性间的竞争，将一个甚至更多的雌性据为己有。有的第二性征——尤其是符合雌性选择的那些——会影响具有这些特征的动物个体的能力。一个经典的例子是寡妇鸟（widowbird），雄鸟的尾羽极长，因为雌鸟更青睐长尾巴的雄鸟而不是短尾巴的。雌鸟的强烈偏爱让长尾巴在繁殖上的优势非常大，以至于雄鸟的尾巴会长到削弱飞行能力的程度，造成各种与生存相关的、非雌性选择的问题。但可以说，能力与性选择中的雄性搏斗更直接相关，在这些搏斗中，雄性利用运动能力来对抗其他雄性，不让它们接近雌性或雌性需要的资源。

在动物世界里，雄性搏斗无处不在，但具体的表现并不总是我们想象的那样。人类在想到搏斗时，就会联想到满身肌肉的动物运用一个或多个身体部位，或者专门用来搏斗的武器，彼此攻击，让对方屈服。尽管动物有时候确实这样打斗，但赢家完胜的战斗只是例外而不是常态。打斗对于双方都很危险，这种看法既不够新颖又缺乏洞察力。受伤是很糟糕的事，这一事实可谓显而易见甚至不值一提。不过，这些老生常谈倒是对于雄性搏斗在自然界出现的原因有重要意义。如果每一次搏斗都升级到生死角逐的对抗，那么我们见到的雄性动物可能都是战斗赢家。然而，自然界里的动物不会像我们一样跑到急诊室去疗伤，在通往胜利的道路上，胜利者几乎肯定会——即使它能够以某种方式避免未来的冲突——受伤也很容易限制自身的生存或适合度。毕竟，如果受伤太严重，在取胜后也没法跟雌性交配，那么为了雌性动物而去赢得一场打斗就变得毫无意义。

剑拔弩张、一触即发的暴力行为不符合任何动物的最佳利益。出于这个原因，很多物种的雄性进化出了一种仪式化的战斗方式，战斗通常包括炫耀和发信号，雄性动物以特定的方式利用它们恐吓对方，而不一定升级为肉搏战。因此，雄性动物之间的战斗常常更接近于古怪的表演艺术或者诠释性的舞蹈，而不是功夫电影里动手不动口的片段；战斗场面还很像美国电影经典之作《洛奇 4》（*Rocky IV*）中穿着花哨的阿波罗·克里德（Apollo Creed）和面无表情的伊万·德拉戈（Ivan Drago）在搏斗之前摆出的姿势；甚至还与新西兰全黑队（All Blacks）在国际橄榄球比赛前表演的传统毛利战斗舞（或哈卡舞）类似。

物种不同，雄性的炫耀方式大不一样，而且它们的炫耀不一定受制于视觉传达，有些动物还运用听觉、化学信号甚至触觉的形式来彼此咆哮和训斥。例如，跳蛛（jumping spider）在干树叶上跺脚，发出其他雄性可以察觉到的急促的、不连贯的声音，而雄性龙虱（water beetle）捍卫地盘的方法是振动身体，产生其他雄性能感觉到的特定频率的声音。

咬 我

然而，要让这些炫耀有意义，它们的体力得确实能承受得住伤害才行。在一个种群中，如果个体间都愿意并能够将暴力作为一种调节手段，那么这个种群就不会彼此伤害，冲突永远不会升级为肢体冲撞。[1]由此，炫耀往往以一种千篇一律的行为序列上演，以仪式化的炫耀开始，以升级到个体能力支持的身体对抗为高潮。

例如，蜥蜴之间的搏斗通常遵循着一套总体上称为依序评估游戏（sequential assessment game）的规则。这意味着，战斗从容易做的炫耀开始，传达个体及其体能方面的信息。环颈蜥（collared lizard）的炫耀行为包括：雄性张开嘴巴，向对手展示其强大的下颌内收肌。这些结实的肌肉，再加上它们硕大的头部，意味着环颈蜥的下颌是危险的武器。这种做法就相当于蜥蜴昂首阔步地走下沙滩，秀出肌肉，把沙子踢向另一个雄性，既是一种威胁，也是一种警告。不过，如果另一个雄性没被吓住——或许是因为它自己也是一个大块头，长着强大的下颌肌，不是个省油的灯，那么战斗就可能进入下一阶段。

下一阶段会有一段这样的侧面炫耀：雄性缩紧自己的身子，仿佛被夹在一本合上的书的中间。在缩扁身体的同时，它们还会以一种奇异的姿势用侧脸面对自己的对手。整套动作的效果是让

1　西尔维斯特·史泰龙和韦斯利·斯奈普斯的科幻片《超级战警》（*Demolition Man*）中的一段爆炸镜头对这一场景的哲学复杂性进行了深入的探讨。

它看起来比实际要大一些，并最终让对手明白，应该打退堂鼓，离开战场。如果目的没有达到，接下来战斗会升级到第三阶段也是最后的阶段——身体对抗。战斗升级，双方全力以赴，两只蜥蜴通过下颌和嘴的角力咬住对方，或者试图咬住对方的脖子。这种状态会持续一段时间，直到其中一只雄性蜥蜴放弃出局。在很多种类的蜥蜴中，个子越大的蜥蜴咬合力越强，胜利的可能性也越大，环颈蜥尤其如此。明尼阿波利斯圣托马斯大学的杰瑞·胡萨克（Jerry Husak）及合作者所做的研究表明，咬合力较强的雄性比咬合力较弱的雄性有更多后代。如此一来，相比咬合力弱的环颈蜥，咬合力强的环颈蜥能够获得更多的雌环颈蜥，并与之交配，造成对雄性环颈蜥咬合力的正向选择。虽说从咬合力有助于觅食从而影响动物的生存，也可以推导出同样的关系，但胡萨克等人的研究表明，雄性环颈蜥的咬合力对生存没有影响。另外，虽然雌性环颈蜥的咬合力足够粉碎雄性环颈蜥吃的所有猎物，但雄性环颈蜥的咬合力比猎食所需的力量要大得多。因此，综合各方证据表明，硕大的内收肌群产生的雄性环颈蜥的咬合力，被选择专门用于雄性环颈蜥的搏斗（而且很有可能，其他很多种蜥蜴也是如此）。 050

尽管咬合力强这一能力会让蜥蜴成为惹不起的角色，但搏斗升级却很罕见，往往只发生在炫耀上平分秋色的个体之间，尤其是在它们的体型大小非常接近的情况下。但这样的打斗真实发生的话，就不是什么好事了，其中一方或双方都会受到严重的伤害。自然界中上了年纪的蜥蜴带着以前在激烈交锋中留下的伤疤，要么在头上，要么在身上其他部位，这种情况很常见。在有些种类的蜥蜴中，我和同事还观察到雄性搏斗留下的其他损伤，比如碎掉的下颌、断掉的尾巴和残缺的脚趾。怪不得只要有可能，蜥蜴就会竭力避免暴力冲突！

无节制的搏斗升级简直糟透了。尽管这一观点合情合理，但有些动物还是采取了搏斗的方式。不过，通常都有一个好理由。在中美洲，生活着一种贴切地被命名为雨蛙（gladiator frog）的物种，它们在存续期很短的水洼中产卵。这些水洼形成于暴雨之后，然后很快消失。这样一来，留给雨蛙的时间难以置信地短，在繁殖机会消失之前，它们必须在非常短的时间内找到配偶。雌性雨蛙必须在水里产卵，所以必定被吸引到这些昙花一现的水体中。于是在这些稍纵即逝的水洼中，散布着成群的雌蛙。如果雄雨蛙可以控制一个水洼，让其他所有雄雨蛙都远离这里的雌雨蛙，那么相比其他雄雨蛙，它就有机会极大地提高繁殖成功率。雨蛙确实是想这么做，但是由于留给繁殖的时间太短，没有时间浪费在像炫耀和仪式化搏斗这样的细枝末节上，雄性需要交配、现在就要交配，因为它们必须要抓住这次机会，一旦错失，就没法保证是否有活到下一次下雨带来的另一次机会。因此为了占有这些水洼和栖息其中的雌蛙，雄雨蛙只能真刀实枪地决斗，不惜一切代价用从其前臂凸出来的骨刺作为匕首，冒死而战［还有另外一种蛙，通常称为金刚狼蛙（wolverine frog），它们生出了爪子，从其指尖里穿出来，就像尖锐的断骨刺破了血肉一样］。

嗜杀的蛙类属于雄性搏斗谱系中的极端，而这一谱系的另一

051

极端是蝴蝶等物种。此类雄性只是一味炫耀，气势汹汹地在周围飞来飞去，但绝不碰彼此一根毫毛。在这两个极端之间的，是各种各样身体上的凶猛行为，从富有攻击性的蜥蜴到乌贼都是如此。它们最开始只是炫耀，包括快速转变颜色和图案，到最后升级为扭打和残酷的撕咬。不过，所有这些战斗，无论它们是把对方击倒在地，还是你来我往地争吵，抑或动物版本的火药味十足的莫里斯舞（Morris dancing），都需要通过动物的运动能力来实现，尽管在某些情况下还是战斗更直接。

有资本就炫耀吧

跟雨蛙不同，大多数动物都会尽可能地避免受伤。有鉴于此，雄性搏斗是否会升级，取决于最开始一轮的低级别信号传递。事实上，针对这些信号和展示的解释中，最为人普遍接受的是，它们传达了关于动物的某些重要的信息，事关其赢得一场战斗的能力。传统的观念是，炫耀是公布体型信息，因为体型大小对于雄性搏斗的结果有重要影响。较大动物当然更有可能在战斗中战胜较小动物，我们人类在拳击与其他搏击运动中都会采取重量分级，原因即在于此。个子大小的影响完全是压倒性的，你只需要让其他雄性动物明白，你比它个子大，它就会退缩，不再参与搏斗了。上文中描述的环颈蜥，它们横向收缩的奇怪炫耀和侧躺姿势就是出于这个目的。蜥蜴的搏斗升级到第三个也就是最后一个阶段——用撕咬来决胜负的直接身体对抗，往往只发生在体型大小相似的个体之间，因为在此之前，参与搏斗的动物还没能弄明白：它们如果都有打斗能力的话，彼此之间有何区别。因此，它们别无选择，只有直接分出胜负。

然而，一旦搏斗进展到这个阶段，赢得战斗就不会只靠体型大小了。毕竟如果两只体型完全一样的雄性动物展开一场打斗，肯定得有某种决出胜负的方法。不像人类的体育运动，自然界中的打斗不会以平局收场，因为适合度所承担的风险太高了，所以仅仅是体型的较量还不够，还必须得有其他因素来决定战斗能力。我们现在越来越清楚地了解到，想要对诸如环颈蜥之类的动物战斗结果做出预测，就必须考虑各种形式的完整生物体能力。

如果这是事实，动物的信号就应该已进化到可以传递影响战斗结果的运动能力的信息，而不是只传达或者更多地传达体型信息。不过，虽然蜥蜴能直接炫耀其下颌肌，让其他蜥蜴瑟瑟发抖，但只有在双方相当靠近时才能奏效。如果有可能，雄性动物会竭力保持距离，因此在靠得近到发生身体接触之前，有一个体系能向对手宣示自己的战斗能力会非常实用。通过这种方法，雄性动物便可以衡量彼此的格斗技能，并评估发起战斗是否真的是个好主意。对于拥有地盘和属于自己的雌性的雄性而言，这样的远程宣传信号也可以充当一种威慑，让对手明白，它们最好到其他地方碰运气。这意味着与个体战斗能力相关的某种特征的攻击性信号或炫耀方式肯定存在。同样重要的是，这种明确的特征应该跟信号和体型之间的联系无关。

053

这种信号有宣示能力的属性，以安乐蜥属的某些种类为例。

上文提到过，安乐蜥在形态、生态和行为上极为多样，其中一个例子是它们在交配方式上表现出了明显的多样性。安乐蜥的领地似乎彼此相连，某些种类的领地性非常强，在自己的地盘内激烈地排斥其他同种类雄性；而有些种类的领地性不是特别强，会容忍地盘周围的其他雄性。搏斗升级后，雄性安乐蜥会彼此撕咬，这一点跟环颈蜥及其他很多种类的蜥蜴完全一样。但安乐蜥显然是非常注重视觉效果的蜥蜴，捍卫地盘的雄性会惹眼地炫耀自己。雄性安乐蜥的炫耀行为有展示垂肉这一项。垂肉是一段伸出来的喉扇，蜥蜴种类不同，垂肉的大小、形状和颜色也极为不同。尽管垂肉可用于不同的生态语境中，比如向雌性求爱和宣示地盘，但在与其他雄性你来我往的缠斗中最明显。安乐蜥的垂肉多彩而美丽，而且尤其神秘。

尽管雄性安乐蜥对长在身上的垂肉非常满意，但研究者费尽周折才弄清楚垂肉到底是做什么用的，怎么运用它，以及整个安乐蜥属的垂肉形态是如何变化的。据说它是一种信号，可究竟是什么的信号？一个引人深思的可能性是，垂肉是能力的信号，尤其是咬合能力的信号。这种想法的证据来自安特卫普大学的比尔克·范胡东克（Bieke Vanhooydonck）和他的同事们。他们的研究成果表明，在多个种类的安乐蜥中，咬合力的大小跟垂肉的大小呈正相关，而跟体型大小无关。这是个很重要的警告，我们之前可能以为动物的很多特征之间都呈正相关关系。之所以有这样的误解，是因为这些特征都借助一种名为异速生长（allometry）的缩放现象，与体型大小正相关。相比体型较小的动物，动物体型越大，垂肉就越大，咬合力就越强，所以体型大的动物垂肉更大、咬合力更强就没什么好稀奇的。不过实际上，如果你运用统计学的技巧排除体型影响，就会发现垂肉和咬合力仍然彼此呈正相关。这说明，就体型大小来说，咬合力强的动物比与它们体型接近的同类垂肉更大（图 3.1）。

054

将垂肉解释为咬合力的一种信号，是有道理的，因为如果你在这些领地性特别强的体型相同的雄性安乐蜥之间举办终极蜥蜴笼中格斗（我的博士学位论文，有一部分就涉及这个内容），胜利者往往是同等体型下咬合力更强的雄性，鲜有例外。因此，安

图 3.1　在炫耀自己的垂肉的雄性安乐蜥

来源：Michele A. Johnson

乐蜥的垂肉看起来至少向其雄性对手暗示了两件事：它们的体型大小——垂肉的绝对大小跟体型大小正相关，以及咬合力大小——垂肉的相对大小跟咬合力正相关，跟缩放比例效应无关。[2]

安乐蜥的垂肉是能力的信号，证据不止于此。把加勒比安乐蜥作为一个整体观察，我们可以发现在经常发生雄性搏斗的领地性物种中，垂肉和咬合力彼此相关；但在很少搏斗、领地性没那么强的物种中，它们则不相关。另外，虽然在领地性强的物种里，体型相同、咬合力大的雄性，在搏斗中通常获胜得更多，但咬合力并不影响那些难相处的非领地性物种的搏斗结果。这一结论不仅说明领地性雄性动物通过其垂肉的相对尺寸来彼此暗示自己的咬合力，也意味着非领地性物种不这样做。大概是因为对于后者来说，雄性搏斗（以及咬合力）没那么重要。

055

蜥蜴中，不是只有雄性安乐蜥在搏斗时会运用视觉信号来宣示能力。具有领地意识的雄性树蜥（*Urosaurus ornatus*）除了喉咙上有一块不同于安乐蜥垂肉的彩色斑点，在腹部也有。在互相攻击的过程中，它们会炫耀给其他雄性看。与安乐蜥不同，树蜥的喉斑大小似乎并不向雄性对手传达咬合力或其他能力的任何信息（尽管喉斑在其他方面也有意义）。不过，彩色的腹部斑点大小跟咬合力相关。这表明有复杂装饰图案的动物，除了能力，很可能还在向其他动物暗示别的东西，当然能力肯定是暗示的目的之一。

2 我得赶紧补充一下，除了与咬合力的关系，安乐蜥的垂肉还跟很多其他东西相关；而且几乎可以肯定，垂肉会受到各种环境中的其他很多选择压力的影响。另外，值得注意的是，这说的只是垂肉。

争强好胜的螃蟹与好勇斗狠的甲虫

蜥蜴不仅是研究能力的伟大生物体，如前所述，而且雄性搏斗在蜥蜴类动物中也很常见。对于像我这样的对雄性搏斗和能力之间的交叉点感兴趣的科学家来说，蜥蜴是完美的动物，因此研究者给予它们大量关注。但这又引发了一系列重要问题。有没有可能能力与信号传递之间的关系是蜥蜴所独有的，而其他种类的动物以其他方式来解决分歧？其他凭借能力而不是咬合力来赢得战斗的物种又是什么情况？动物的信号有时会宣示像耐力或短跑速度这样的其他能力吗？即使是蜥蜴，咬合力也不是唯一跟适合度相关的能力。例如环颈蜥，后代的数量还可以用短跑速度来预测，相比速度慢的雄性，速度快的雄性繁育出的后代更多。这可能是因为，有其他雄性入侵时，后者能更快地站出来将之驱逐出境。

关于各种动物的越来越多的研究证据表明，动物在互相攻击中发出的信号和炫耀行为，往往跟有助于动物个体赢得战斗的能力有关。在蜥蜴之外的动物中，这一联系可以用寄居蟹的例子说明。不过，它们不是为了接近雌性而战斗，而是为了占有甲壳而战斗。寄居蟹自己长不出甲壳，不得不寄居在螺类等其他有壳动物所遗弃的甲壳中。然而被遗弃的甲壳资源有限，只要资源有限而且整个动物种群都对其有需求，就会陷入冲突之中。没有动物居住其中的腹足类动物的甲壳非常稀缺，寄居蟹极有可能会诉诸武力，强行从占有者的手里把甲壳夺过来。

寄居蟹中的一种，本哈寄居蟹（*Pagurus benhardus*）就采用了这种策略。它们并不想为了一个舒适的甲壳而与身上带壳的“精英”进行争斗，如果一只寄居蟹认为自己的甲壳不够好，而觊觎另外一只寄居蟹的甲壳（或者因为它长得太快，现有的甲壳已容不下它的身体），它就会试着夺过来。这些动物的战斗颇为程式化——敲击甲壳。战斗中，发起攻击的寄居蟹用螯紧紧抓住它想要的甲壳，然后利用自己的甲壳向对方猛撞过去。争斗双方以这种形式来回敲击，直到有结果为止。在这些争斗中，胜利属于比对手敲得更猛和时间更长的一方。这样做的能力与寄居蟹个体的强壮程度有关，而强壮程度又受肌肉发达程度的影响。因此，获胜的寄居蟹的腹部肌肉尤其多，而且比失败者（或许出于偶然）表现出更快的短跑速度和更强的耐力。敲击甲壳看起来是在暗示自己比对手的力量和总体能力更强，如果其中一只认为对手比它强，那它通常就会投降。如果失败者是防御的一方，那这只寄居蟹要么放弃战斗，自愿丢下自己的甲壳；要么被另一只寄居蟹从甲壳里强行驱逐出去，如果它特别顽固的话。

057

蜣螂*的一种——北方沙地蜣螂（*Euoniticellus intermedius*）似乎也采用了一种基于能力的战斗策略。成年蜣螂的最大长度不到 1 厘米，所以一只愤怒的雄性北方沙地蜣螂看上去可能也不怎么吓人。但这些小甲虫都是战士，它们拥有一种专门武器用于跟其他雄性对峙。这种武器是由蜣螂外骨骼延伸而形成的一个角，

* dung beetle，俗称屎壳郎，属鞘翅目金龟甲科。——译注

就相对大小和位置来说，有点像犀牛角。而且蜣螂种类不同，角的形状也不一样。蜣螂或许是动物世界中雄性搏斗的典范，在争夺狭窄的地下通道的争斗中（通道里住着雌性，而且会把卵产在粪球上），各种雄性蜣螂都会运用它们的角来讨价还价，把对方放倒在地。这些角形形色色，从北方沙地蜣螂长在鼻子上的犀牛型角，到牛头嗡蜣螂（*Onthophagus taurus*）的原牛型角和三角嗡蜣螂（*O. haagi*）的三角恐龙型角，以及壮观的鹿头嗡蜣螂（*O. rangifer*）的后掠式鹿角。

对于这些充当守卫者的雄性蜣螂来说，捍卫地道是一个不错的主意。如果它们能让对手远离雌性蜣螂和地道中的孵卵球，它们就能垄断雌性的卵，从而提高自己的适合度。有时候，敌对的雄性甚至会在非常狭窄的地道里打斗起来。在这样的通道里，回旋余地很小，雄蜣螂要么用角来把对手推出地道，要么把它挤到一边，尝试在地道里从它身边越过。像北方沙地蜣螂的角又短又秃，而不是尖的（图 3.2），很难想象雄蜣螂用这种角怎么伤害对方。但这样的战斗如果持续太久，还是很费体力的。在投入耗时又费力的较量之前找到一种方法来衡量彼此的战斗能力，是符合每个动物自身的利益的做法。

在雄性北方沙地蜣螂的斗争中，角的大小是预测胜利的最重要指标，在体型较大的雄性之间尤其如此。蜣螂在这方面跟安乐蜥类似，它们角的大小也与战斗中有用的两种能力呈正相关（与体型大小无关）。这两种能力是力量——用抵御被挤出地道的能力来衡量——和对力量的运用。即使这些甲虫在满是粪球的黑暗

图 3.2　雄性北方沙地蜣螂的长角

来源：Rob Knell

058

地道中打斗，也有大量机会衡量对手的角有多大。有观点认为，对于与战斗结果相关的能力来说，角的大小是个可靠的信号，跟领地性安乐蜥的垂肉所传达的信息相同。相差甚远的动物中有这样相似的能力信号说明可靠的能力信号在动物界普遍存在，这些信号也因此成为雄性搏斗的常见特征之一。

永远不要相信甲壳动物

人们认为，这些信号以及其他的类似信号，都是可靠的，因为它们忠实地向其他雄性传达了个体特征方面的信息。此类信号的一个重要特征是，它们很难伪造。在某些物种中，发出信号的器官的生理局限性决定了信号的真实性。例如，雄马鹿（red deer）互相对着咆哮，咆哮的音高受限于喉部的大小：只有体型

059

非常大的雄性才能发出低频的吼叫。在马鹿中，吼叫的频率是体型大小的忠实信号，雄鹿是没法伪造低沉的吼叫并借此在体型上误导别的雄鹿的。在其他动物中，表达（或构建）和维持虚假信号的各种代价很可能也是支持忠实信号的原因：只有个别动物不会因为虚假信号而招致严重的惩罚。

即便如此，很多人可能还是会把怀疑的眼光锁定在广告和诚实的话题上。这种怀疑非常有道理。人类的广告中就充满了欺骗，因为这符合他们自身的最佳利益，而且也是经过检验的从消费者那里捞钱的可靠方法。实际上，人类的广告中盛行失实陈述、歪曲和捏造事实，以至于懂行的消费者对广告所宣称的任何信息都嗤之以鼻。那么，动物世界的广告凭什么就不能如此呢？当有一种更好的策略可以夸大或掩盖自己的能力时，却向竞争者忠实地传达代表自己能力的信号，对于动物个体来说，又有什么好处？我们再来看一下依序评估游戏。游戏一开始，潜在的竞争者发出信号或者炫耀，旨在让对方明白应该主动退出战斗，承认失败，而不应该诉诸武力。通过虚报自己的超凡战斗技巧让对手确信，自己在某种程度上是台战斗机器，最后吓得对方退出战斗。这难道不合理吗？

这种欺骗在自然界中不太可能普遍存在，其原因有很多，但都可归结为：如果欺骗行为曝光了，行骗者会付出沉重的代价。发送虚假信号是有风险的，但这并不意味着，动物们从来不吓唬或哄骗其他个体。研究虚假信号的一大内在问题是，从定义上来说，这一信号是不诚实的。此类信号旨在蒙混过关，这就意味着把它们区分出来本身就是一项挑战。尽管如此，我们还是有理由相信，某些动物确实用这种方式撒谎，而对甲壳动物的研究也已揭示出，确实存在搏斗中发送虚假信号的情况。

招潮蟹是一种魅力非凡的小动物，雄性会经常运用螯发出视觉信号。雄性招潮蟹两只大螯中的一只——要么是左边的，要么是右边的——通常比另一只大得多。较小的那只螯用于进食，以及蟹类常用螯来做的其他事情。但那只大螯很特别，它不仅更大，占招潮蟹身体重量的三分之一甚至二分之一，而且还通常是彩色的。招潮蟹的种类不同，大螯的大小、形状和颜色也不同。招潮蟹的名字就来源于雄性招潮蟹运用这只大螯发信号的方式。它们把大螯向身前伸出，上下挥动，做出演奏小提琴一样的动作。观看招潮蟹挥动大螯炫耀的行为，是自然界的一大乐事，看许多招潮蟹同时炫耀更是如此。它们争先恐后地向雌蟹炫耀，都想占据上风，最终形成了近乎同时挥动大螯的效果。螃蟹聚居的泥滩因为这些多彩大螯的动作而看起来生机勃勃。

然而，大螯不仅用于向雌蟹发信号，也用于搏斗。雄性招潮蟹的搏斗就是从发信号开始的，在这个过程中，搏斗的参与者先比较、衡量双方的大螯。如果衡量没有解决争端，冲突就会像蜥蜴搏斗一样升级，最终导致肢体对抗。雄蟹在对抗中可能会用螯来扭住对方，迫使其屈服。澳大利亚国立大学（Australian National University）位于堪培拉，其研究人员帕特·巴克维尔（Pat Backwell）对招潮蟹的行为和生态做过很优秀的研究。当我对蟹的搏斗，尤其是蟹螯的力量好奇时，理所当然地要找她合作。招潮蟹中有一种叫米氏招潮蟹（*Uca mjoebergi*），生活在澳大利亚北部的达尔文市附近的泥滩上，它们螯的大小至少预示着两种跟体型大小无关的能力：用咬合力测量仪测得的夹钳力（类似于咬合力，不过是螯的力量），以及跟北方沙地蜣螂一样抵御（出于同样的原因）被挤出地道的能力（图 3.3）。作为对手的雄蟹，能由此准确地从螯的相对大小收集与这两种能力相关的信息，然后跟领地性安乐蜥的做法完全一样，通过获得的信息来决定是否升级对抗。不过，这些蟹会做一种非同寻常的事——它们能丢弃自己的大螯并长出新的来。当我们得知这种行为之后，情况就变得复杂了。

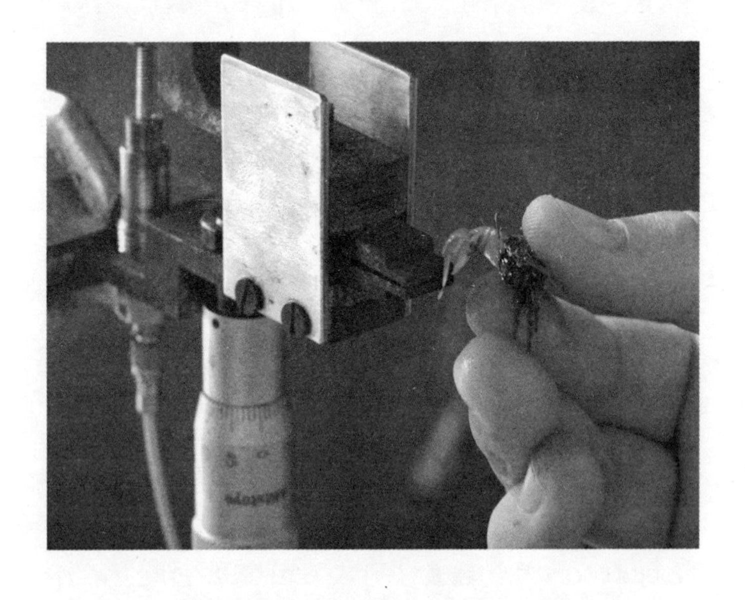

图 3.3　测量一只雄性米氏招潮蟹的夹钳力（澳大利亚达尔文市）
来源：Leeann Reaney

在自然界中，以一种或另一种方式再生缺失的身体部位是很普遍的现象。例如，某些蜥蜴会自愿地舍弃它们的尾巴（这一过程被称为自割）。作为一种应对捕食者的机制，它们经常这样做。 061 尽管方式不尽相同，但缺失的尾巴都能再次生长，支撑新尾巴的是软骨而不是骨骼。蝾螈（salamander）* 以整个身体都能再生而著称，就这一点而言，蜥蜴是做不到的。[3] 招潮蟹也能再生，如果它们碰巧失去了一只大螯——这有可能发生在跟捕食者的近身遭遇战中，或跟另一只雄性同类的战斗中——它们可以再长出一只新的来。不过，这只再生的螯，跟原来那只会有细微的区别：它更轻也更瘦，给夹钳提供动力的肌肉跟螯的接触面也更小，且缺乏疣粒（tubercle）——螯闭合面内部的小突起或结节（图 3.4）。然而，尽管我们以上文所述的细节为基础，可以清楚地区分原生 062 螯和再生螯，但招潮蟹对螯的衡量却是基于其他标准，比如长度——表面上，原生的和再生的螯在这方面颇为相似。这一观察反过来解释了另一个惊人的发现：雄蟹没法区分原生螯和再生螯。

雄蟹没有能力区分原生的和再生的螯。这就意味着它们会受到拥有再生螯的雄蟹的愚弄，因为原生螯能传达米氏招潮蟹个体能力方面的准确信息，而再生螯不能。实际上，再生螯在大小、

---

* 蝾螈，是两栖纲有尾目动物，形似蜥蜴；而蜥蜴是爬行纲动物。——译注。

3 蜥蜴有着卓越的再生能力，某些种类能再生皮肤、视神经，甚至是大脑的某些部分！尽管如此，身为漫画《蜘蛛侠》的忠实读者，我一直都很困惑为什么科特·康纳斯（Curt Connors，又名蜥蜴博士）要研究蜥蜴来查明怎样再生他失去的手臂，他应该研究蝾螈才是。无论如何，康纳斯最终设法成功地利用了蜥蜴的 DNA。因此，我猜想斯坦·李是个比我更好的生物学家。

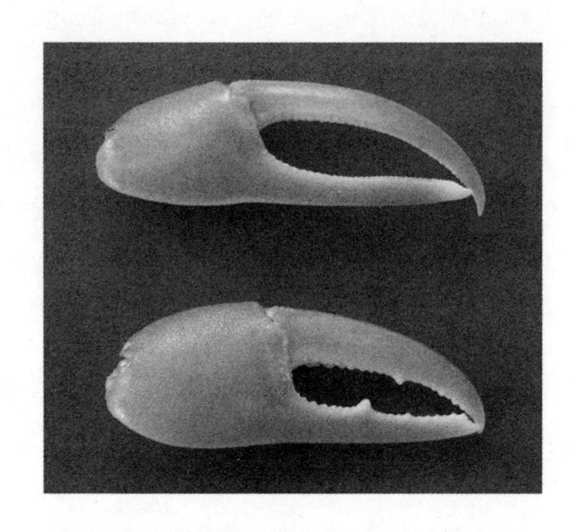

图 3.4 米氏招潮蟹的再生螯（上）和原生螯（下）
来源：Tanya Detto

夹钳力、抗拉力之间，根本没有预测关系，而原生螯却有。这种不同寻常的情况使得长着再生螯的雄蟹能威慑其他雄蟹（它们实际上可能是更好的战士），从而让战斗不会升级，基本上可以说是把能力更强的雄蟹吓得退出了战斗。因此，再生螯是耍给其他雄性招潮蟹看的诡计，利用了招潮蟹视觉系统中一个明显的障碍，通过夸大的能力来吓唬对手；而实际上，长着再生螯的雄蟹的能力根本没有它所表现的那么强。

063

来自长有再生螯的雄蟹所处种群的数据表明，这种虚张声势有效果，但也有局限。跟其他很多动物完全一样，雄性招潮蟹在争夺生活着雌蟹的地盘中的第一个障碍，就是抢别的雄蟹的地盘和捍卫自己的地盘之间的差别。长着再生螯的雄性米氏招潮蟹在挑战地盘的所有者时，会毫无问题地把雄性对手吓得放弃地盘；然而，当它们自己所占据的地盘受到其他雄蟹的挑战时，失去地盘的可能性就很大。这是因为，没有地盘、居无定所的长着再生螯的雄蟹，有挑选对手的资本，而捍卫地盘的长着再生螯的雄蟹却别无选择，只能接受试图抢走它们地盘的每一只雄蟹的挑战。最终，它们会面对一只不会退缩的雄蟹，这意味着这场战斗会不可避免地升级为身体对抗，从而暴露了那只骗人的假螯。

第二个问题跟生活中的其他很多事一样，随着虚张声势的手段的普及，它的可信度就下降了。此现象称为负频率相关（negative frequency-dependence）。意思是，在一个种群中，当只有少数动物运用虚张声势的手段时才会奏效，随着越来越多的动物耍鬼把戏，有效性就会迅速下降。打个比方，想象一场扑克牌游戏。如果一个牌手无论面对的是什么局面，都虚张声势地出牌，那么其他牌手就会很快明白这种策略，每一次都得让他开牌；与此相对的是，偶然为之的虚张声势很可能会成功。招潮蟹也会权衡使用虚张声势手段的频率，尽管在整个种群中每个个体的情况完全不同。

在达尔文市的米氏招潮蟹种群中，长着再生螯的雄蟹行骗的频率大约为 7%，这意味着撒谎的雄蟹很少，足以让它们避免招致其他蟹的怀疑。然而，种群中发布虚假信号的招潮蟹的比例是变动的，具体要取决于有多少动物个体发现它们的螯有必要再生。例如，非洲南部招潮蟹的一种——环纹招潮蟹（*U. annulipes*）是米氏招潮蟹的近亲，其中有 3 个种群的再生螯的频率要比其他种群高得多，从 16% 到令人惊异的 44%。对于不诚实的雄蟹占比高的种群来说，这会让蟹群不再相信螯的大小是一种代表能力的信号，由此可想而知，在再生螯比例高的种群里，战斗会更容易升级。

对这种现象的解释还有待进一步证明，但已有证据表明，事实就是如此。例如，在梨指招潮蟹［*U. vomeris*，坎迪斯·拜沃特（Candice Bywater）在昆士兰大学做博士研究期间，进行的研究项目］的 10 个种群中，长有再生螯的雄蟹在各自种群中的占比从 2% 到 35%，雄蟹发出不诚实信号的比例越高的种群，相互攻击的比例也越高。关于梨指招潮蟹的研究也出现了凭直觉就能得知的发现，即种群中年长蟹和大型蟹的比例越高，长有再生螯的雄蟹出现的频率越高。这是因为，相比年轻的个体，年长的个体更有可能在其一生中的某个时间失去一只螯。还没听说过有哪只招潮蟹会自行截断自己的螯，这就增加了一种有趣的可能性：当种群的年龄结构允许，不诚实会成为个别蟹采用的投机性策略。如果是这样，在特定种群中运转绝佳的不诚实体系，如果任何原因导致了年龄结构、捕食压力或密度发生了不利的改变，该体系就将无法运转。

发出虚假信号的第二个类似例子来自另一类甲壳动物——淡水龙虾（*Cherax dispar*）。雄性龙虾既有领地性也有攻击性，会运用两只硕大的前螯来恐吓和攻击对方，跟雄性招潮蟹运用大螯的方式完全一样。除此之外，它们还有一点很像雄性招潮蟹，就是冲突很少升级为直接搏斗：超过 80% 的冲突在双方没有进入身体对抗阶段就结束了。螯的大小是预测雄性搏斗结果最重要的指标，这再一次表明雄性甲壳动物是从螯的外形来推测战斗能力的。然而，螯的大小并不是预测淡水龙虾螯力量的可靠指标，对雄虾体内肌肉的测量表明，它令人吃惊地弱小。实际上，雄虾的螯肌力量只有雌虾螯肌的一半，当然这也确实显示出螯的大小和螯的力量之间有一种可预测的关系！从而也使“虚张声势”的螯形成了一套机制，让某些雄虾——或许尤其是那些失去了螯，又同雄性招潮蟹一样长出新螯的雄虾——投入更多精力长出大螯，而不是长出代价高、质量好的螯肌，从而不但节省能量，还能吓得其他雄虾在把戏被揭穿之前撤离战斗。

在释放虚假信号方面，最容易让人理解的两个例子都发生在甲壳动物身上，几乎可以肯定地说，这并非巧合。不像脊椎动物，肌肉都连着并围绕着内骨骼，因此对于任何喜欢欣赏脊椎动物的肌肉，并由此得出其运动潜力方面的结论的人来说，都是很容易看到的，但甲壳动物的肌肉藏在坚硬的外骨骼中，无法看到。甲壳动物往往还有功能性的大螯，而螯肌的大小只能凭借螯本身的大小推断。于是，如果发育出比本身的肌肉发达程度更优秀的螯，甲壳动物就很容易隐藏起螯的力量。淡水龙虾研究项目的幕后策划者罗比·威尔逊在一份报告中对此进行了总结：“你在隐藏体内的东西时，很容易不诚实。”

强壮就是性感吗

运动能力确实是雄性搏斗过程和牵涉其中的信号的基础。但雌性又会怎样做出选择呢？虽然从直觉看来，此类雄性会利用炫耀手段向对手发出代表个体能力的信号，但关于雄性动物是否会向雌性动物发出代表能力的信号，或者雌性动物是否确实在乎这些信号，目前还非常不明确。

在许多物种中，雄性会聚集在某个地方向雌性同时炫耀，这些聚集地被称为求偶场（lek），而求偶场所在的地方也被称为竞技场。如果竞技场是为了向雌性动物炫耀运动能力而存在的，那么它确实很完美。但大自然并不在乎优雅，有种种证据表明，雌性是根据雄性在运动上的造诣做出选择的。目前还不完全清楚的一个问题是，雌性跟一个能力强的雄性交配，能从中获得什么。

跟特定的雄性交配，雌性可能期待的利益有两种。雌性自身可以享受到的直接利益（direct benefits），这是因为跟它交配的雄性（或雄性们）能为它提供资源和保护或者帮忙照顾孩子。与其形成鲜明对比的是间接利益（indirect benefits）。间接利益的受益对象不是雌性本身，而是它的后代。例如，如果一只雌性跟一只具备某些特征——也就是说有着非凡的耐力或速度——的雄性动物交配，而雄性既不照顾雌性又不帮忙照料孩子，那么这只雌性在交配中获得的唯一好处就是它的后代可能会继承与父亲同样突出的能力。[4] 由于在环颈蜥等动物中，能力与适合度之间呈正相关，于是这些间接利益会很可观。能力强、能够给雌性动物捕

4　间接利益还有一种可能是，跟有吸引力的雄性动物交配，雌性动物能获得同样具有吸引力的后代。在性选择上，“好基因”和“性感后代”这两种观点各自都有复杂而充满争议的历史。不过这个话题远远超出了本书的讨论范围。

获猎物或者提供保护的雄性，对雌性来说非常有用。但对于绝大多数动物物种，雄性动物交配完没多久就会像风中的尘土一样悄然离开。有鉴于此，与能力相关的间接利益（如果有的话）很可能比直接利益更重要。

雌性动物可能特别喜欢能力强的雄性，关于这一想法的研究很少，为数不多的几个还自相矛盾。例如，雌性交嘴雀（crossbill finch）喜欢跟捕猎速度更快的雄性交配，这样做，它们可能会得到直接的资源利益。但雌性绿安乐蜥跟能力强的雄性交配只能获得间接利益，所以它们对跳跃能力特别强或咬合力特别强的雄性并没有格外青睐。在太平洋蓝眼鱼（pacific blue-eye）等鱼类中，雄性并不擅长照顾孩子，但雌性却颇受身披长背鳍的雄性吸引。背鳍的长度跟游泳速度呈正相关，这就有力地说明了雌性蓝眼鱼有意或者无意地表现出对游泳能力强的雄性的偏爱。同样，更吸引雌性孔雀鱼（guppy）的，是身上混合着特定彩色斑纹的游手好闲的雄性。这些夺目的彩色组合还在某种程度上跟雄性孔雀鱼的超级游泳能力有关。

067

虽然这些关于鱼的发现令人鼓舞，但对游泳能力的间接利益的测试却不支持这些观点，至少在孔雀鱼身上是如此。相比没有吸引力的雄鱼的后代，富有吸引力的雄鱼的后代并不是更好的游泳者。导致这一发现的原因可能很复杂，至于是怎样的原因，针对另一种动物的研究给出了一些线索。

在澳大利亚的黄斑黑蟋蟀（*Teleogryllus commodus*）中，雄性的吸引力由鸣叫气力（calling effort，雄性多久鸣叫一次）来决定，鸣叫频率高的雄性比鸣叫频率低的雄性对雌性更有吸引力。就能力来说，雄性黄斑黑蟋蟀个体能否赢得一场战斗取决于它的跳跃能力。会跳的蟋蟀，结合体型和咬合力等其他特点，比不会跳的在打斗中获胜的机会更大，因此跳跃能力强对雄性有用。而一旦雄性黄斑黑蟋蟀确定雌性已经受精了，就会对它失去兴趣，你应该不会对这一点感到奇怪。跟能力强的雄性交配，雌性会因为生出能力强的后代而获得间接利益；不过，旨在揭示黄斑黑蟋蟀这些性状之间的遗传关系的繁殖实验表明，鸣叫气力和吸引力的遗传和跳跃能力的遗传呈负相关。这意味着，如果一只雌性选择跟鸣叫气力高的富有吸引力的雄性交配，其后代将不可避免地成为糟糕的跳跃者。实际上，由于这些特点之间遗传关系的性质，一只雄性黄斑黑蟋蟀不可能吸引力又大，跳跃能力又强。任何一只跟富有吸引力的雄性交配的雌性，都会付出间接的遗传代价，繁殖出运动能力弱的后代！

至少在大部分时候是这样的，而其中也隐藏着矛盾。同样的这些实验也为吸引力、鸣叫气力和跳跃能力的另外两种不同遗传组合提供了证据。简单说来就是，有其他两种方式可以让一只富有吸引力的雄性蟋蟀的跳跃能力不会太差（跳跃是主要的吸引力，其他组合与其相比没那么重要）。这意味着，跟运动能力强的雄性交配，雌性可能确实获得了间接的能力利益，但这只是罕见的情况。雌性孔雀鱼对雄性孔雀鱼身上装饰图案的选择也同样复杂。雌性孔雀鱼到底想要在雄性身上寻找什么？为了弄明白这个问题而对孔雀鱼所做的研究表明，要成为一只有吸引力的孔雀鱼，也有多种方式。因此，反映游泳能力的花纹以多种方式跟吸引力有关，尽管这些方式中的某些比其他方式更重要。与运动能力强的雄性交配的雌性，其潜在的间接利益既不一定直接，也不一定普遍。想要弄清楚不同类型能力与吸引力到底与雄性的装饰和炫耀之间有什么遗传关系，仍然是一个重大挑战。

雌性选择能力强的雄性，这一事实的初步证据或许来自你最意想不到的动物——人类。埃克塞特大学的埃里克·波斯特马（Erik Postma）对女性的偏爱和能力之间的关系产生了兴趣，并以一种巧妙的方式进行了测试。他拿出2012年环法自行车赛中80位参赛者的面部照片，让800多位女性根据吸引力、阳刚度和好感度给这些脸打分，然后分析其结果，同时用统计方法对一系列潜在的重要因素做出解释。尽管打分者不清楚自行车手完成比赛的用时，但波斯特马还是发现选手在环法大赛中的表现与男性的吸引力排名成正比，而且没有使用激素类避孕药的女性对骑行能力的偏爱最为强烈。埃里克还发现，有吸引力的自行车手也更讨人喜欢。考虑到打分者既没有当面见过这些自行车手，也没有喋喋不休地聊起关于骑行的话题，这个结果就可能很容易解释。鉴于人类交配决策的复杂性（波斯特马没有提到，这些打分者中是否有人在那时喝醉了），能力不大可能是打分者当时唯一关注的特征。尽管如此，这些发现还是提出了一个有趣的问题，即不论是男自行车手的面部特征还是其他雄性动物的炫耀，究竟是如何反映耐力的呢?

4
雌性与雄性

069 雌雄有别。考虑一下，如果把整个动物世界看作一个整体，性别之间的差异往往引人注目，使人费解，又令人兴奋。根据所讨论的物种，雄性和雌性的大小、外形、颜色、行为，乃至上述所有特征都有差异。在某些情况下，性别差异甚至非常极端，以至于雄性与雌性之间几乎没有相似之处。分类学家基于外形，把某一特定物种的雄性和雌性分到不同的物种中，也偶有耳闻。

或许最极端的性别二态性（sexual dimorphism）的例子是安康鱼（anglerfish），一种生活在近乎完全黑暗之中的深海鱼类。这种奇异的动物，雌鱼呈现出标准的鱼类外形，尽管长满了一排时髦的可怕牙齿，以及深海生物独有的古怪特征。但雄鱼跟雌鱼的差异超出了人们的想象。雄性安康鱼不仅完全不像雌性安康鱼，甚至都不像鱼，简直就是裹着睾丸的一小团肉。跟很多个子非常小，或者生活在常年近乎彻底黑暗中的其他动物一样，雄性安康鱼在找到雌鱼并与之交配方面面临巨大的障碍。如果一条雄鱼奇迹般地找到了一条雌鱼，它不大可能短期内遇到另一条，甚至可能永远都遇不到。雄性安康鱼被认定为是最高级别的五级依附动物，它们把自己依附在生命中出现的第一条雌鱼身上，而且永不撒手。这就是安康鱼的体型大小和形状上的极端二态性。最开始，人们还以为雄性安康鱼是以雌性安康鱼为食的寄生虫。不过在某种程度上，它们也确实是，因为每一条幸运的雄鱼都永久地与它的雌鱼融合在一起，靠雌鱼血流中的营养物为生。但它们也是该物种的雄性，永远不会分开的配偶。

070

在动物界，雄性与雌性之间的体型差异普遍存在；而且由于体型对运动等能力的作用，这些差异对动物的功能有明显影响。例如人类，就平均而言，男性更高、更重、肌肉更发达，身材跟女性不一样。这些差异以及背后的生理因素，共同解释了男性和女性在很多运动能力方面存在的差异。在短、中和长距离竞技赛事中，男性比女性快 5%—10%，尤其是在短距离赛事的世界纪录上，男性一直以来比女性都快得多，这种状况会一直持续下去。多年来，训练、营养及其他因素上的改善不断让人设想这些差异可能最终会消失。根据图 4.1 中所显示的曲线通常可以推断（这种做法在统计分析中存在风险）：在未来某个时间，男性和女性的奔跑能力会趋同。这种想法只有在马拉松（图 4.1d）等长距离和超长距离耐力赛上，貌似才有道理（不过仍然存疑）。对于其他很多竞技类比赛来说，这种趋同极不可能，除非男运动员和女运动员最终在体型、体形和生理上趋同了。

然而，要理解性别差异对能力的影响以及影响能力的因素，

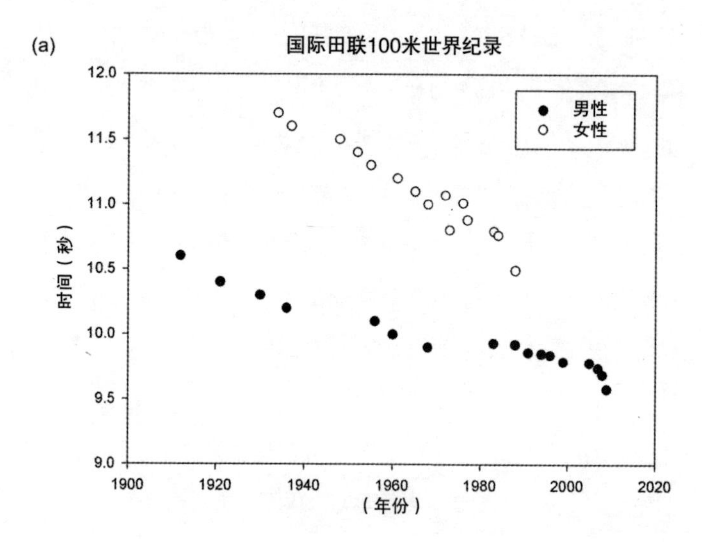
(a)
国际田联100米世界纪录
男性
女性
时间（秒）
12.0
11.5
11.0
10.5
10.0
9.5
9.0
1900
1920
1940
1960
1980
2000
2020
（年份）

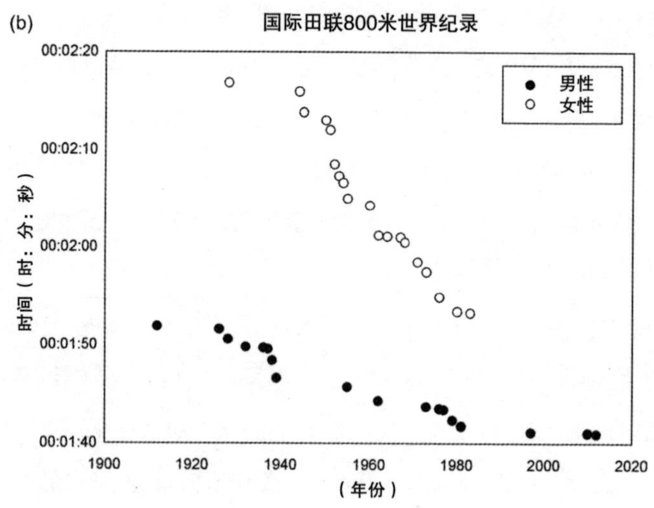
(b)
国际田联800米世界纪录
男性
女性
时间（时：分：秒）
00:02:20
00:02:10
00:02:00
00:01:50
00:01:40
1900
1920
1940
1960
1980
2000
2020
（年份）

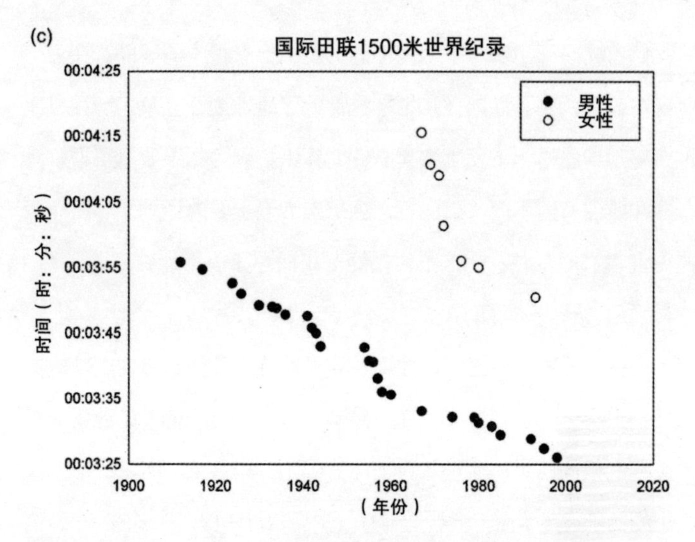

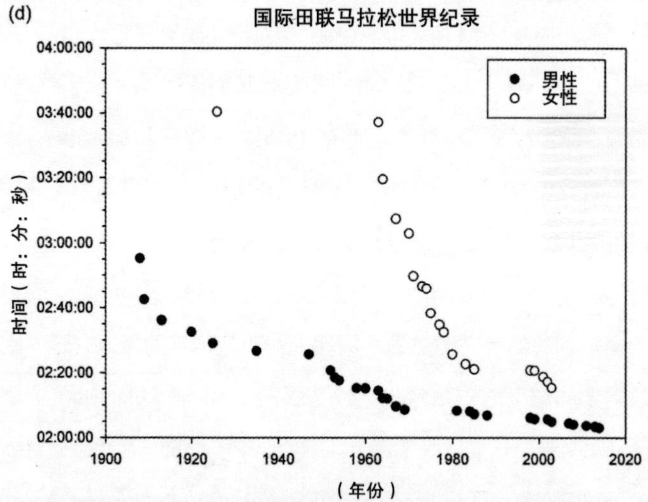

图 4.1　随着时间推移，国际田径联合会的男女运动员官方世界纪录的进步：（a）100 米、（b）800 米、（c）1500 米和（d）马拉松。20 世纪 70 年代，之所以 100 米的世界纪录发生离奇的时间变化，是因为 1975 年开始使用更精确的电子计时。创造了多个世界纪录的那几年，只显示最快的时间。

我们首先必须了解一下为何不同的性别会有根本的不同。在上一章中，我谈到了性选择和雄性经常为了雌性展开竞争。现在，我将简短地总结一下发生该类事件的原因，因为如果要真正理解雄性和雌性有何不同（请注意，这个宏大而重要的话题很容易作为一整本书的主题，在这里，只能对其做浮于表面的处理），我们必须解决这些问题。

在几乎所有情况下，性别差异和性选择都源于有性生殖的本性。表面上，它们是一种称为异配生殖（anisogamy）的现象或直接或间接的结果。这意味着，终其一生，雄性生成海量的形态微小的精子，而雌性产出数量相对很少且相对体积大得多的卵子。这样一来，即使在一生中，雄性和雌性在配子（生殖细胞）上投入的精力可能一样旺盛，但对于雄性与雌性之间任何一次特定的繁殖来说，雌性都投入得更多，且风险也更大。毕竟，雌性起码必须得带着受精卵上路，即使它们不给这些后代提供亲代抚育（它们很可能提供了），但通常也要投入大量的能量资源给这些受精卵。

073

这个简单的事实导致了严重的后果，推动了动物交配系统中很多普遍的趋势。考虑到不同性别对生殖的不同投入，科学家最重要的洞见之一是名为贝特曼原则（Bateman gradient）的概念。贝特曼原则描述的是每个性别中，交配数量与后代数量之间的关系。它得名于安古斯·约翰·贝特曼（Angus John Bateman）20 世纪 40 年代的果蝇实验。贝特曼的实验表明，雄性通常呈正向表现，这就意味着交配越多，雄性的后代就越多。后来，对其他很多动物交配的研究，也都证实了贝特曼的结论。这个结论说得通——一个雄性动物与多个雌性动物交配，便可以生育更多的后代。但对于雌性动物来说，贝特曼原则的吸引力不大，这意味着，就算跟大量不同的雄性交配，雌性从中也得不到什么好处（就每次交配生育的后代数量来说）。实际上在任何情况下，雄性动物射精一次就足够让雌性所有的卵子受精。雌性动物确实做不到像雄性动物那样，跟大量的异性交配并从中获益（不过，如果具有不同遗传品质的多个雄性对它的卵子受精，它可能会获得像更优秀的后代这样的间接利益，与获得更多后代完全不同，这一点在第 3 章中讨论过）。

这说明雄性能够，也确实做到了不分对象和场合肆意播种，而雌性必须做出更加慎重的生殖决定。[1] 我们观察到的这种现象也解释了为什么性选择在雄性身上体现得往往比雌性更明显。雄性需要跟其他雄性竞争雌性，因为跟更多雌性交配就会有更多的后代。而雌性，它们的卵是有限资源，这样一来，它们就掌握了决定谁可以获得这项资源的权力。

074

异配生殖以及雌性比雄性在每次生殖行为中投入更多的事实，对雄性和雌性如何开展日常生活带来了深远影响。其中很多都是由罗伯特·特里弗斯（Robert Trivers）在 20 世纪 70 年代提出的，他关于这个课题的论文是自达尔文以来进化生物学领域最有影响力的作品。一方面，投入上的差别会影响性别之间的体型

---

1 这并不是说雄性在繁殖上不付出代价；它们要付出代价，而且实际上代价高昂。但雄性在生殖上付出的代价，通常来自为了吸引雌性并与之交配而做出的旷日持久或耗费巨大的尝试，而它们很少为抚养后代直接耗费能量。

和体形的差别。在某些情况下，雌性可能比雄性更大，因为雌性的体型大小跟生育力和繁殖潜力直接相关（这是因为，比起较小的个体，体型较大的个体有更多的资源可直接投入繁育当中）。另一方面，它可以推动体型较大的雄性的进化，因为雄性在不知疲倦地让各种雌性受精时，如果体型足够大就可以阻止其他雄性个体占有雌性。雌性在生殖投入上的事实也意味着，雌性会挑选交配对象从而驱使雄性来承受炫耀和不断寻求雌性注意的代价，而体型更大的雄性通常在吸引雌性注意上更有利。总之，昆虫遵从的是前一种模式，而爬行动物和哺乳动物则是后一种，尽管这绝不是一条铁律，还存在很多很多例外。

无论两性体态的二态性朝何种方向发展，体型和体形上的差异和雌性因受精卵或者后代付出的能力损耗都肯定影响其运动能力。不过，这种影响并不总是以我们认为的方式来实现，这一点，我们将在下文中讨论。

当个雄蜘蛛有什么不好

蜘蛛或许可视为性别二态性的典型。尤其是织网蜘蛛，它们两性体型的差异沿着一个连续的谱系分布，体型大小的差异从微弱到明显。但在几乎所有存在性别二态性的蜘蛛中，其发展方向都是雌性体型更大，有时候甚至大得多。

075

在表现出明显性别二态性的物种中，体型大小上的巨大差异给雄性带来了一些不同寻常的问题。对于雄性来说，首要问题就是蜘蛛的性行为风险非常大。因为雌性可能比雄性大一个量级，甚至更多，而且跟大量雄性交配对雌性也没什么好处，所以通常雌性会很乐意吃掉它能找到的任何小东西——包括雄蜘蛛。雌蜘蛛很可能吃掉它的雄性同胞，即便它可能是它的配偶和它孩子的父亲，而它不会对此感到一丝不安。对于雌蜘蛛来说，雄蜘蛛就是个点心大小的东西，而且它又得吃饭。不过，如果周围有足够多的雄性的话，其中的一只很有可能在某个时候——兴许趁雌性忙着吃其他某只雄性时——避开它的注意力，借机完成交配并受精。雌蜘蛛并不关心雄性是如何做到这一点的，找到它是雄性的责任，而不是相反。

因此，在一个极端偏向雌性的二态性蜘蛛种类中，从属于该种类的雄性角度来看，性是这么回事：首先，它必须找到一种方法，来靠近一发现它就会迅速吃掉它的另一种巨型蜘蛛；其次，它不得不跟它交配；再次，它必须从交配中活下来；最后，它不得不从这只刚刚与之交配的可怕的雌蜘蛛身边逃走，还不能被吃掉。这是一个太难完成的任务，以至于有的雄蜘蛛从来都没有完成过最后两步。但某些物种的雄性做到了，它们进化出了一系列策略来实现这些步骤。

雄沙漠蜘蛛（desert spider）的办法差不多算是强暴雌蜘蛛，向对方喷射自身分泌的一种化学物质，使其长时间动弹不得，从而得以随意摆布对方。而马达加斯加的达尔文树皮蛛（Darwin's bark spider）的雄性则会做一些据说让雌蜘蛛认为魅力超群的事——雄蜘蛛趁雌蜘蛛蜕皮的时候交配，从而减少伤亡。它们的求爱行为包括，雄蜘蛛“舔舐并轻咬雌蜘蛛的生殖器”，据《新科学家》（*New Scientist*）对该物种研究者所做的一篇采访所说，这让雌蜘蛛感到“放松”，使它不大可能吃掉雄性。相比之下，对于雄性黑寡妇蜘蛛（black widow spider）来说，前景很是绝望，它们从不曾试图从体型更大的雌蜘蛛的口中逃脱。相反，雄性黑寡妇蜘蛛会做出异常惊人的行为：在交配后，纵身一跃——其难度会让任何奥运会体操运动员替它骄傲，径直落在雌蜘蛛的尖牙上！除了直接的自我牺牲，没法用任何别的理由来解释这种行为。它很可能体现了地球上最极端的亲代投入行为：雄性为了雌性，并最终为对方将很快产下的卵——它自己刚刚受精过的卵——提供食物资源。

尽管雄性黑寡妇蜘蛛自杀性的一跃非常酷，但在运动能力的性别差异方面，我想谈论的蜘蛛并不是它们。准确说来，我想说的是另一种完全不同的物种——球腹蛛科的 *Tidarren sysyphoides* 蜘蛛。这种蜘蛛与其他蜘蛛相比，雌性吃掉雄性的可能性小得多，就这一点来说，雄性蜘蛛是幸运的。相反，它们将面临另外一个问题。雄性蜘蛛的体型大约只有雌性蜘蛛的 1%，实际上非常小。仔细想想，打个比方，一个身材普通的男性试图跟一个块头是他 100 倍的女性性交[2]，你就会明白这种雄蜘蛛所面临的挑战。因为雌蜘蛛大得太多，从而它的生殖孔也大很多。因此，要想成功地跟一只雌蜘蛛交配，这只小小的雄蜘蛛就不得不拥有足够大的生

2　基于互联网上某些更成人化的内容，你们中某些人这样做过。

殖器来匹配雌性的生殖孔。

蜘蛛的生殖器或许不是你想象的那样。雄蜘蛛的生殖器是触须——类似于变形肢的附属物——将一包精子［精囊（spermatophore）］，放入雌蜘蛛的生殖道内。因为触须必须比雄性的体型大到不成比例，才能在物理上跟雌性的生殖器匹配，所以每根触须大约占雄蜘蛛体重的10%。交配是双方的行为。对于雄蜘蛛来说，这是个问题，因为它得在交配之前找到一只雌蜘蛛。这意味着，它通常需要长途跋涉（对于一只小小的蜘蛛来说），步履蹒跚地拖着奇重无比的生殖器，这不仅减缓了它的行进速度，还会很快使其筋疲力尽。

雄蜘蛛解决该问题的方式可能最务实：扯掉自己的一根超大触须。它们这样做的时间是在完全成熟前不久，也就是刚蜕掉过小的旧外骨骼后。在新的外骨骼还有些柔软，还处在变硬的过程中时，雄蜘蛛把自己两根触须中的一根缚在蛛丝支架上，然后绕圈，同时用自己的第三和第四对腿对着该触须的主干推。它用这种方式把这根触须扭断，扭转的动作顺带也有封闭伤口的作用，防止更多的体液流失和感染。

这种非同寻常的自我截肢行为，其结果也同样非同寻常——拔掉触须后，雄蜘蛛的短跑速度加快了44%，耐力提高了63%！扔掉一根触须的雄蜘蛛，比没有扔掉的跑得更快、更久，这让它们最终在找到雌蜘蛛并与之交配上有明显的优势。然而，最引人注目的成就还是它们的跑步距离，自断触须的蜘蛛的跑动距离约是有两根触须的蜘蛛的3倍。这是巨大的提升。

对于一只小小的雄蜘蛛来说，2 米的移动距离，可折算为大约 1400 个体长，或者说相当于一个人奔跑 2.5 公里，因此距离翻 3 倍绝非易事。实际上，这些动物精疲力竭的后果也非常严重：相比只有一根触须情况下的雄蜘蛛，有两根触须的雄蜘蛛在体力耗尽后更容易死亡。尽管这看起来很可怕，但拔掉一根触须，在加快移动的速度、延长移动的距离、增强找到配偶和竞争的能力，甚至是提高存活率等各方面，都大有裨益。

母亲的重担

额外的负重对爆发力有负面影响，这一点我们已见识过。然而，无论在交友网站上的男人想让女人相信什么，生殖器又大又重以至于损害运动能力的雄性动物并不常见；而对于怀孕的雌性来说，体重对运动的影响，确实是一个更大的问题。

怀孕是指雌性动物在体内携带发育中的胎儿，这样做的代价不菲。雌性动物怀孕后，从奔跑到游泳等各种运动能力通常都会受损，这一点吸引了生物学家的注意。例如，下了一大窝蛋的雌性斑胸草雀（zebra finch）与下蛋少的雌性斑胸草雀相比，在怀孕时起飞速度更慢。不过，虽然从直觉上说，起飞速度下降明显是由蛋增加的重量引起的，但造成怀孕的雌性动物在能力上付出代价的原因还有其他方面。比如，怀孕会带来一系列其他生理和激素上的变化，其中任何一种或多种都可能比后代或受精卵对母体能力的影响同等甚至更重要。斑胸草雀即

078

使在下蛋之后，能力受损还会持续，并伴随着飞行肌肉的体积变化。确切地说，相比下蛋少的雌雀，下蛋多的雌雀的飞行肌萎缩得更为严重，这解释了雌雀下蛋后起飞速度下降的原因。这是生活史取舍（life history trade-off，详见第 8 章）的一个例子，之所以出现这种情况，是因为用来支持鸟妈妈飞行肌功能的资源发生了转移，投入鸟蛋中了。

研究人员利用另一种动物精心设计了一项实验，评估一窝蛋的重量与其他因素相比的重要性。悉尼大学的研究人员发现，把相当于体重 25%（大约是一窝蛋的重量）的无菌液注入澳大利亚花园蜥（Australian garden skink）的腹腔（储存受精卵的腹部空间）后，会明显减缓其短跑速度，而这跟伴随怀孕产生的生理环境无关。这一案例证实，无须其他更多的生理因素（但或许也很重要），仅仅是怀孕的生理负担就可以明显影响能力。

因为怀孕增加了雌性的体重，从而增加了运动所需的能量，然而似乎在某些情况下有一些选择可以弥补它们。就职于加州大学斯坦尼斯诺斯分校的杰夫 · 斯凯尔斯（Jeff Scales）在论文研究中描述了这样一个案例。雌绿鬣蜥（green iguanas）的一窝蛋占它们没怀孕时的体重的 31%—63%——的确是沉重的负担，这种负担应该会削弱怀孕的雌绿鬣蜥的能力。令人吃惊的是，这种事没有发生，怀孕的雌绿鬣蜥从一动不动到突然产生加速度的能力与没怀孕的雌绿鬣蜥不相上下。

牛顿第二定律告诉我们，加速度是力除以质量。这意味着，对于怀孕的绿鬣蜥来说，想要抵消卵造成的体重增加，获得与没怀孕的绿鬣蜥一样的加速度，就必须相应地让四肢肌肉爆发出更多的力量。这看起来是苛求，因为没怀孕的雌绿鬣蜥的四肢已经在加速过程中产生了相当可观的机械力量。当力量施加到一个物体上并使其移动一段距离时，就是力对该物体做功，功率就是做功的速率。斯凯尔斯发现，没怀孕的雌绿鬣蜥每条后肢上产生的总功率峰值可达 667 瓦特 / 千克。对于一种重量大约为 NBA 标准篮球两倍的动物来说，这个数据相当棒！不过，怀孕绿鬣蜥的后肢总机械功率输出峰值却接近该数值的两倍。

怎么会发生这种事？像这些绿鬣蜥一样，从静止开始加速需要比稳态运动（即均速运动）高得多的功率，因此很难弄明白一只绿鬣蜥怎样在加速过程中让功率翻倍。最有可能的解释是，所需的额外力量来自蛋本身的额外重量，之所以这样说，有如下两个原因。

首先，外部负荷会增加短期的功率输出，因为额外的体重造成了肌肉拉伸的增强，从而提高了肌肉力量的生成。对于任何特定的动物来说，功率输出的最佳负重也就因此出现，而如果没怀孕的绿鬣蜥以次佳方式加载最大机械功率输出的负荷，那么额外的蛋的重量会以预拉伸的方式加载到运动肌肉上，给大幅移动期间带来更高的力量生成和功率。该观点得到了如下观察结果的支持：雄性和雌性绿鬣蜥的外形不同，相比雄性，雌性的四肢较短，这让它们在承受负荷上具有机械上的优势。

其次，绿鬣蜥通过更快地移动腿来克服肌肉功能上的固有束缚。探究功率的另一途径是把它看作速度和力量的产物，而且由于其作用方式，骨骼肌在速度和肌肉收缩的力量之间有一种基本的权衡。要么是非常快地收缩肌肉，要么极其有力地收缩肌肉，但没法同时做到这两点，因此肌肉力量的最有效方法是，用特定的收缩频率以居中的速度和力量收缩。怀孕的雌绿鬣蜥由于额外的身体重量，会使出更大的向下肌肉力量，想要使出这么大的力量得花费更长的时间，但它们移动腿的速度比没怀孕的雌绿鬣蜥快 21%，用这种方式补偿了额外的所需力量。不过，所有这些的实现都付出了代价；而且，尽管怀孕的绿鬣蜥避免了如我所描述的绝对能力的下降，但这些调整应该会明显加大运动的能量代价，这意味着，相比没怀孕的雌绿鬣蜥，怀孕的绿雌鬣蜥很可能在耐力和冲刺次数上更受限制。

080

然而，对于绿鬣蜥之外的大多数动物来说，怀孕雌性的能力往往都会下降，从而迫使这些雌性在行为上采取不依赖于运动的策略来逃脱捕杀。雌环颈蜥在怀孕时会改变它们的行为，在外出和周围活动时更靠近遮蔽所，这样一来在遭遇危险时可以更容易避入受保护的地方，但也让雌蜥蜴更难找到食物来源。比起运动能力，怀孕的雌性胎生蜥蜴（*Zootoca vivipara*）看起来也更多地依赖保护色来逃脱捕食者。它们把自己伪装起来，而不是逃跑，怀孕的雌束带蛇（garter snake）也是这样做的。

性冲突的形成

雄性和雌性动物在生殖上付出的不同代价，不可避免地会让人产生一些模糊的想法：雄性和雌性的生殖利益很少一致。

表面上看来，这个说法似乎是荒唐的。对于雄性和雌性动物来说，性的关键难道不是一起繁育后代吗？是这么回事，不过，虽然在旁观者看来，雄性和雌性都愿意在有利于双方的繁殖行为上合作，但温和的表象下充斥着斗争的暗流。在很多动物物种中，性绝非一项合作的事业，雄性和雌性之间的纷争是规则，而不是例外。081这一冲突源于两大问题：得到雌性偏爱并与之生育后代的具体是怎样的雄性动物，以及雌雄两性以各自不同的方式运用的共同特征是如何表现的。这两个问题中的第二个，我将在这里仔细讨论，不是因为它比第一个重要，而是因为鉴于该种形式的性冲突跟能力和运动能力有关，我们目前刚好对它有了更多的了解。

尽管性别二态性无处不在，但通常情况下，特定种类的雄性和雌性仍然彼此相似，有很多共同的特征。这是因为雄性和雌性都是在一个基因组（genome）——一整套基因指令，它规定了如何组合并长成某种动物的样子——的基础上发展而来的。这共用的基因组解释了诸如此类的进化难题：为什么男性有乳头，尽管它们没有用处——这是因为女性需要乳头喂养婴儿。而且，由于男性 Y 染色体上的 SRY 基因 * 开始发挥作用并生成大量睾酮之前，所有的人类胎儿都可能是女性，所以所有胎儿，无论男孩还是女孩，在发育的早期阶段都有乳头，就比在一种性别里开启这

---

* SRY 基因，雄性的性别决定基因，指 Y 染色体上具体决定生物雄性性别的基因片段。——译注

些基因，而在另一种性别中不开启简单得多。这种机制之所以能发挥作用，原因在于男性的乳头不会给他们带来任何不利影响。乳头虽然没什么作用，但既不会让男性付出昂贵的代价，也不会对他们造成危险，因此进化的选择是不反对乳头的。如此一来，对“为什么男性有乳头？”这一问题的答案很简单：“因为女性需要它们，而男性长乳头也挺好。”

不过，某些其他的共同特征却不是这么回事。在某些动物种类中，雄性和雌性的同一结构，功能却差别极大，因此在不同性别中，自然选择会产生不同的作用。这确实会造成问题，因为影响该特征的同一基因正在朝两个方向发展——雄性最优化和雌性最优化——很可能会造成直接的彼此抵触。在以这种方式开启的激烈进化竞争中，雌雄两性都承受不起失败。如果自然选择太过偏向于雄性，那么雌性就优化得不够，或许甚至不利于它适应环境，反之亦然。雄性和雌性各自特有的需求之间的紧张关系，是一种称为位点内两性冲突（intralocus sexual conflict）的雄雌基因冲突的重要推动力。关于这一点，用例子解说最好不过了，而且恰巧有些特别合适的例子刚好涉及动物能力，不然你会担心本书突然成了完全讨论进化理论的大部头。

082

鸟类的翅膀长度是一个重要特征，它影响多个选择背景中的空气动力和飞翔能力。大苇莺（great reed warbler）是生活在欧亚大陆的一种迁徙鸟类，除了雄性有在唱歌时竖起头顶羽毛的癖好，大苇莺的性别二态性特征很弱。然而，这种鸟的雄性与雌性的翅膀长度却正在朝着不同的方向发展。在雄性中，自然选择偏爱较长的翅膀，而在雌性中则偏爱较短的翅膀。对翅膀长度的自然选择独立于对体型大小的选择。这就意味着，它不仅仅反映出雄性的进化优势强于雌性，更确切地说，具有优势的是长翅膀的雄性和短翅膀的雌性，无论它们的个头有多大。

对雄性与雌性翅膀长度相反的选择，源于不同性别的飞翔能力运用方式不同。在春季迁徙的时间选择上，雄性和雌性不同，雄性到达繁殖地的时间，比雌性早两个星期。提前到达对雄性很重要，因为首先抵达繁殖地并占据最佳地段的雄性，可以胜过后来者，跟更多雌性交配。有着长翅膀的雄性大苇莺的迁徙飞行更高效，这造成了对雄性翅膀长度的正向选择。而雌性刚好相反，它们不比谁先飞到繁殖地，可一旦确实到达，就会比雄性花更多时间在茂密的芦苇栖息地里搜寻食物，机动性更为重要，而长翅膀会碍手碍脚。雌性需要较短的翅膀，这样才能在草丛茂密的环境中游刃有余。

雄性和雌性大苇莺的翅膀是由相同基因构建的共同特征，但最佳尺寸的不同是由基因所表达的性别决定的，这就证明了存在内在的性别冲突。野生大苇莺中，雄性选择目前比雌性选择更强，这意味着当下雌性在与雄性激烈的基因竞争中失败了，它们很可能正在承受翅膀的操作性能下降的后果。

083 如果内在的两性冲突造成一种或另一种性别出现次佳的结果，那么在失败的一方中，自然选择是否会减轻这些代价？实际上，确实有这样的自然选择，两性冲突能够用多种方式得到解决或至少缓和。其中一种方式是进化出对这些代价的补偿，属于突眼蝇科（Diopsidae）—— 它们更常见的名字是 stalk-eyed fly—— 几个不可思议且令人着迷的小小昆虫就说明了这一点。突眼蝇这个名字需要一些解释：雄性突眼蝇的头形状怪异，头的两侧有向侧边伸出的两根细长的柄，称为眼柄（图 4.2）。它们的眼睛位于眼柄的最末端，也就是如字面上说的那样，位于从头两侧伸出的眼柄上！尽管雄性和雌性突眼蝇都有眼柄，但在几个雌雄差异明显的种类中，雄性的眼柄比雌性的要长得多。在某些雄性物种中，它们的眼柄，甚至两倍于雌雄差异小的物种的眼柄。

跟其他很多构造一样，这种奇特的构造是性选择造成的。雄性的眼柄实际上是装饰物，而雌性会密切关注雄性眼柄的长度。

图 4.2　一只雄性突眼蝇

来源：Rob Knel

相比眼柄较短的雄性，眼柄长的雄性更受雌性青睐。[3]雄性还在搏斗中把眼柄用作一种评估信号，结果在竞争中就会产生一些可笑的比较眼柄的行为，通常眼距更宽的雄性会胜出。不过，突眼蝇还需要会飞——好吧，就像雄性寡妇鸟的长尾巴会削弱其飞翔能力一样，头部两侧伸出的两根长长的玩意儿，对起飞没有任何好处。例如，与同属的雌雄形态相同的雄性突眼蝇相比，雌雄形态不同的突眼蝇起飞更困难，上升角度更小，垂直速度也更慢。眼柄还影响操控飞行的能力；性别二态性的物种中，有较长眼柄的雄性在翻滚和偏转时要经受更大的转动惯量，这意味着，它们在飞行时比眼柄短的雄性（或者甚至完全没有眼柄）需要用更大的扭矩来转动身体和方向。

为了解决这些能力问题，这些雄性进化出了更大的翅膀（就翅膀的长度和面积来说）来跟它们长长的眼柄配合。更大的翅膀弥补了眼柄造成的飞行代价，从而在实际上，不会表现出能力的削弱。我们从雌性的角度来考虑时，与内在两性冲突的关联就出现了。在性别二态性明显的物种中，雄性需要长眼柄来跟其他雄性竞争，并吸引雌性；但对于雌性本身来说，长眼柄几乎没什么用处——它们承受了跟雄性同样的飞行代价，但毫无益处。然而，雌性却不能简单地放弃眼柄；繁育实验已表明，如果你在实

3　不过，眼柄的功能也很奇怪。大多数种类的突眼蝇都在植物垂直的茎或根毛上活动。当你去捕捉时，它们最喜欢的逃跑策略是绕着圈闪到另一边去，从而让植物的茎隔在你们之间，然后用突出的眼睛绕过茎看你，同时还能保持让你看不到它们。一开始看到时，这个场面很吸引人，但很快就没意思了。

验室里养突眼蝇，而且被选中的雄性是眼柄较长的，那么该环境中的雌性的眼柄也会变长。由此说明，无论是雄性还是雌性，眼柄确实都处于相似的遗传控制之下。在这类物种的雌性中，眼距和翅膀长度呈正相关，这说明雄性在眼距上的自然选择使雌性没能实现最佳的生物力学优化时，会跟雄性一样弥补眼距的不足。然而，相比雄性，雌性的翅膀面积没有增长，这意味着对雌性的补偿是不完全的。在内在两性冲突的眼距补偿上，突眼蝇各属乃至各种类之间变化相当大；某些种类以我刚才描述过的方式来弥补，而其他种类不是这样。在用上文所述的方式来弥补的种类中，也有证据表明，弥补的策略有多种。因此，某些突眼蝇种类的雌性，根据其弥补方式，会为自己对雄性眼柄的偏爱付出比其他雌性更大程度的运动代价。

在结束这个话题之前，我想补充关于这一现象的另一个例子，它也说明了生存与繁殖之间的矛盾。因为绝大多数脊椎动物物种由雌性来产卵或生育，所以雄性和雌性的骨盆最佳形状是不同的。你凭直觉就能发现如下问题。在已知物种的雌性中，要想通过任何生殖孔把卵或胎儿排出自己的身体，就必须使其穿过骨盆内的一个开口。动物在运动模式和步态上五花八门，但对于很多陆生动物来说，窄骨盆通常是最好的，因为宽骨盆会导致后肢张开，造成步态缺乏运动效率——张开的四肢意味着每条腿必须往侧边和下方施加更多的力量，以此来保持该动物沿一条直线向前运动。所以说，窄臀虽然对雄性有利，但对雌性是个问题，因为窄臀会使卵和胎儿需要穿过的骨盆开口过小。对于雄性和雌性来说，最佳特征的表达是不同的，这就是另一个例子。

因此，雌性面临着一场权衡：要么骨盆开口窄，运动效率高，但后代或卵肯定更小；要么骨盆开口宽，卵和后代大，但运动能力变弱。关于这种情况，人类是尤其受到关注的对象，我们称其为分娩困境（obstetric dilemma）。相比我们的近亲猿猴，由于人类婴儿的头部尺寸更大——这是对大容量大脑的长期选择造成的，女性在生孩子时很痛苦。如果我们再加长妊娠期，婴儿的头部就会更大，以至于完全没法通过骨盆开口，所以，人类会在较早的发育阶段就出生。大多数其他动物种类的幼崽，即使在非常早的阶段出生，也能在睡觉、哭闹和对着你呕吐之外做些其他事，而人类的婴儿却非常缺乏生存能力，也有这方面的原因。我们人类的两足运动方式，可能更加剧了这种情况。进化出两足运动，需要对我们的骨盆结构进行大量的重组。女性的分娩和运动之间，本来就有反差鲜明的形态需求，这样一来，冲突就更加剧烈。分娩困境是个非常严重的问题，以至于男性将其加入对女性的身材偏爱上，作为一种对适应性的解释。男性受宽臀女性的吸引，之所以出现这个有争议的推理过程，其原因在于，相比窄臀女性，这种女性在生孩子时更容易。当然，就跑步的步态效率较低来说，这些有着沙漏身材的女性确实在当时承受着功能上的代价。人们大概也曾经想过这一点。

尽管在蜥蜴和乌龟等生物体中，这种冲突的证据完全像我描述的那样有效，但哈佛大学的安娜·沃伦娜（Anna Warrene）认为，人类已经克服了分娩困境的功能性后果，尽管女性的骨盆越来越宽，这确实影响了运动力学，但没有造成女性相对于男性的运动成本大幅增加。沃伦娜和同事重新审视了骨盆的结构，他们发现，原来的男性和女性在运动期间作用于臀部的力量模型是错误的。这一次做了更恰当的生物力学分析，还涉及测量在稳态运动时的力量，而不是像以前做过的那样只是推断。这一次的分析表明，相比原先所想的，这些力量在男性和女性中没有那么大的差别。

对于该发现有几个提醒。首先，这些研究者关注的是运动效率上的，而不是速度上的性别差异，因此，对所有接受测试的人都测量了同一速度下的行走和奔跑。其次，目前还不清楚，在实验室之外的环境下，当受试者面临寻找行进方向上的倾向性或负重时，这些结果是否继续成立。尽管如此，看起来，相比传统的观点，就运动而言，分娩困境对女性来说远非一种困境。然而，是否这是因为女性弥补了这些影响，就像突眼蝇和雌绿鬣蜥所做的那样，或者是因为骨盆宽度对人类运动的影响自始至终都是错觉，目前还没有定论。

激活能力

在体型、外形和行为上，雄性与雌性之间的很多差别源自生理差异，与各自扮演的生殖角色直接或间接相关。生理层面上的性别差异几乎无人关注，而且这些差异本身可能也很微妙。例如，在繁殖季节，相比雌性短吻鳄，雄性短吻鳄的线粒体更活跃——线粒体是利用氧气为细胞提供能量的小小细胞组件——这可能是为了满足该期间雄性更高的运动能力需求。不过这些需求中，最强烈、最明显的差异或许是各种激素的生成和维持。其中，普通的类固醇激素——尤其是睾酮——目前来看是对脊椎动物最重要的。人类运动员的使用甚至滥用使得它们成为最出名的能力激素。

最初选择各种不同形式的睾酮补剂作为能力增强剂，绝非心血来潮。睾酮对动物的一些特性有明显的影响，这些特性与运动能力密切相关。在雄性脊椎动物中，睾酮通过所谓的组织和激发效应（organizational and activational effects）来刺激第一性征和第二性征的发育。组织效应促使在发育过程中和非常特定的发育窗口内早期发生的永久性变化；而激发效应是临时的，发生在成年动物身上。我们在自然世界中看到的广泛的性别差异中，很多都可以用睾酮的组织效应来解释；雄性通常比雌性更大、更强，也更好斗，这很大程度上要归因于在发育期，雄性体内有更高水平的睾酮。然而，激发效应也同样重要，在某些时期，雄性的睾酮增多，这种情况并不少见。例如，很多种鸟类和蜥蜴的雄性，在早春——恰好在繁殖季节之前，表现出睾酮飙升，从而使接下来几个月里要为争夺雌性而竞争的动物受益。

著名的睾酮激发效应中，其中一种作用是刺激骨骼肌生长，从而对能力有明显的影响。这种现象在人类身上最好理解，但睾酮作用在所有动物身上的具体细胞机制还鲜为人知。我们所知道的是，睾酮会刺激肌肉细胞增加蛋白质的合成，从而有利于肌纤维生长，并最终增加肌肉量。睾酮还会引起肌纤维的横截面的剂量依赖性增加，而肌纤维的横截面是肌肉的一个重要功能性特征，跟其产生力量的能力成正比（详见第6章）。这些细胞水平的变化在转化成能力时效果明显。对人体的研究报告指出，睾酮补剂的使用让力量增强了5%—20%。因此，类固醇激素确实会造成动物个体更强壮，肌肉更发达，而很多运动项目的运动员都希望具备这两种特征。在大多数职业运动联盟中，类固醇补剂遭禁的原因即在于此。

睾酮对肌肉发育和最终对能力的戏剧性效果，也说明了为什么女性想要在健身房练出肌肉要比男性难得多——相比男性，女性体内的睾酮生成量明显较低，因此在体内循环的睾酮水平也明显偏低，于是，女性比起男性，就时间和力量而言，培养肌肉量和力量所付出的代价要更高。于是便有了老生常谈的建议：女性使用类固醇补剂的收获也比男性更多。然而，即使在男性中，睾酮刺激得来的肌肉也不是免费的，只有结合类固醇补剂和以阻力为基础的锻炼方案，才能让肌肉量和能力达到最大增长。实际上，仅仅通过锻炼来获得力量，大体上跟只用睾酮补剂的效果差不多，当然效果也很明显。

从人类使用类固醇研究得出的最后一条重要教训是，尽管类固醇对力量有效，但对耐力没有用。这符合爆发力和耐力之间的一般生理学原则，即以力量为基础的能力依赖于力量的生成，因而依赖于肌肉；而耐力更大程度上依赖于氧气的输送。所以说，如果一名运动员想人为地在一场耐力比赛中提高成绩，类固醇补剂可能提供不了什么帮助；但如果反过来，提高携带氧气的红细胞的数量和寿命或者其他增强氧气输送的能力，则会让当事人从中受益。在高海拔地区或者低氧气分压的人工环境里做耐力训练，可以通过驯化自然而然地借助心脏生长与红细胞数量增加实现生理变化，从而增强有氧运动的能力。不过，类似的效果还可以通过如下方式实现：补充增强红细胞生成的激素 EPO（红细胞生成素）；引入增强血管生长的稳定剂 HIF（hypoxia-inducible factor，缺氧诱导因子）；或者抽出并储存红细胞，在赛事前注射回血液中，这种方法被称为血液回输。

对于人类以外的动物，睾酮补剂对能力也有明显的效果。跟人类一样，鱼类、蛙类、鸟类、小型哺乳动物和蜥蜴等各类脊椎动物的肌肉量也会因此增加。当然，蛙类和鸟类等动物不会偷偷地积累睾酮和注射液（我们都知道），但其中很多物种的激素水平确实有季节性变化。我们能理解这些季节性变化，并借助实验控制激素水平，以此来阐明激素对不同特征的影响。类固醇补剂对人类的影响，很大程度上在人类之外的脊椎动物中也得到了印证。但更广阔、更具比较性的观点也揭示出在不同动物物种间，睾酮水平和功能的巨大差异。例如雄性东方强棱蜥（Sceloporus undulatus），睾酮补剂既能加快短跑速度，又能增强耐力，与人类的情况不同。然而，雄性褐安乐蜥的睾酮既不影响耐力，也不影响短跑速度，而是对咬合力有积极影响。这一点我们已经见识过，在雄性搏斗中，咬合力是雄蜥蜴的一个重要特征。相比之下，睾酮补剂可以提升瓜罗蜥（*Gallotia gallotia*）的总肌肉量，但却不影响短跑速度或咬合力（不过补充了睾酮的雄性长出了更大的阴茎，无论如何，也算是值了）。

睾酮在不同物种中的这种选择性意味着雄性与雌性在能力上的差异或许可以解释为，激素对某些特征有影响，而对其他特征没影响。此类差异，不能用睾酮来笼统地解释。在某些情况下，一种性别比另一种性别的能力优势，用体形、大小甚至是积极性（尽管大量证据表明，积极性本身在一定程度上受激素影响）来解释可能更好。另外，补剂的研究环境通常是实验室，而在这种环境中，动物表现通常不够活跃，这样一来就很难检测到一些微妙的影响。

尽管存在种间变异，但显而易见的是睾酮的组织和激发差异，确实可以解释某些能力特征方面的性别差异；这些差异的出现，跟特定性别的睾酮水平有关。但即便如此，我们还是可以看到，在不同动物物种间，睾酮还是存在巨大差异的。例如，在某些具有社会性的一夫一妻制的鸟类中，雌性的睾酮水平比雄性更高，因为这些雌性需要就雄性和繁殖场所展开竞争。目前，研究人员对人为提高睾酮水平如何影响雌性能力还知之甚少[4]，但在某些鸟类中，睾酮补剂确实既能增加体重，又能提高肌肉量。还有证据表明，雌性体内的睾酮水平随着雄性体内的睾酮水平的变化而变化，就跟其他许多两性冲突的情况完全一样，比如莺的翅膀长度。雄性睾酮表达增多可能会对雌性产生负面影响，因为睾酮除影响肌肉量和能力，还影响很多其他方面。例如，睾酮是一种

091

4　有文件证明，1970—1986年，民主德国政府让女运动员服用兴奋剂，该国在收获奥运会奖牌的同时，给运动员的健康和个人生活造成了严重损害，这完全背离了科学正道。

声名卓著的免疫功能抑制剂，经常会造成寄生物感染水平升高。从长远上讲，睾酮会减缓生长，损害生殖能力，耗尽能量储备。某些物种中，睾酮水平高的雄性在自然选择中占据优势，同类的雌性则会表现出睾酮水平高的不利后果。一个例子是斑胸草雀，如果雄鸟的睾酮水平高，就会引发不可调和的两性冲突，造成雌性的睾酮水平同样升高，反过来抑制了雌性的生长，削弱其生殖能力。

睾酮的这些不同特性和性别特异性，突出说明了生物体中激素效应的复杂性。当然，睾酮不是影响动物运动能力的唯一激素。比如，用皮质酮（corticosterone）——一种对压力有反应的激素——来治疗，会增强哺乳动物、鸟类、蜥蜴和龟类的耐力，这很可能是通过调动储存在体内的碳水化合物和脂肪给耐力供应能量来实现的。在某些物种中，皮质酮还会抑制睾酮。因此，不同激素的作用，以及对它们所影响的特征的效果，可能是对比鲜明，彼此叠加或者是中性的，这取决于它们作用在何种动物身上。

如此一来，一种激素的效果依赖于所处的整体激素环境，通常二者也会相互作用。由于不同性别有不同的生殖角色，雄性和雌性的激素环境也往往不同，所以激素对能力和一系列相关特征的影响复杂又强大，而且与性别有关。所有这些影响一起促使自然世界中出现了千奇百怪的性别差异。

5 热与冷

这本书的前提是，自然选择和性选择塑造了动物的运动能力，从而成功地克服了环境和社会的障碍，在上文中我已经用数个精挑细选的实例和情景对此做了说明。然而，能力也深深地根植于所讨论动物的生理机能（和局限性）中。尽管有的机能是建立在性的基础上，但其他类型的机能更加普遍。对于我们这些关注非人类动物能力的人来说，影响动物能力的最重要因素之一，就是生理和运动对温度变化做出的反应。

092

温度对生理的影响有很多方面，从细胞、组织和器官的功能到整个物种的分布。作为人类，我们对热生态学（thermal ecology）的认知还局限于某些特定的环境：我们在离开屋子时是否需要披上件外套；该如何根据菜谱设定烤箱；是谁用掉了所有热水。特别是，除非我们住在世界上某个天气条件极端的地方（一般情况下，要么是高纬度地区，要么是赤道周边地区），或者生病的时候，我们几乎不会想弄清楚自己的体温——除了在 7 月到访新奥尔良，7 月之外的时段去明尼阿波利斯，或者任何时候去南极洲等情况。

我的潜台词不是人类完全不关心温度。目前，人类在地球上地理分布广泛的一个原因就是我们有能力改变身边的热环境，以达到我们的目标。不过，尽管局部的环境温度变化偶尔会引起我们的不适，但在个别极端情况之外，却很少影响我们的日常活动或者进行某些活动的生理机能。对于很多缺乏制造空调和加热器这类能力的其他动物来说，有温度变化意识至关重要；如果不能对这种变化做出反应，会导致严重甚至致命的后果。

为什么蝴蝶震动翅膀，而蜥蜴在雪上晒太阳

如果你到哥斯达黎加等热带地区的森林里游玩，很可能会注意到那里的蝴蝶种类惊人丰富。如果接下来，你出于某种原因早早起床，在凉爽的森林（尤其是在较高海拔的森林）里闲逛，你还会注意到这些昆虫在做一件奇怪的事——它们趴在树干或叶子上，快速地震动着翅膀。

一开始你也许会以为，这是某种炫耀行为或者是染上了某种鳞翅类的帕金森病，实际上二者都不是。这些昆虫其实只是在颤抖，而颤抖的方式和原因跟你我颤抖一样：通过反复的肌肉收缩发热让自己暖和起来。不过，人类虽说在感觉寒冷时会颤抖，但有一点点冷并不一定会损害我们的运动能力，即使这确实让我们感觉不舒服。只要不是特别寒冷，我们仍然能奔跑、跳跃、攀爬

或者做各种运动。有些特立独行的人甚至会将主动跳进冰冷的水中作为一天生活的开始，并以此为乐。然而，对于蝴蝶等小昆虫来说，黎明前的寒冷造成的后果要严重得多，对我们的研究目标来说，最重要的一项是，受冻的蝴蝶没法飞翔。

要理解蝴蝶为什么必须震动翅膀来让自己暖和，我们首先得了解温度与构成动物身体的肌肉及其他组织如何工作之间的关系。我们需要暂时绕开主题，离开阳光充沛的能力草原，去探索出人意料的热生理学幽林。不过，我保证以下内容并不难理解，我们会从温度对动物能力的影响中获得深刻的认识。

无论是肌肉、肾脏、肝脏还是其他组织，支持并实现组织和器官功能的基础机制都涉及分子之间的化学反应。像所有化学反应一样，这些生理反应的发生速度受温度的影响。活的生物体中有一种被称为酶的特殊蛋白质，在多到难以置信的一系列生理反应中，都有它们的参与。酶的作用是使这些反应更容易发生，让它们比没有酶参与时发生得更快。酶的一大常见特点是，它们对温度极其敏感，只有在特定的温度范围内才能发挥最佳作用；在该范围之外时，酶的效果很差，会减缓它们通常促进的反应的速度。

因此，生物体会优先保证这些酶处于其最佳效率的感热区间内，而做到这一点的最佳途径是调节动物的核心体温（core body temperature，简称 T_b），以此来确保温度永远不会过高或过低。早起的蝴蝶等动物的核心体温在一夜之间确实偏离最佳范围太远，它们会发现驱动飞行的肌肉（与其他肌肉相比）的反应速度太慢了，没法正常发挥作用——于是就有了起飞之前的热身颤动。这种起飞之前的热身效果惊人，有些蝴蝶能快速地暖和起来，在大约 6 分钟的时间里补齐 23℃的温度差。蜜蜂的热身速度更快，它们甚至将这种能力作为一种防御策略，用热力来杀死闯入蜂巢的大黄蜂。蜜蜂的做法是群聚在闯入者的周围，颤动飞翔肌来形成热力球，让身处其中的攻击对象大黄蜂过热而死。

所以说，蝴蝶必须暖和起来，体温通常要至少 28℃，最好是 33℃—38℃，以便肌肉能有足够的活动效率并发挥能力（例外依然存在，某些昆虫的核心体温极低时也能飞行，虽然飞得不是很好）。不过人类也是如此，尽管人也会发抖，但我们很少出现肌肉因为温度太低而根本没法活动的情况，除非我们非常、非常不走运。那么在这方面，人类跟蝴蝶到底有什么不同？

简而言之，蝴蝶只有在肌肉活动时才会断断续续地生成热量，而我们人类的身体却一直在大量生成热量，尽管方式也是发抖。生成大量的热是我们极其有用的生理特征，它让我们跟所有其他哺乳动物和鸟类一样被列入内温动物（endotherms）。内温动物利用所有生物系统中固有的低效率来产生热量。如果这一过程的效率是 100%，那么就意味着投入该过程的所有能量最终都会转化做功，没有浪费。而实际上，总效率很难达到这么高的值，能量总有损失——通常以热量的方式来流失。生物系统如此，任何其他系统也如此。颤抖能够让动物暖和起来的原因就在于运动过程中克服摩擦，在快速收缩的过程中补偿肌肉和肌腱的弹性，由此产生热能。因此，投入收缩肌肉等生理过程中的化学能，只有一部分（平均值约为25%）转化为功，其他能量则以热量的形式表现出来。

内温动物会故意同时启动几种“无用的”生理程序（包括但不限于颤抖），来实现产生热量的目标，最终让身体暖和起来。这些程序中有很多不仅在寒冷的环境条件下运行，而且持续进行，经常导致大量的能量损耗。于是静息代谢率（resting metabolic rates）高成为内温动物的特征之一，也就是说它们每天维持基本生理运转就需要消耗大量的能量，就好比引擎高速空转的汽车比引擎以较低速空转的汽车的油耗更高。内温动物的这一生热方式解释了栖居在沙漠中的小型哺乳动物为什么在寒冷的夜晚过后不欢迎破晓时分的到来。它们侧躺着，颤抖着，直到身子足够暖和之后才站起来，四处走动。实际上，这种特征使大多数内温动物在某种程度上不依赖环境温度，并且可以针对热量流失情况进行调节。得益于可以迅速补偿流失的身体热量的能力，它们甚至可以生活在极其寒冷的环境中。

很明显，身体自身可以生成热量是非常有用（尽管代价高昂）的策略。但正如蝴蝶所展现的那样，这也不是唯一的策略。其他动物——实际上是哺乳动物和鸟类之外的几乎所有动物，尽管仍需商榷——都放弃了自身生热，而是从环境中吸收热量，用这种代价较小的能量获取方式让自己暖和起来。这些动物称为外温动物（ectotherms），它们与环境温度之间有复杂得多的关系。

096

因为外温动物几乎完全是通过与外部环境的热交换来调节其核心体温，所以它们的核心体温极大地依赖于动物行为，包括它们处于局部生境里的位置、方式、时间。例如，很多外温动物会采取特定的姿势来从环境中吸收热量，这种行为称为晒太阳（basking）。尤其是蜥蜴，它们经常根据需要，不间断地往返于凉爽与温暖的地方，以此来维持核心体温。而海鬣蜥（marine iguanas）的状态则是趴在炽热的岩石上晒太阳与冲进海里让身子变凉之间来回切换。

晒太阳和往返跑都可以被归纳为行为性体温调节（behavioral thermoregulation），外温动物用这种方式根据需要调节自己的体温。这种方式的效果奇佳，使得某些外温动物甚至能够在一些令人诧异的地方生存与活动。仅举一个例子，有一种生活在极高海拔（大约 4000 米），温度极低的安第斯山脉的蜥蜴，它们的体温调节能力很强，其方式是趴在植被组成的草垫（草垫将蜥蜴跟身下冰冷的地面隔开）上晒太阳，既吸收来自太阳的热量，又吸收了雪地反射光的热量。说得再明白点就是，这些蜥蜴通过在雪地上晒太阳为自己取暖。每次我想起这一行为时都很吃惊。相比之下，内温动物较少依赖行为性体温调节，反而通过统称为生理性体温调节（physiological thermoregulation）的血液循环及其他调节方式来调节体温。这限制了热量的损失和获取，使内温动物能无比精确地对体温做微调，让体温值保持相对稳定，控制在非常小的波动范围内（不过，胎盘类哺乳动物、有袋类动物和鸟类的范围可能有所不同）。不过应该清楚的是，内温动物用生理来调节体温，外温动物用行为来调节体温，这种想法是另一种泛化，例外情况有很多。例如，某些外温动物，比如绿海龟（green turtle）和鳄鱼，表现出心血管适应能力，可以调节自身的循环系统，用内温动物做不到的方式进行生理性体温调节。某些内温有袋类动物凭借晒太阳，在一天开始时给自己热身；而日本猕猴（Japanese macaque）在热泉水中泡澡，以驱走冬日的严寒［我住在悉尼的东部海滩附近时，夏天一到，总有苍白的英国游客蜂拥而来。他们在邦迪海滩上晒太阳的行为与加拉帕戈斯绿鬣蜥（Galápagos iguana）的做法类似］。

虽然大多数动物，或是属于外温动物，或是属于内温动物，但内温性（endothermy）的中间形式也确实存在，这些动物要么只在某些时段自我生热，要么在身体的某些部位自我生热［后者称为异温性（heterothermy）策略］。某些研究者可能因此对我上文中将蝴蝶认定为外温动物有异议，认为通过肌肉颤动断断续续地让身体发热是内温性的一种形式。我并不反对这一观点，但我也会提出异议，蝴蝶产生热量的主要机制不同于哺乳动物和鸟类等真正的内温动物，这很可能是非专业人士完全不关注的领域。最终警告之后，我们言归正传，继续讨论能力。

真正的外温动物有曲线

由于维持适当体温很重要，在雪地上晒太阳的蜥蜴等外温动物不得不竭尽全力让自己在寒冷的环境中暖和起来。对于外温动物来说，环境温度的变化极其重要的原因在于，尽管它们擅长通过改变行为来控制自己的体温，但外温动物最终还是受限于环境中能提供的热量。由此一来，如果环境太寒冷，动物自身也会变冷，从而减缓发育、生长和消化食物等一系列生理过程（对于某些爬行动物，卵孵化的温度甚至会影响胚胎的性别）。另外，如果该动物体温过高，这些过程背后的生理机能就会遭到破坏，不能合理地发挥作用。这些过程中，受影响最明显、最剧烈的是那些促进运动能力的过程。

098 温度对外温动物完整生物体能力的一般影响模式，与上文描述的其他生理特征一样，可以通过热性能曲线（thermal performance curve，简称 TPC）来描述。该曲线可以画成一幅简单描述我们感兴趣的能力与体温关系的曲线图。如图 5.1 所示，这是一条用于描述某外温动物冲刺速度的一般化的热性能曲线（很明显，这是一种擅长冲刺的动物，但除此之外的特性不重要）。当体温极低时，比如说 15℃，该动物只能大约达到最快冲刺速度的 40%。然而一旦这个外温动物暖和起来，它就能够跑得更快，直到它的体温足够高，能达到自己的最快速度。图 5.1 还显示出，有一个更窄的体温变化范围可以覆盖该动物最快冲刺速度的至少 95%。099 按照惯例，该范围的中点称为该性能特点的最适体温（optimal temperature，简称 T_o），一旦体温的升高超过了 T_o，能力就会急剧地下降。

热性能曲线的上限和下限是两个温度值。在这两个温度值处，动物要么因为太暖和，要么因为太冷，导致肌肉停止发挥作用，不再具备能力（实际上，根本没法动弹）。这两个限值分别称为临界高温值（critical thermal maximum，简称 CT_{max}）和临界

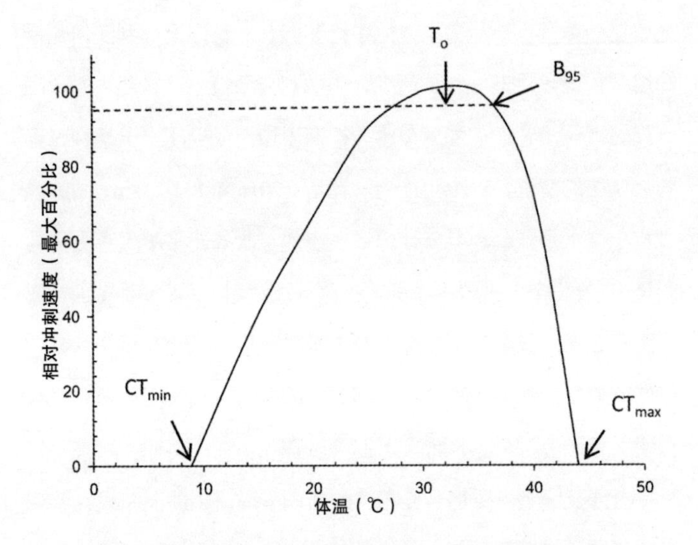

图 5.1　图中是一条一般化的热性能曲线。CT_{min} 和 CT_{max} 是相对速度为 0 时的最低温度和最高温度，该处对应的是该动物失去移动能力时的体温。最适冲刺温度（T_o）是达到至少 95% 的最快速度范围（以 B_{95} 表示）的中点。

低温值（critical thermal minimum，简称 CT_{min}）。热性能曲线的另一个特征是，它并不对称，性能峰值出现在更靠近 CTmax 的温度处。尽管在整个物种中，热性能曲线都是相似的，但自然选择改变了很多外温动物的热敏感性。该曲线的细节具有物种特异性，比如 CT_{min}、CT_{max} 和 T_o 的值，使得人们应该分别测量所研究的每种动物。例如，在低于 13.6℃时，热带鲷鱼（*Astronotus ocellatus*）失去了游泳能力，而有一种生活在南极的鱼甚至都不能在 6℃以上的温度生存。

2016 年 8 月，媒体上开始出现有关纽约城内蟑螂横飞的报道，这些蟑螂在热浪中飞入空中绝非偶然。我还没找到任何测量蟑螂飞行的热性能曲线的研究，考虑到会飞是生活在湿热的美国南部蟑螂们（它们在那里被称为棕榈甲虫，很可能出于某种深层的否认）的特征，一个可能的解释是：2016 年 8 月，纽约城的温度和湿度水平很高，足以让蟑螂在该地首次飞起来（或者更可能的是，它们这次飞得格外频繁，才被人注意到）。湿润是特别重要的因素，已有研究表明，蟑螂对干燥很敏感，湿度水平能影响它们的热偏好。如果确实是这么回事，那么说明气候变化导致气温持续上升，纽约人将不得不学习欢迎新霸主——会飞的蟑螂。

对涉及能力、跟适合度相关的活动来说，热性能曲线有着深远的影响。先仔细想想，我在上文描述过的能力特征对与适合度相关的活动有怎样的影响——无论是逃脱捕猎，还是雄性之间的搏斗；然后考虑一下，如果所讨论的动物被迫在不能充分发挥能力的体温下活动，这些结果又会有怎样的不同?

淡水东方食蚊鱼（freshwater eastern mosquitofish）的交配系统受性胁迫支配。在性胁迫下，雄鱼放弃了温柔交配的想法，所有的交配都是强行完成的，根本不关心雌鱼的交配选择。不过，雌性食蚊鱼也不是被动的受害者，它们会不合时宜地挑逗多情的雄鱼。鉴于它们都是鱼，雄鱼的强制能力和雌鱼的反强制能力都能通过游泳能力来表现，而游泳能力又受体温的影响，这就说明体温的改变应该也会分别影响到雄鱼和雌鱼的交配行为。昆士兰大学的能力实验室对食蚊鱼的研究也证实了这一点。相比 12℃，在 32℃时，不论是雄鱼胁迫雌鱼交配，还是雌鱼反抗胁迫，成功率都大大提升。让我们想象一个场景，当一条温暖的雄鱼遇上一条冰冷的雌鱼，这条雄鱼就更容易将自己的意志强加给雌鱼，并且也更有能力保护自己。不过，这些鱼体型较小，在热环境中的变化也很小，所以在它们中间，上述情景不大可能发生。而在某些高海拔地区的束带蛇品种中，出现的正是这种情景。从漫长冬眠中醒来的冰冷的雌蛇发现，自己被活动时间更长、有充足机会来热身的更温暖的雄蛇包围。由于同样的能力限制，某些种类的蜥蜴在身子冰凉的时候会靠近一处可能的遮蔽所，以防突然遭遇捕食者。这样一来，它们不仅能够逃脱，还能藏起来。

午夜狂奔

外温动物用行为来调节体温时，它们实现某个目标体温的办法是这样的。基于热性能曲线，人们可以预测得出，该目标的核心体温应该等于或接近一个或多个关键能力特征所需的最佳温度，因为该温度下可以发挥最大的运动能力。不过，外温动物喜欢维持的体温（我们可以称之为 T_{pref}）通常都略低于 T_o。实际上，外温动物生理上的灵活性意味着，外温动物通常能选择是否要将体温升高到最佳范围内（只要环境温度容许），也有很多理由让它们不这样做。

101

动物所偏爱的体温（T_{pref}）和最适体温并非完全一致，其中至少部分出于能量的考虑。体温处于最适合冲刺温度的外温动物，在达到最快冲刺速度上有明显优势，但它们也会比体温较低的动物消耗更多的能量，因为相比温度较低的外温动物，温度较高的外温动物会以更高的速率消耗能量。如果这些动物没有能量限制，而且生活在食物资源供应源源不断的地方，那么它们大手大脚地消耗能量也没关系，但在自然界中往往不是这么回事。T_{pref}通常低于T_0还有另一个原因，就是热性能曲线的形状不对称。外温动物不能完美地调节体温，所以体温无法一直精准地控制在T_o；不过，相比维持低于最适体温的T_b，太高的T_b会更难以维持。体温太低仅仅是让能力受损，但太高甚至接近CT_{max}，则有严重生理损伤的风险，乃至热死。

另一个需要考虑的情况是，行为性体温调节要付出很大代价，包括时间或机会，因为花在来回跑动和晒太阳这些行为性体温调节琐事上的任何时间，都可以花在其他跟适合度相关的活动上，比如捕食或交配。而夜间活动的外温动物还面临着另一个截然不同的问题：它们可能永远都没办法达到最适体温。

对于依赖环境温度的外温动物来说，趁着白天身体暖和时活动是明智的做法。例如，大多数蜥蜴都是白天活动的，它们即使住在白雪皑皑的安第斯山脉，也能在最活跃的时段达到可能的体温范围。不过，一种被称为壁虎的蜥蜴则背道而驰。几乎所有壁虎都在夜间活动，在温度较低且变化无常时活跃。例如，蛙眼壁虎（frog-eyed gecko）的平均体温在15.3℃时活跃。这一体温非常接近热性能曲线的下端，使得它只能实现自己最大耐力的25%［与其形成对比的是一种白天活动的蜥蜴——北非弗莱特蜥（*Platysaurus intermedius*）。夏季时，它们的活跃体温平均在

102

27℃—30℃，它们的 T_o 也处于或者接近这个范围，使其能够实现 95% 的最大体力和冲刺能力]。

考虑到这种情况，我们可能会预测热性能曲线的形状会进化到符合这些动物可利用的环境温度。毕竟，如果南极鱼类能够应付南极洲的酷寒环境（你应该知道有多冷[1]），那么，自然选择肯定也会让壁虎做出调整，从而能在它们通常最活跃的较低体温处实现自己的最大能力？然而实际上，这并没有发生，大多数接受测试的壁虎，即使在行为性体温调节的帮助下，它们的最适运动温度也远高于它们能够在夜间环境中实现的温度。这反过来说明，自然界中，在它们最活跃的时间里，壁虎几乎从来没能实现它们真正的最快速度。

这种对壁虎能力的约束，其意义并不是直截了当的；壁虎毕竟是非常成功的动物，在地球上生存了超过 8500 万年，占人类已知所有现存蜥蜴种类的 25%。虽然不是所有种类的壁虎都受体温约束，但大部分如此。尽管壁虎作为一个种群很成功，但它们的热生理机能似乎没有改变，以适应夜间生活方式（不过，有证据表明，相比白天活动的蜥蜴，同等体温下夜间活动的壁虎所付出的运动代价更小，因此这样说也不完全正确）。8500 万年似乎对于壁虎来说是一段漫长的时间，足够调节热生理机能，使它们能够在较低体温时达到最佳活动状态。这说明，它们或是出于一

---

1 实现这一点背后的生理机制，对于本书来说太过深入。一言以蔽之，它们似乎把在较高温度下发挥作用的酶进化出了不同的形式，还进化出了被称为“热激基因”（heat shock genes）的一组基因。

103 些重要理由没有这样做[2]，要么，作为选择，实现最大运动能力对这些动物来说并不重要。

如果不改变基本的热生理机能，夜间活动的外温动物可以采取另一种改变行为的策略。例如，夜间活动的昆虫甚至比壁虎更受晚间气温的限制，因为这些昆虫往往很小，而小动物的热惯性（thermal inertia）也非常小，换句话说就是小动物获取和失去热量都比大动物快得多。结果，非常小的动物的核心体温会在大约几秒钟的时间内剧烈变动。夜间出没的飞蛾，它们的体表通常覆盖着软毛状的鳞甲，其原因即在于：软毛充当隔热层，减缓了热量流失的速度，从而在较低的夜间温度下维持飞行能力。隔热能力，与上文提到的肌肉颤动以及专门的热交换组织三者相结合，限制了身体某些部位的热量流失，使得美国东北部冬夜蛾属（*Cucullia*）的飞蛾即使在冬天也能保持30℃—35℃的体温，而这时候其所处的环境温度接近0℃！不过，很多其他夜间活动的昆虫缺少这种特殊的适应能力，所以仍然只在暖和的夜间较早时候活跃，以此来更务实地应付夜间的气温。

为什么天冷时蜥蜴也能咬你

众所周知，虽然迄今的大多数能力性状都有清晰的热性能曲

2　雷·休伊和其他人提出了另一种可能性，因为没法进行体温调节，夜间活动的壁虎在白天隐藏起来后也可能遭遇高体温的威胁。如果 CT_{max} 与 T_o 相关，那么高 T_o 可能是需要耐受白天高温的附带结果。

线，但其中有一种性状却以不受温度影响而著称。在蜥蜴中，咬合力是一种关键的能力，因为它适用于一系列不同的生态场景中。蜥蜴的咬合力影响它们的猎物类型、它们赢取或保住地盘的能力（我们已经见识过这一点）以及吓退和躲避猎食者的能力——这一点在某些情况下很重要。实际上，咬合力对蜥蜴来说如此重要，以至于它已经进化到不受热依赖性规则的约束，与其他类型的蜥蜴能力不同，咬合力不受体温的影响。

104

这一发现源于1982年保罗·赫兹（Paul Hertz）、雷·休伊和艾菲阿塔·内沃（Eviatar Nevo）的一项研究。赫兹及其同事发现，有两种鬣蜥科（agamid）的蜥蜴，在身体暖和时能迅速地逃离可见的捕食威胁；但当它们体温较低时，则会留在原地搏斗（对蜥蜴来说，就是撕咬）。这种行为很可能是栖息于开阔地形的蜥蜴的一种适应行为。天冷时，它们没什么躲藏起来的机会，跑得也不比捕食者更快，所以它们别无选择，只能奋起反抗。某些外温动物在处于这种情况时会选择装死，这一招很管用，因为很多捕食者喜欢新鲜的猎物，不大可能去吃已经死去的动物。作为一种应对捕食者的策略，撕咬确实有效——在这项研究中，赫兹折腾蜥蜴，而休伊明智地去玩电脑。于是赫兹付出的代价是被身体冰凉的蜥蜴攻击，双手被鬣蜥科蜥蜴咬得伤痕累累。

但是，如果太冷了，这些动物的运动能力就会受到限制，那么怎样才能有足够力气撕咬并阻止捕食者呢？安东尼·赫雷尔（Anthony Herrel）在位于巴黎的法国国家自然历史博物馆工作。他主导的以一种鬣蜥科蜥蜴——玛沙蜥（*trapelus pallida*）为对象的研究回答了这个问题。该研究表明，对这种蜥蜴而言，咬合力不受体温的影响；而冲刺速度却显示出典型的蜥蜴特征，即依赖于热量。这很好地解释了这些动物为什么不论体温如何，都能运用咬合力来保护自己。有趣的是，这项研究还表明，负责产生咬合力的下颌内收肌，其特性与推动运动的四肢肌肉有些不同。这提醒我们，这些蜥蜴的下颌和四肢肌肉之间的生理差异，最终可能是让我们深入了解温度依赖性的功能性基础。

恐　龙

在理解外温动物某些能力的重要性之后，现在我们可以回答几个也许没人会问的问题：恐龙到底是外温动物还是内温动物？它们的热生理机能对运动能力有怎样的影响？

分辨一个活着的动物是外温动物还是内温动物很容易，主要是因为人们知道，如果它属于哺乳动物或鸟类，那就是内温动物；如果属于其他类别，那就是外温动物（尽管有介于两者之间的内温性和异温性）。但是，对于人们从来没有观察或测量过活体的灭绝动物来说，情况就比较棘手了。几乎从恐龙被发现的那一刻起，研究人员就在推测它们的代谢机能。在英语中，恐龙（dinosaur）这个单词是维多利亚时代的古生物学家理查德·欧文（Richard Owen）创造的，意思是“恐怖的蜥蜴”。一开始，人们普遍认为恐龙跟现代爬行动物完全一样，因此肯定是外温动物。早年间流行的恐龙模型就是这一想法的反映，不仅把恐龙刻画成外温动物，还斩钉截铁地认为它们冷酷、迟钝，甚至怠惰（不过，欧文本人似乎并不赞成这种观点，他一直都把恐龙跟哺乳动物做比较，而不是蜥蜴）。这一观点结合当时的沙文主义观念——恐龙不是哺乳动物，而且灭绝了——得出恐龙明显是劣等动物的推论，导致了一些荒唐的推测。比如，因为恐龙太孱弱，以至于支撑不起自己庞大的身躯，所以腕龙（*Brachiosaurus*）在水边生活——直到在很久以后，人们才明白完全不是这回事。不过，研究人员从很早开始就有了一些头绪。

虽然从某些角度看来，恐龙很可怕，但它们其实并不是蜥蜴。首次证明这一事实的依据是1860年在德国发现的一块化石，后来它被称为“始祖鸟”（*Archaeopteryx*）。尽管后来也发现了完整骨骼的化石，但最初却只是根据身体一个单独部位的化石来描绘的，而这个部位竟是一根羽毛，这着实令人吃惊，因为羽毛很难变成化石。这根特别的羽毛化石看起来是在石灰岩中形成的（对于保存较脆弱的组织来说，石灰岩是理想的环境）。于是就有了该动物的完整生物名称——始祖鸟（*Archaeopteryx lithographica*）。[3] 这项发现的意义更让人震惊，跟渡鸦（raven）差不多大小的始祖鸟，生活在约1.45亿年前，是包括渡鸦在内的所有鸟类的祖先。事实上，尽管自那以后发现了好几种早期长羽 106

3 随后发现了其他完整程度不同的化石（截至本书写作时，是12个），而且几乎都是在巴伐利亚州同一地区发现的。据说，这片区域曾经是一个大湖，从而有石灰岩沉积层。因此在始祖鸟的拉丁文物种名中，“*lithographica*”与印刷中用到的细粒度石灰石有关；而属名 *Archaeopteryx* 翻译过来则是“古老的翅膀”。

毛的鸟类祖先的化石——其中很多发现于中国——但长期以来，始祖鸟都享受着作为已知的最早鸟类的殊荣。

最早鸟类的发现有着非凡的意义。之所以这样说，部分原因在于时机，第一块化石的发现时间恰好是达尔文《物种起源》出版后两年；还有部分原因是，始祖鸟看起来像鸽子与伶盗龙（*Velociraptor*）调情的产物，明显地表现出鸟类和爬行类的混合特征（图 5.2）。始祖鸟的很多特征非常像鸟，其中最引人注目的是长着羽毛的翅膀和尾扇，还有融合锁骨（或叉骨）。但是，它还具有爬行动物的某些特征，比如翅膀上长着爪子，嘴里长着牙，还有长长的尾骨。这些混合特征非常清楚地证明始祖鸟是鸟类和恐龙之间的重要过渡形态。值得特别强调的是羽毛。从这一话题诞生了如下两种长期存在而且彼此争论的观点，甚至直到今天在很大程度上也没有定论。第一，恐龙是否具备羽毛隔热层等鸟类特征，或者说，明显是内温动物祖先的恐龙本身是否属于内温动物；第二，始祖鸟是否会飞。

始祖鸟是内温动物还是外温动物的争论，对于它是否会飞这一问题（我们讨论的目的）来说似乎关系不大，但实际上这些问题都是彼此相关的。始祖鸟的飞行能力主要取决于该生物的热生理机能。始祖鸟的某些特征跟现代有飞行能力的鸟类一样，比如抵抗扭矩、减小阻力的不对称飞羽，还可能已经掌握了如何产生拉升力，而且宽阔的尾羽也与现代鸟类相似。这一切说明，始祖鸟可能已经会滑翔了，但是，从地面起飞是另一回事。

始祖鸟身上不利于动力飞行的一个因素是缺少扩大的（龙骨

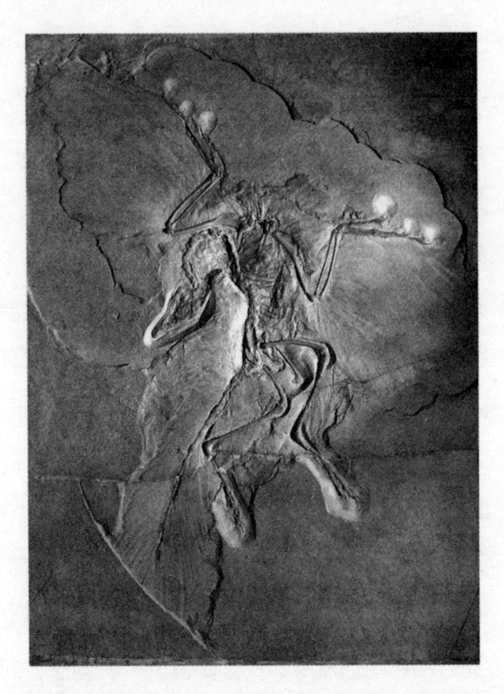

图 5.2　始祖鸟化石，目前存于柏林自然博物馆。石灰岩中双翼的轮廓清晰可见。
来源：H. Raab

状的）胸板或胸骨，而这一结构是现代鸟类驱动翅膀往下扇动的大胸肌的连接点。另一个飞行的不利因素是肩关节的位置特别不方便［再加上缺少对于鸟类来说非常重要的肌肉——喙上肌（supracoracoideus）］，这意味着始祖鸟很可能没法像现在的鸟类那样，抬起后背的翅膀并拍打翅膀飞行。有鉴于此，有人提出了自上而下的飞行进化假说，具体来说就是，始祖鸟等原始鸟类应该是用它们长了爪子的翅膀沿着树干爬上树梢［生活在亚马逊地

107

区的现代鸟类麝雉（hoatzin）的幼鸟也是这样做的］，然后再从高处滑翔下来（或者在树梢间跳跃、滑翔，与会滑翔的现代哺乳动物类似）。之所以这样做，是因为它们还不够强壮，不能从地108面起飞。还要提醒大家注意的是，蝙蝠也没有龙骨状的胸板，所以大多数蝙蝠也无法从地面起飞。

这正是代谢机制的重要之处。俄勒冈州立大学的约翰·鲁本（John Ruben）认为，始祖鸟尽管缺乏这些适应鸟类飞行的构造，但还是能很好地飞行。而且，如果它有和外温动物、爬行动物一样的生理机能，甚至有可能从地面起飞。鲁本的核心观点是，那些带动内温动物体内新陈代谢并生成大量热量的生理过程会过度消耗甚至浪费能量，所以爬行动物没有向这一方向进化。在特定体温下，相比同等大小的哺乳动物或鸟类，爬行动物所耗用的能量要少。爬行动物细胞需要的线粒体较少——你应该回忆得起来，线粒体是细胞结构的一部分，能利用氧气将碳水化合物和脂肪等燃料转化为可用的能量。因为相比鸟类或哺乳动物，爬行动物的肌肉细胞中线粒体占用的空间要小得多[4]，所以在同样空间下，爬行动物比鸟类或哺乳动物有更多的无须消耗氧气的肌纤维。这意味着，以克为单位计算的话，爬行动物的肌肉比内温动物的肌肉强壮得多，任何研究过蛇的人，都能很快明白这一点。所以

4　有一些非常特殊的例外。例如，虽然线粒体只占绿鬣蜥骨骼肌体积的 3%，响尾蛇身体肌肉体积的 2%，但在响尾蛇尾巴上能快速收缩的肌肉中，线粒体足足占了 26%，这让响尾蛇的尾巴能在相当长时间里每秒咯咯作响地摇动高达 100 次。

说，一只爬行类的始祖鸟可能不需要现代鸟类那样大的胸肌，因为它现有的胸肌已足够强壮，能推动它从地面起飞，至少在短时间内可以。

另一种可能性是，始祖鸟可能像雨燕甚至是红嘴鲣鸟（red-footed booby）等现代鸟类那样，采取只向下拍动翅膀并滑翔的飞行技术，由此避开用力向上飞行的需求。蒙大拿大学的肯·戴尔（Ken Dial）和同事还证明了，现代鸟类的幼鸟，虽然不会飞行，但在斜坡上奔跑时，仍然会用它们长有羽毛的翅膀来生成向下的力（跟赛车的扰流板原理一样）。在此情况下，这样做为它们提供了更强大的牵引力。这表明，翅膀最初的运动功能很可能推动了地面起飞的进化，而始祖鸟或许已经利用了这一点。

109

无论我们是否认同始祖鸟是外温动物，来自其他方面的证据都支持了该动物能够动力飞行的想法。例如，研究者考察了始祖鸟足部爪子的弯曲程度，然后跟栖息在树枝上和大部分时间都待在地面上的现代鸟类分别进行了比较。他们发现，始祖鸟的爪子跟栖息在树枝上的现代鸟类更相似，这意味着它们在树上生活。对脑壳和内耳化石的分析也表明，始祖鸟与现代鸟类的有些特征非常相似，比如扩大的小脑（大脑中负责三维定位的部分，鸟类和鲸类等动物的小脑通常是扩大的）和有利于平衡能力的高级内耳，都进一步地支持了它们至少有初步飞行能力的猜想。尽管这些发现中有很多都能说明始祖鸟会飞，但包括始祖鸟是内温还是外温在内的相关话题仍然容易成为热议的对象，而且尚无定论。

内温和外温的奔跑恐龙

尽管众说纷纭，但总的说来，始祖鸟很可能是内温动物的观点很早就出现了。如果现代鸟类和恐龙之间的过渡状态是内温的，那为什么恐龙本身就不是呢？20 世纪七八十年代，这一讨论随着两位古生物学家约翰·奥斯特罗姆（John Ostrom）和罗伯特·巴克尔（Robert Bakker）的研究成果的发表而流行起来。奥斯特罗姆和巴克尔主张恐龙不是人们过去所描绘的迟缓而笨拙的巨兽，而是活跃、热血且精力旺盛的动物，甚至可能是内温动物。巴克尔在 1986 年出版的著作《恐龙异说》（*The Dinosaur Heresies*）中总结了这些观点。他的大多数观点在当时颇具争议，但如今已经得到科学界的普遍认同，而且巴克尔提出的想法为电影《侏罗纪公园》（巴克尔是该电影的科学顾问）奠定了基础。自此以后，已经有大量证据支持恐龙是内温动物的观点，其中某些是跟特定环境有关的。

恐龙是内温性动物的证据有很多，而且都建立在现有的外温动物和内温动物的生理学的基础上，从化石推断出的恐龙的生理状态。举几个例子，对恐龙骨骼中氧的不同同位素的类型和比例的分析结果表明，霸王龙很可能有恒定的体温，这是大多数内温动物的特征。研究者已从骨骼特征估算出恐龙的生长速率，证明了某些恐龙的生长速率跟现代内温动物的生长速率重合。很多恐龙都长有羽毛的特性也暗示出飞行之外的理由，因为羽毛最初很有可能是作为一种隔热方式进化而来的，不大可能是外温动

110

物有的（尤其是体型小的外温动物），因为隔热有利有弊，虽然增强了保留代谢热的能力，但也会干扰动物从环境中吸收热量。1958年，加州大学洛杉矶分校的雷蒙德·考尔斯（Raymond Cowles）完美地证明了这一点。在一项堪称经典的研究（我真希望自己先想到这个点子）中，他给蜥蜴套上了定制的貂皮大衣！考尔斯发现，虽然与自然状态下的蜥蜴相比，套着保暖毛皮的蜥蜴要经过更长时间体温才会降下来，但出乎意料的是，毛皮外套也阻碍了受冻的蜥蜴吸收热量。换句话说，长有羽毛却不会飞行的小型恐龙，如果不属于内温动物，那么把羽毛作为隔热层没什么好处。

虽然这些证据中有一些颇具说服力，但其中大部分都是模棱两可的。例如，对于内温性动物来说，氧的同位素数据并不是确凿的证据，原因有两个：首先，某些外温动物跟大多数内温动物一样，保持着比较恒定的体温［这种策略被称为恒温性（homeothermy）］；其次，霸王龙的体型巨大。小型动物的热惯性较小，体温变化迅速，与其相反的是，大型动物的热惯性大，体温变化极其缓慢。实际上，蓝鲸等超大型动物时刻面临体温过高的危险，它们散发的热量少于获得的热量，即使在寒冷的环境中也是如此。这意味着，大块头的霸王龙仅仅凭借体型，就可以保持恒定的高体温［这一现象称为惯性恒温（inertial homeothermy），或更令人惊叹地称为巨温性（gigantothermy）］。比如说，一头重量为10吨的外温恐龙，即使在冬天，也会跟内温动物一样，在同样的气温下保持31℃的体温。

111 不过，由于基础代谢机制的差异，使同等大小和体温的外温动物和内温动物之间仍然表现出巨大的生理差别，所以其他分析可以运用这些差异，从不同的角度——能力的角度——分析恐龙的内温性。

现在，人们对恐龙的运动机制有了清晰的理解，因此仅凭动物的形状和大小，我们就可以对其运动能力做出合理的预测。这种方法很管用，恐龙的形状和大小差不多是我们所知道的全部。如此一来，我们要提出这样一个问题：恐龙的运动能力怎么样？

已故的伟大生物力学家 R. 麦克尼尔 · 亚历山大（R. McNeill Alexander）也思考过同一问题，他甚至为此写了一本书［即精彩的《恐龙及其他已灭绝巨兽的动力学》（*Dynamics of Dinosaurs and Other Extinct Giants*），不过令人遗憾的是，此书已绝版］。感谢亚历山大及其他后继者，我们从中知道了很多事实，比如，伶盗龙的最快速度可达 39 千米 / 小时，肯定比人类跑得快；剑角龙（*Stegocera*）在打斗中用头顶撞时，可以使出并承受高达 9000 牛顿的力量；翼龙也许有能力飞行相当长的距离。现代动物的能力就够令人惊奇了，那些曾经存在于地球上的动物就更加神奇了。通常，除了恐龙骨骼的形状和大小，我们只要巧妙运用物理定律，就可以在此基础上推测出恐龙的运动能力，无须其他信息。[5] 但我们对恐龙能力的了解，也打消了此前提出的关于恐龙生

---

5 但并不总是这么肯定。例如，研究者曾争辩过霸王龙的奔跑能力，虽然有的人估计霸王龙的最快速度大约为 28 千米 / 小时，但其他人则认为对于一只又大又重，根本没法跑起来的动物来说，这一数据是根本不可能的。

理的质疑。换句话说，考虑到独特的热生理机能，我们不应该讨论恐龙的能力是什么样的，而是应该基于推断出的恐龙的运动能力，研究它们究竟是外温动物还是内温动物。

这个问题也很合理，由于外温性和内温性的生理机制不同，从而产生不同的运动能力。外温动物和内温动物最显著的区别在于能力对于氧气的需求。打个比方，如果细想下短跑和马拉松，我们就会发现这两种能力的区别，不仅在于速度和持续时间，还在于它们是由不同的生理路径支持的。快速短跑的时间短，结束得非常快，所以没有足够的时间给所有需要氧气的肌肉和器官提供氧气，把储存的燃料转化为能量。因而，短跑采取了一种完全不同的生理途径，这种途径根本不需要氧气，而是以非常迅速的速度提供能量，但量要少得多。虽然可以快速获得能量，但没办法长时间地维持高速跑动，这是一种取舍。人类的短跑运动员中，支撑百米赛跑的大部分（大约 79%）能量都源于这种方式。

112

然而，长距离的耐力跑则完全依靠氧气驱动的有氧运动，所以哺乳动物中最杰出的耐力跑选手的肺部和心脏都较大，携氧红细胞的数量较多，从而使得肌肉和其他身体部位在这场漫长而且需氧支持的奔跑中得到了快速供氧。外温动物的一大生理约束是有氧代谢能力极其有限——相比内温动物的肌肉，爬行动物的肌肉中能利用氧气来产生可用能量的线粒体较少——这可能就是问题的根源（前文中也提到过）。另外，还有不同类型的肌纤维，爬行动物具有的氧气驱动的肌纤维数量较少，更多的肌肉类型属于厌氧源驱动［即糖解肌纤维（glycolytic fiber）］。于是，尽管爬行动物也是顶级的短跑选手，但它们靠氧气支持的耐力往往极其糟糕。[6]

2009 年，圣路易斯华盛顿大学的赫尔曼·庞泽（Herman Pontzer）领导了一项研究。该研究利用这种局限性评估了体型从小到大的 13 种双足恐龙（也就是说，用两条腿而不是四条腿来奔跑的恐龙）在不同速度下奔跑和行走的能量成本。接下来，他探讨了有氧运动能力有限的外温动物是否能够承受这些成本。庞泽及其同事发现，如果是小型恐龙而且还属于外温动物，那就能够承受这种能量成本；但如果是超过 20 千克的冷血恐龙，其有氧运动能力无法满足它们持续运动时的能量需求。实际上，研究中的超大型恐龙（即异特龙和霸王龙），它们消耗的能量甚至超过了某些现代哺乳动物做有氧运动时的消耗！这表明，如果较大型的恐龙（至少是这些种类）要充分利用自己的有氧运动能力的话——我们对此十分怀疑，就非得是内温动物不可。

有几种反对意见可用来反驳诸如此类的研究。例如，因为异特龙和霸王龙之类的庞大外温动物已不存在，所以以上数据都来自对小型外温动物有氧运动能力的测试，是反推出来的而不是直接测得，所以是不理想的结论。人们也可以争辩说，广泛依赖耐力的现代动物，对降低运动的能量成本有适应性，比如弹性能量储存（见第 8 章）。恐龙可能也展现出了这种适应性，但我们没

6 蜥蜴的步态限制了自身做有氧运动的能力。蜥蜴的四肢伸向体侧，移动时与四肢径直朝下的羚羊步态截然不同。所以，爬行蜥蜴奔跑的步态独特，它们每踏出一步，都会压缩那一侧的肺，如此交替——这限制了它们在运动期间的呼吸能力。

有加以解释。但考虑到没有活的非鸟类恐龙可以让我们测试，任何针对恐龙能力的研究都必然被迫做出相似的假设和妥协，因此这种批评并不完全公正。为了避免其中的一部分疑虑，阿德莱德大学的罗杰·西摩尔（Roger Seymour）以鳄鱼为对象，开发了一种有氧产能模型。作为外温动物的鳄鱼没有灭绝，而且跟恐龙有亲密的进化关系，甚至也长得足够大，可作为巨温性的相关基准。西摩尔的目标是证实一个经常出现的想法，动物借助巨温性拥有高而稳定的体温，可以获得跟内温性在同等体温下一样的氧气受益，但付出的能量成本更小。但实验结果不但不能支持这一观点，西摩尔甚至发现，在巨温性的影响下，相比同等大小和体温的内温动物，外温动物的耐力要差得多。

这两条独立的证据链表明，对于任何在日常生活中依靠耐力的大型恐龙来说，真正的内温性是关键条件。这些发现也涉及一个更深刻的问题——到底为什么要进化出内温性。内温性的进化是另一个富有争议性的领域，值得深入讨论，在这里不便细说。不过，即使我们没能确切了解是哪些选择性的因素推动了外温动物进化为内温动物，但也有少许想法。这些研究的结果如果正确，会支持这样一个猜想：进化成内温动物，是为了响应对愈发增强的有氧运动能力的自然选择。这可以归结为这样的想法：真正的内温性很可能是为了支持高水平的以耐力为基础的运动能力而进化来的；这种能力，目前在很多鸟类和哺乳动物中都可以见到，当然也可以表现在恐龙身上。

114

因为我们既没有亲眼看过，又没有亲手测过恐龙，或许永远都无法确切地弄明白恐龙的生理特征。但“恐龙是外温性还是内温性的”这个问题需要放置在恰当的背景中考虑。“恐龙”不仅仅是一种动物，而且是一个复杂多样的巨大世系，存世时间长达好几个地质年代。有些恐龙非常小，而有些却非常大，体型介于两者之间的也种类繁多；有些恐龙是草食性的，而有些是肉食性的，还有些是杂食性的；有些恐龙会飞，但大部分不会；有些恐龙可能是社会性动物，而有些独来独往。我们已经见识过热生理机能存在从外温性到内温性的谱系，而惯性恒温（还有好几种我没提到过的类别）是介于两者之间的一种状态。

再仔细想想这个问题，恐龙的存在时间超过 2.3 亿年，其中统治地球的时间大约为 1.35 亿年。我们几乎难以想象如此漫长的时间周期。一个常见的猜想是，大部分的著名恐龙都生活于同一时代。而实际上就生存年代而言，相比霸王龙和人类间隔的时间，霸王龙和剑龙间隔的时间更久。这意味着我们很多人在小时候想象的剑龙和霸王龙进行的超重量级搏斗，就从来没有发生过。[7] 从进化生物学得到的一大教训是，动物世系的进化会导致海量多样性的存在，甚至有时候在极短的时间内就可实现这一点。实际存在过的恐龙种类，其数量尚不明确，但目前人类已经知道的恐龙大约有 300 个属，且有理由相信，还有 700—900 个属有待发现。

115

考虑到如此惊人的多样性，恐龙会进化出一系列的热量调节

7　科学（Science）：一门从 17 世纪以来，就一直在毁灭人类童年的学科。

策略，包括真正的内温性，从而在长达至少 1.35 亿年的时间里，在不同世系中，它们都是动物世界中毫无争议的霸主，这不足为奇。从这一角度来看，关于“恐龙是外温性还是内温性的”这个问题的答案，很可能是“是”；如果你想详细讨论的话，答案是：“这取决于……”

蓄热与运动

到目前为止，我已经专门讨论过温度怎样影响外温动物的能力。我对内温动物体温的影响有所忽略，这是因为内温动物在运动时不会表现出热性能曲线。如此一来，从热量的角度来看，它们的运动能力没那么有趣。但是内温动物，尤其是大型哺乳动物，在某些情况下，会在运动期间遭受体温升高的严重后果。

正如肌肉在颤动过程中会产生热量，跟运动相关的肌肉重复活动也会使该动物变热。变热的程度取决于生物体的体型，以及活动的类型、强度和持续时间。因为跟较小的动物相比，大型哺乳动物的热量散失往往慢得多（它们的热惯性更大），所以，运动会让大型哺乳动物的体温极快地升高——这种现象称为蓄热（heat storage）。某种程度上说，这个词让人感觉困惑：这些动物不是为了未来的需要而蓄积热量，而是出于类似“不想要它，它对你没任何好处，但又不能马上摆脱它”的理由。举例来说，一头猎豹可能会在通常不超过 15 秒的时间里实现 0 千米 / 小时到 110 千米 / 小时的最快速度（尽管它很可能不会这样做，详见第 7

章），而且在这么短的时间里，它燃烧热量的速度比静息时燃烧热量的速度要快 54 倍。

116 1973 年，哈佛大学的迪克 · 泰勒（Dick Taylor）和维多利亚 · 朗特里（Victoria Rowntree）对猎豹的冲刺速度展开过一项热平衡方面的研究。该研究表明，在如此短的时间内，能量消耗速度的加快产生了大量的肌肉热量，足以让这些动物的体温升高 1℃—1.5℃。事实上，泰勒和朗特里更进一步指出，在体温超过 41℃时[8]，被试动物会拒绝跑动，这让他们猜想动物在捕猎能达到的速度，会受体温升高的限制，而不是其他任何可能的限制因素（有一项针对野生猎豹的研究使人们对此产生怀疑。该研究表明，自然界中的动物在狩猎时很少达到如此极端的体温）。相比之下，汤姆森瞪羚跑得没猎豹快，它们有记录的最快速度是相对较低的 90 千米 / 小时，但它们储存的热量较多，因此在短短 11 分钟之内，就算未达最快速度，体温也能升高 4.5℃！简直不可思议！这是足以让大多数哺乳动物死掉的体温，但瞪羚能忍受这么高的核心体温（超过 42℃）要感谢它们特别的颈动脉机制，把大脑温度限制在只升高约 1.2℃。有这种令人印象深刻的耐热能力，使瞪羚能以较快的速度长距离奔跑，而不至于被热衰竭拖垮，而热衰竭会削弱其他哺乳动物的耐力。

8 根据雷 · 休伊回忆，泰勒有一天来到哈佛的比较动物学博物馆，前额的正中央带着一道从上到下的伤口。这是一头猎豹留下的。泰勒试图在猎豹奔跑后测量它的肛温，于是它用爪子向泰勒表示了抗议。显然，这条伤口让泰勒自豪无比！

6
形状与结构

本书中反复提到动物和身体部位的形状及大小怎样影响着能力，却一直没有讨论结构与功能之间的关系。这是我特意安排的行文策略，因为我想让读者先清楚地了解能力“为何是这样”，然后再去面对显而易见又密不可分的两块“硬骨头”——分别从生理和构造的层面说明能力“究竟是怎样”的。但是，如果你已经理解了关于热生理学的章节，那么我希望在探讨动物的形态如何影响其能力的时候，你做好准备，跟随我更进一步，深入能力的秘境。功能形态学不但能引导我们更深入地理解自然世界，而且还可以阐释自然选择对适应性进化的塑造有多么精妙。适应性让动物在面对各种环境挑战时都能成长、繁育。

117

运动能力是骨骼、肌肉、神经、循环和呼吸系统之间互相作用的结果，所有这些系统都有助于动物整体的运动能力。这些能力反过来也影响动物的生存和繁殖能力。这是对过去几十年来最具影响力和启发性的生物体系之一——生态形态学范式

（ecomorphological paradigm）冗长而混乱的重新表述。生态形态学范式是史蒂夫·阿诺德（Steve Arnold）1983年构想出来的，意思是动物的形态决定了它的能力，反之，能力也决定了适合度。这里的“形态”（morphology），不仅指某只动物的骨骼特征，比如骨骼的形状和大小，还指前文提到的属于生理学范畴的其他特征的形式与排列。

118

自此，阿诺德范式确定了能力研究的方向，它指出能力是动物与其环境之间的界面（从而成为选择的目的），并整理出这样的观念：动物的形状、体型和结构的进化，是为了符合其能力需求，而不是其他方面。生态形态学范式对能力研究的重要性，无论怎样强调都不过分。30多年来，即使研究者已越来越清楚，还存在影响这三个特征的其他因素，但生态形态学范式的重要性依然与日俱增。

体型的重要性

生态形态学范式的成功在于它的预测能力。我们不仅能通过观察动物的形状和结构来解释这些动物为何能够完成惊人的运动壮举，而且还能够基于其形态来估计动物应该具备哪些能力。体型对能力的影响尤其重要，因为生物体的体型不同，动物的形态和功能也不同。这意味着，仅凭动物的体型，我们就能获取关于该动物运动能力的很多信息。

再看看短跑速度。对于陆生动物来说，速度等于步幅（同一只脚两次连续落点之间的距离）乘以步频（在一定时间内的步数）。因此，步幅更大，或者在一定时间内步数更多，再或两者相结合，都可以加快速度。大多数动物都是通过同时调节两者来加快速度的，但速度已经变快之后，则通常靠扩大步幅加速。由于动物的腿长限制了最大步幅，我们可以做出这样一个预测：相比体型较小的动物，体型较大的动物（相应的，腿会更长）所拥有的最快速度也更快。如果我们对比一定体型范围内的动物的最快短跑速度，肯定会发现体型与速度，总体上正相关，即使大象也是如此。这一现存的最大和最重的陆生动物，由于它们腿长，步幅大，所以也能以令人惊异的速度奔跑（犀牛虽然块头大，但由于它们的腿相对于块头来说较短，所以跑得不是特别快）。

119

大象的奔跑是不同寻常的，因为这些动物通常缺乏将奔跑与行走区分开来的过渡阶段。换句话说，随着奔跑速度的加快，其他四足陆生动物的步态模式发生了变化，该过程称为步态转换（例如，从行走到慢跑，再从慢跑到快跑），即在慢跑或快跑时，四足同时短暂地离开了地面，但大象在任何时候都至少有一只脚接触地面。这很可能是因为让重达 6 吨的动物滞空是不现实的，还可能因为如果大象不能平稳着地，等待它的会是灾难般的伤害。因此大象不跳，很可能是因为不会。但它们长长的四肢仍然使它们即使行走（确切地说）时，也能达到令人讶异的速度，有记录的亚洲象最快速度是约 40 千米 / 小时。非洲象的速度也相当快。多年前，我在津巴布韦的维多利亚瀑布城（Victoria Falls）

亲眼见识过。当时，我在骑自行车时错误地转了一次弯，然后惊扰了一头雄象，我被迫仓促逃离（坦白地说，我骑自行车，大象步行）。

体型对动物能力的影响无处不在，而不仅仅是短跑速度。有时候，这种影响甚至超出了常理。例如，理论上，体型较小的动物比较大的动物弱，但按体型比例来说，它们要比体型较大的动物强得多。其原因在于，表面积和体积之间有一种重要的基本物理关系。我们想象一个物体，比如一个立方体，我们可用长度乘以宽度计算出该立方体的表面积，就相当于长度“l”的平方，然后将其乘以 6（立方体的表面数），得到 $6l^2$。体积是长度 × 宽度 × 高度（$l \times l \times l$），即 l^3，这是因为立方体的所有边长都相等。如果我们再想象一个其他的物体，比如一个半径为“r”的球体，我们会发现极其相似的情况，球体表面积为 $4\pi r^2$，体积为 $\frac{3}{4}\pi r^3$。忽略掉不影响面积和体积之间关系的常数（6、4π 和 $\frac{3}{4}\pi$），我们看到，在两种情况下，表面积都是“l”或者“r”的平方（L^2），而体积是它的立方（L^3）；这对于所有的等距物体（也就是说，形状相同而大小不同的物体）来说，都是事实。这意味着，如果我们把一个物体的大小翻一番，而不改变其形状，其表面积增加 4 倍（2^2），而其体积增加 8 倍（2^3）；如果我们把长度增加 4 倍，表面积就会增加 16 倍，而体积则增加 64 倍，以此类推。

120

随着尺寸的增加，相比体积的增加，表面积的增加较少，这对于动物的功能发挥有重要影响。它与力量的相关性在于，肌肉收缩的力量与其横截面积成正比，而一个动物所拥有的肌肉量与体积也成正比。所以大型动物比小型动物强壮，因为它们个头更大，相比较小的动物就肯定有更多肌肉；不过，因为随着动物体型更大，体积增加得就比表面积多（再一次，体积是 L^3，表面积是 L^2），这意味着较小的动物相对它们的体型，跟较大的动物相比，有更大的横截面积。 这就解释了为什么蚂蚁等体型极小的动物，有能力举起是自身体重很多倍的物体。例如，曾经有人记载过，喀麦隆的一只非洲编织蚁（weaver ant）托着一只约为其自身体重 1200 倍的死鸟。而对于一个肌肉横截面积相对较小，而体型却大得多的动物来说，这种力量的壮举是不可能发生的（图 6.1）。

缩放效应能以更不符合常理的其他方式来影响能力。小蜘蛛能以一种称为“乘气球”或“放风筝”的独特方式进行长途旅行。遗憾的是，所谓的“乘气球”并非再现 1956 年《环游地球八十天》（*Around the World in Eighty Days*）中用一个代表所有蛛形纲动物的模子和小小礼帽（这会让画面更赏心悦目）的场景，相反，小蜘蛛采取了一种“踮脚尖”的姿势。它们踮起脚尖，把腹部抬到高于头部，然后从喷丝器中释放出一根或多根细长的丝束（称为蛛丝）。这些丝束在风的吹动下，就能把它吊到空中。用这种方法，蜘蛛能上升到可观的高度，但它们没法控制方向，完全受气流的摆布。尽管如此，“乘气球”还是效果显著的。 122
1883 年，喀拉喀托火山（Krakatoa）历史性的爆发，造成了岛上几乎所有生物的死亡，而再次占据岛屿的动物中，第一批就是从其他地方“乘气球”而来的小蜘蛛。

蜘蛛“乘气球”的能力大小取决于体型，大于 1 毫克的蜘蛛

图 6.1 较大的肌肉横截面积再加上出色的黏附能力，使得编织蚁能吊起 7 克重的死鸟。这些蚁群能运输非常大的猎物。人们从它们的巢穴中发现过蜥蜴、蛇类、鸟类和蝙蝠的尸体。

来源：Alain Dejean

可能无法做到这一点，原因不仅在于较重的蜘蛛更难吹起来，而且小型蜘蛛利用了一种不为大动物所知的阻力。阻力（drag）是描述物体在通过流体时所经受的抵抗力的专业术语，人们认为存在两种阻力：压差阻力（pressure drag），即在移动通过流体时，物体正面所遭受的力；摩擦阻力（friction drag），作用于物体的表面，平行于流体流动的方向，是流体黏度的一种属性（也就是说，流体流动起来有多容易）。在日常生活中，我们通常不认为空气是一种流体，但其流动的性质确实使它成为一种流体。你可以因此认为，压差阻力是你把头伸出正在行驶的汽车时脸上感受到的抵抗力，而摩擦阻力则是把一条极长的绳索——即使这条绳索本身并不重——拉出水面时所遭受的力。对于具体动物来说，哪种阻力更重要取决于该动物有多大，跑得有多快，移动穿过的流体密度是多少，以及它移动穿过的流体黏度。这些变量一般结合一种称为雷诺数（Reynolds number）的无量纲数（dimensionless number）来描述。[1]

雷诺数越大，压差阻力越重要。这就是喷气式飞机、雨燕和海豚等物体呈流线型的原因，因为流线型使上面提到的动物或交通工具接触流体介质的正面面积最小，从而减小压差阻力。但在雷诺数

---

1 雷诺数（Re）的计算公式是：

$$Re = \frac{lvD}{\mu}$$

公式里的 l 是动物或推进器官的长度，v 是动物的速度，D 是介质的密度，μ 是介质的黏度。

小时，摩擦阻力和黏度就占支配地位了。摩擦阻力把雷诺数小的小型蜘蛛沿着蛛丝拉到空中，这对于较大的动物来说是不可能的。

123

于是，极小的动物和极大的动物以完全不同的方式体验着这个世界。像人类这样的大型动物，很少意识到空气的流动，除非是我们自己或空气在快速移动（从而雷诺数较大）。但对于极小的昆虫来说，就算在静止的空气中移动，也会像在糖浆里划船一样。这对这些动物的形状和行为有多方面的影响，也解释了像果蝇这类小昆虫为什么不是流线型的，它们的翅膀形状为什么跟鸟类的不同，还有它们为什么不能滑翔。

飞翔的鸟和撕咬的龙

体型严重影响运动能力，但并不是全部因素。一直以来，动物的形状和特定身体部位的形状，都受到选择的影响以实现某种特定的功能。这种结构和功能之间的关系，可以通过鸟类翅膀的形状来说明。飞行动物通过产生升力（lift）飞入空中，它们这样做的能力在很大程度上取决于翅膀充当机翼（airfoil）的能力。机翼的构造原理在于其形状，流过机翼顶部的空气比流过底部的空气速度快，从而在上方形成低压。因此形成的机翼上下方的压力差（以及牛顿定律中作用在机翼上的力的反作用力）导致了升力的产生。[2] 不过，我们不必纠缠于流体动力

2　升力是个奇怪的现象。在升力作用的过程中，牛顿第三定律和伯努利定律（Bernoulli's principle，即压力的下降伴随着流体速度的上升）都发挥了作用。

学的概念，只要你向贴近嘴唇的一张长而窄的纸条表面吹气就能直接看到升力的效果。空气在纸条的顶部上方快速流过，于是降低了纸条上表面的压力。由于纸条背面的压力保持不变，该纸条“机翼”就受到了向上的推力，或者说升力。

超人之外的飞行生物都拥有可以利用该原理的翅膀，基于它们的翅膀形状，我们可以对其飞行能力做出预测。影响飞行能力的翅膀形状，有两个彼此相关的术语：纵横比[124]（aspect ratio）和翼面负载（wing loading）。纵横比是翅膀长度和翅膀宽度的比例，即长着瘦长翅膀的动物纵横比高，而长着粗短翅膀的动物纵横比低（图6.2）。翼面负载是动物的质量跟翅膀总表面积的比例，体重大而翅膀小的动物，翼面负载高，而体重小翅膀面积大的动物，翼面负载低。翼面负载和纵横比的独特组合决定了一个动物的飞行能力：翅膀纵横比低，翼面负载也低的动物，机动性更好；而翅膀[125]纵横比高，翼面负载在中间水平以上的动物，是最适合滑翔和翱翔的动物。翼面负载越高的动物，翅膀拍动次数通常越少。

纵横比和翼面负载对飞行能力还有其他影响。例如，在以一定的速度和角度滑翔时，气流速度与翼面负载的平方根成正比，这意味着，翼面负载较高的动物滑翔得比翼面负载较低的动物快（下降得也更快，因为从滑翔的定义上说，就伴随着下降）。鹱形目（procellariforms）的鸟类——包括鸥科（gulls）、鹱科（shearwaters）和信天翁科（albatrosses）——运用其高纵横

图 6.2 （上）翅膀纵横比高的鸟类北方皇家信天翁（northern royal albatross）和（下）翅膀纵横比低的鸟类哈里斯鹰（Harris hawk）。

来源：Benchill and Tony Hisgett

比的翅膀来滑翔极长的距离，并进行一种称为斜坡翱翔（slope soaring）的动作（也就是说，滑翔的同时飞行高度上升，而不是下降）。它们运用被悬崖或波浪转向的风来让自己上升。而第 4 章中提到的机动性更强的雌莺比雄莺的纵横比低。雄莺更在乎能否长途跋涉，以最低消耗迅速抵达筑巢地点，从而也有更高的翼面负载。

鸟类长着结构可变的翅膀，它们可以通过改变翅膀的形状进一步控制滑翔能力。雨燕在缓慢地滑翔或转弯时，会把翅膀完全伸展开，而在快速滑翔或急转弯时，则把翅膀收起来。然而，关于翅膀的形状，蝙蝠比鸟类的变化范围要小得多，这很可能反映出蝙蝠栖息的范围更小。鹱形目中的高翼面负载和高纵横比的结合不存在于蝙蝠中，因此蝙蝠的飞行和滑翔的时间和距离都达不到与海鸟一样的水平。昆虫的翅膀结构复杂，尤其是小型昆虫，它们运用翅膀来获得升力的方式有很多变化，足以让功能形态学家研究很长一段时间。不过，我们更熟悉大型昆虫的翅膀形状和功能。迁徙中的蜻蜓需要翅膀的飞行效率更高（并且可以滑翔），而警戒状态下的雌性蜻蜓需要翅膀的机动性更高，在两者之间，有一些明显的形状变化。

机翼当然能产生升力，但动物怎么从滑翔和翱翔演变为飞行的呢？不久前，工程师们弄明白了这个问题，打造飞行器的最简单方法就是，把向上飞和向前飞的程序分开，将其分别交给机翼和引擎。但在自然界中，翅膀能两者兼顾。翅膀之所以能做到这一点，部分原因在于它们可以通过向前旋转来改变相对于身体的

126

角度，这样翅膀产生的升力不仅是向上的，而且有向前的分量。这种定向伴随着向下的拍翅飞行，可以通过压差阻力使周围的空气形成向后的动量，同时，所得的相等但相反的动量推动翅膀表面向前，从而推动动物移动。向下的力量必须足够强大，不仅要让动物向前移动，还要在拍动翅膀——这时翅膀恢复到最初要往下拍打的姿势——其间保持连续。

翅膀定向和拍打的结合，解释了为什么蜂鸟在飞行时如此敏捷，它们能向前飞，向后飞，甚至能改变拍打翅膀的方向，将所得的升力导向任何需要的方向（蜂鸟体型小对这一点也有帮助），以此在空中悬停，很少有其他动物能做到这一点。蜻蜓能独立地控制两对翅膀，这让它们在飞行时具有极大的灵活性。在飞行过程中，翅膀本身也会弯曲和扭动，这些复杂的方式让动物在空中更加灵活。然而，蚊虫等小型昆虫产生升力的办法和大型昆虫完全不同，英国皇家兽医学院（Royal Veterinary College）的理查德·邦弗瑞（Richard Bomphrey）领导了这样一项研究：用 8 架每秒 10000 帧的高速摄像机拍摄蚊子，从而清楚地记录了升力是怎样产生的。蚊子以超过每秒 800 次的速度拍打细长的翅膀，以一种能产生复杂涡流（也就是说空气的漩涡）和独特阻力的方式扭动和旋转翅膀，在它们异常短促地上下拍翅时共同产生升力。而没有其他哪种昆虫像蚊子这样飞。邦弗瑞和同事据此推测，蚊子独特的飞行机制在某种程度上是因为它们需要制造标志性的蚊虫振翅声，以便发出声音信号。

尽管在基于形态的动物能力预测方面，功能形态学总体上做得很好，但能力的综合特征也需要人们关注，尤其是行为的影响。例如，尽管3米长的科莫多巨蜥（komodo dragon）是世界上最大的蜥蜴（巨大的肉食动物），但就相对于其体型来说，它们的咬合肌小，咬合力弱。因此当其他大型肉食动物在准备晚餐时，常用极具杀伤力的牙齿来撕咬猎物，而科莫多巨蜥却不是这样。长期以来，人们认为这种动物依赖令人讨厌的混合着多种细菌的唾液。它们用锯齿状的牙齿咬住猎物，把这种唾液注入后者的身体然后松开猎物，使猎物最终死于脓毒症。爬行动物学家沃尔特·奥芬博格（Walter Auffenberg）在一本关于科莫多巨蜥的行为与生态学的书中首次概述了这种想法。沃尔特跟妻子和孩子们一起，花了几乎一年时间在科莫多岛上观察这种巨蜥的活动。有人会说，这如果不是有史以来最好的家庭旅行，那么就是最差的。不过，虽然奥芬博格的书在很多方面都颇具价值，但就这种巨蜥的致命一咬而言，几乎可以肯定地说，他解释错了。

科莫多巨蜥并不依赖超级细菌来毒杀猎物，它们用的是毒液。更重要的是，正如德门学院（Daemen College）的多米尼克·达莫尔（Dominic D'Amore）的一项研究所展示的那样，它们硕大的颈部和头部能施展并承受极大的拉力，这些都有助于巨蜥的猎食行为——它们凌厉的锯齿深深嵌入猎物体内，释放出毒液（毒液中还含有一种强力抗凝剂），然后撕扯下一块块肉，让猎物在休克、中毒和失血的多重打击下死去。在这种情况下，要成功地完成一次捕猎，猎食行为的细节（转动并拉扯头部）跟动物的功能性能力一样重要，这就说明了运用能力的重要性。[3]

128

速度与激情

如果动物的形状和大小决定了它们的能力，那么对于任何特定的能力来说，应该有适用于最佳能力的大小—形状的特定组合。对照各物种，在日常生活中依赖不同能力的动物，其形状确实以造就这些能力的方式来展现，跟生态形态学范式预测的完全一样。生物学家通常更偏爱被称为模式生物（model organisms）的动物——它们能格外出色地履行某些特定的功能，因为其所涉及的基本力学原理更为明显，从而在那些功能极其突出的动物身上更容易研究。因此，通过找出某些动物——比如说跳跃能力格外出色的动物——所涉及的生理学和力学，我们就能将观察的结论运用到其他可能跳跃能力不是那么好，但跳跃的基本属性仍然

---

3 西尔维斯特·史泰龙的经典电影《飞跃巅峰》（*Over the Top*）与一次说明形态学、行为和能力之间相互作用的绝佳机会失之交臂。在这部令人叹为观止的电影中，史泰龙扮演了一名卡车司机和掰手腕选手，他是成千上万名以此为生者中的一员。20世纪80年代，他曾声名狼藉地在美国游荡。有一次，史泰龙为了跟才十几岁大，跟自己关系疏远的可怕儿子迈克套近乎，带他进入了掰手腕选手的圈子，因为史泰龙所知的跟他人打交道的唯一途径就是暴力。一开始，迈克输给了一个块头更大、更凶恶的少年。这促使史泰龙给迈克来了一番极不诚恳的鼓励，说他有多相信迈克。令人困惑的是，史泰龙一直都没有向迈克解释掰手腕涉及的动力学，否则绝对会有用得多，而掰手腕的动力学还是这部电影的前提。不管怎样，迈克莫名其妙地赢了复赛，让渴望他失败并受辱的观众大跌眼镜。

相同的物种上。当然，这并不是动物引起我们兴趣的唯一理由，其中有些动物真是太神奇了。

如果我们仔细观察一下纯运动速度，会发现自然界中跑得最快的动物都有某些明显的共同特征，比如流线型的体形可以减小压差阻力。但除去这些显而易见的相似点，自然选择还对这些动物的结构设计进行了调整，以突破它们的极限速度。于是，跑得最快的动物已经进化出整套的加速特征，可以协同作用，带来极致的运动能力。

最具代表性的动物是猎豹。猎豹的惊人速度可直接归因于体态上对短跑能力的适应。它们有肌肉发达的背部和像弓一样能弯曲又能恢复形状的脊椎，以此让腿张得更开。相比其他猫科动物，它们的四肢不仅更长，而且前肢肩关节也比格力犬（greyhound）等类似大小的动物更灵活。这些特征使猎豹能跨出6—8米的超大步幅，差不多是一头正常长颈鹿身高的1.5倍。柔韧的脊椎，让猎豹的后肢支撑起大约70%的体重，甚至在高速奔跑时，脊柱和相连的肌肉的结合能提速约10%。驱动猎豹四肢的肌肉主要由一种名为快肌纤维（fast-twitch fibers）的厌氧肌纤维组成，适用于在低氧条件下的爆发力输出，并有助于高速奔跑的动物迸发式地加速（差不多是马的两倍）。它们长而扁平的尾巴，在改变方向时可充当平衡物和方向舵，更进一步提高了它们的敏捷性和机动性。可以说，这些性能对捕猎成功的重要性与速度不差上下。除了敏捷性，它们细长的脚垫和不能收缩的爪子犹如人在跑步时穿的钉鞋，增加了牵引力。

猎豹是进化的奇迹。不过，由于猎豹魅力非凡，关于它们也有大量不实信息。人们不用太费力，就可以找到一些经常被吹捧为适应速度的其他特征。这些说法大多经不起仔细推敲：没有几条来自经过同行评议过的科学文献，而有些要么是误解，要么是未经检验的形态学推断。

其中一个说法是，猎豹有较大的心脏、肺和鼻腔，在奔跑过程中，为猎豹提供了更多的氧气。然而，相对猎豹个头来说，它的心脏并不特别大，因为短跑是无氧运动，就算有更多的氧气供应也没什么用（尽管更大的心脏在无氧运动后可以更快地恢复）。猎豹的鼻腔的确明显更大，但这更可能是因为猎豹在用其较弱的爪子让猎物慢慢窒息时，需要其帮助猎豹呼吸（猎豹做不到像其他某些大型猫科动物一样迅速杀死猎物）。另外值得注意的是，这些鼻腔支持一种称为鼻甲的专门骨板。这种骨板的密度异常高，很可能有助于冷却快跑时随着体温升高的大脑（第 5 章中讨论过这一点）。但也有可能不是这样，大鼻腔和高密度鼻甲是出于其他原因出现的，或者是头骨设计某方面时的折中性选择的结果。

130

虽然猎豹速度很快，但它不是地球上速度最快的动物。速度最快的动物是游隼。在自然界中，它们用翅膀来捕捉猎物。游隼的攻击是高速俯冲的巅峰之作，从猎物头顶上方好几百米外，就可能开始了。它们的最快速度是有争议的，根据文献记录，一只俯冲中的游隼以 389 千米 / 小时的速度移动，大约相当于 F4 级龙卷风的风速。为了得到这些测量数据，一队数学家和工程师将一个微电脑绑在了一只重量为 1 千克的游隼身上，然后从飞机上放飞，使其水平飞行，然后从超过 5100 米的高空跟它一起俯冲。游隼的最快速度遭到某些生物学家的质疑，因为自然界中没有哪只游隼会从这样高的地方俯冲。根据科学文献记载，这种动物的俯冲速度在 185—325 千米 / 小时，尽管慢了一些，但仍然可以让游隼位居能力排行榜的顶端。

游隼能达到如此惊人的俯冲速度，不仅仅是因为流线型的体形，而且还可能是因为它们能在运动过程中控制每根羽毛的姿态和身体的轮廓，从而精准地对速度加以矫正。尽管只有在俯冲过程中才能见识到这样的速度，但某些研究表明，这些鸟通常比其他猛禽飞得更快纯粹是为了避免失速。与其类似的情况是，F1方程式赛车只有在足够快的速度下行驶，才能使轮胎的温度足够高从而抓住跑道表面。某种程度上这是由于游隼相比其他猛禽，其纵横比和翼面负载更高。事实上，游隼比地中海隼（Lanner falcon）等近亲鸟类更重，这对它们的俯冲有益，其翼面负载和翅膀纵横比也比地中海隼更高。隼类在俯冲过程中折起翅膀，但是更高的纵横比说明翅膀最适于翱翔和滑翔，我在上文中提到过这一点。游隼利用了这两点，在上升的热气流中翱翔，以此达到高空俯冲所需要的高度。

速度最快动物的榜单上获得提名的大部分都是鸟类，其原因很可能跟飞行和其他运动模式之间的内在差别有关系，此外也跟重力的影响有关。不过，虽然所有飞行动物采用的模式基本都一样，只是有些个别的变通，但在水中生活的动物情况却更复杂。一种称为“喷射”的方法颇受欢迎（尽管代价不菲），这一做法

131

的原理比较简单，立足于动量守恒的概念。[4]除了供水流进出的肌肉管道，它还需要少许形态上的修正。乌贼是以这种方式活动的，水母也是。

游泳跟飞行在很多方面类似，包括运用翼面来产生升力和推力（以至于企鹅和鳐鱼的游泳一直被称为水中飞行），但游泳又不同于飞行，因为相比空气，水的密度和黏度大大增加。不过，这种密度也带来了产生升力的其他方式。鳗鱼（eel）的方法是利用整个身体做波状运动，在身体的两侧产生横向的升力（在这种情况下实际上是推力），两侧升力的共同作用推动鳗鱼向前。鳟鱼（trout）也是同样的做法，但程度稍逊，主要是甩动尾巴和连接尾巴上的躯干部分；而金枪鱼只动用尾巴来产生推力，躯干完全不参与。如此一来，游泳和飞行的原理都是把向后的动量传递给周围的介质，同时凭借大小相等的相反动量来克服阻力，推动动物向前。

游泳最快的动物很可能是长嘴鱼（billfish）。这是一种大型的捕食性鱼类，其中包括旗鱼（sailfish）和剑鱼（swordfish）。旗鱼最大能长到 3 米长、90 千克重，捕食机动性更强但体型小、动作慢的猎物。它们把标志性的风帆状背鳍当作刹车，通过增加阻力，使它们能够迅疾地变换方向。该动物的形态似乎为了更快

132

4 动量是质量乘以速度。从一根或硬或软的管子中喷出一股水流，这股水流会迅速离开管子。然而，因为水不可压缩，无论水的流速如何，单位时间内，总是有相同质量的水喷出。因此，提高水的流速会加大水流方向上的动量（质量不变，而速度增加），又因为动量必须守恒（感谢物理），相反方向上的动量也增加了。因此，水流在通过细小的管子时，速度会更快，在水喷出时，喷嘴细小的软管比喷嘴宽大的管子有更强的后推力，原因即在于此。

速游泳而有所进化，有着流线型的体形和强壮有力、肌肉发达的尾巴。尾巴的末端是纵横比高的尾鳍，形状跟燕子修长的新月形翅膀差不多，而且选择这一形状的原因也类似——两者都可以在高速飞行中摆动，使自己受到的阻力最小。有趣的是，旗鱼身上很多骨性的 V 形鳞片从皮肤表面突出来。目前这些突起的作用还不清楚，但有一个观点是，它们能破坏皮肤表面的平滑水流，减小摩擦阻力。否则，这些阻力会降低旗鱼的速度。

剑鱼的速度跟旗鱼差不多，但皮肤上的突起却小得多，这些突起被称为“小齿”。因为“小齿”非常小，所以鱼的表面看起来仍然是光滑的。虽然这些突起小，但一样有助于游泳的效率，比如以鲨鱼皮（也带有小齿）为基础研制的人工材料将人类的游泳速度提高了 6.6%，并减少了 5.9% 的能量消耗。剑鱼皮肤也分布着小孔，它们通过毛细血管系统连接到剑鱼身下的一个特殊腺体上。该腺体能分泌一种油脂，油脂扩散到剑鱼整个头部后与小齿相结合，使得皮肤表面形成疏水的润滑层，防止边界层分离，从而减小摩擦阻力。不仅剑鱼如此，大多数滑溜溜的鱼都有类似的润滑物。这些鱼身上的分泌物作用类似，就太平洋梭鱼（Pacific barracuda）等游速快的鱼类来说，润滑物能减少超过 65% 的摩擦阻力（可能还有其他功能，比如保护它们免受寄生虫的侵害）。

然而，虽然旗鱼和剑鱼的形态使其成为行动迅捷的鱼类，但他们各自能达到的最快速度却引起了争议。根据一些早期的研究记录，旗鱼能以 110 千米 / 小时的惊人速度游动，而剑鱼则接近 97

千米/小时。遗憾的是，这些漂亮的数据不一定真实。测量大型捕食性鱼类的速度是一项挑战，这有多方面的原因，比如这些动物数量稀少，难以在受控条件下研究它们，等等。因此，它们在自然界中的能力通常是估算的，而这又带来了新问题。例如，一条在急流中游泳的鱼，实际游速比看起来的速度要慢得多。尽管科学家经常试图解释这些令人困惑的变量，但测量某些长嘴鱼能力的数据已经从不具备科学性的资料渗透进了科学文献，比如渔民所估计的上钩的鱼逃离鱼线缠绕所花费的时间，这样做极不严谨。

针对这些问题，哥本哈根大学的莫滕·斯文森（Morten Svendsen）领导了这样一项研究：在人为刺激下，通过鱼的躯干肌肉在游泳时的收缩速度，来估算旗鱼理论上的最快速度。这些估算出的数据要慢得多，旗鱼可能达到的最快速度只有 40 千米/小时。其他证据表明，水生环境本身不允许游泳速度比这个数字快出太多（详见第 7 章）。因此，尽管流线型形态肯定会帮助它们达到真实的最快速度，但可能不会让它们游得像某些人认为的那样快得惊人。

最后一点，尽管猎豹、游隼、旗鱼和螳螂虾都不可思议，令人啧啧称奇，但我不得不承认，自然界中动作最快的根本不是动物。有几种真菌喷射孢子的速度达 25 米/秒，这个速度已经非常快，而更让人难以置信的是它们的最大加速度甚至可以达到重力加速度的 18 万倍！这意味着，这些孢子能在 1 秒钟内越过其长度 100 万倍的距离。打个比方，这相当于一个人以音速的 5000 倍旅行。这使得真菌成为生命之树中能同时做到如下三点的一

133

员。其一，运动速度快得超乎想象；其二，美味可口；其三，让你（在中毒之后）嗨翻天。

跑得远，飞得高，潜得深

由于耐力赛需要氧气驱动而冲刺不需要（第 5 章中讨论过这一点），因此，速度特别快的动物与耐力特别强的动物有很多关键性的不同。例如，人类中的短跑选手，粗壮而肌肉发达，而马拉松选手却更瘦、更高。体形上的这种差别，是两个项目的不同力学和生理学需求导致的。 134

短跑持续时间短，跑动的距离也短。因此，短跑依赖于在短时间内对地面施加大量的力，换句话说，就是大功率。这意味着，短跑型动物必须肌肉发达，而且不只是腿部肌肉。人类短跑选手只用双腿奔跑，但他们基本上是以四肢着地的姿势起跑的，蹲下来，在专门配置的起跑器的推动下向上前方用力。下蹲的起跑动作让腿部的强大力量作用到起跑器上，同时双腿也受到起跑器的反作用力（通过牛顿第三定律），并当躯干从水平变为垂直时，把这种反作用力传遍全身，让躯干在两腿伸直时产生让身体扭转的扭矩。抵抗这种低效率的扭转运动，让力的向量以最佳方式与前方对齐，需要极其强大的腰腹和上身力量。看起来，短跑运动员在健身房里花的时间跟他们在跑道上花的时间一样，原因就在这里。

不过，想要在长跑时发挥的最佳，所涉及的身体机制和能量是不同的。相比于短跑，长跑的持续时间要长得多。因此，长跑选手不是在短时间内做大量的功，而是在单位时间内做更少的功，但持续时间要长得多。这需要迈步的力量较小，但能量供应要持续不断，因为长跑选手通常不会最大限度地运用氧气来奔跑（不会超过耗氧能力，像短跑选手那样做无氧运动），这就意味着要持续供氧。

有着绝佳耐力的动物，显示出有助于全身供氧的特征，比如更大的心脏和肺活量，更多的红细胞和储备更多红细胞的脾脏。以人类为例，与未经训练的人相比，经过训练的马拉松选手每次心跳时左心室扩张泵出的血液更多，所以心率较低。训练还可提高血液中携氧红细胞的百分比［即红细胞比容（hematocrit）］，增强给肌肉供应氧气的能力。有氧训练会进一步影响肌肉特性，受过训练的选手拥有更多的氧动力肌肉纤维，肌肉细胞中线粒体的密度和活性也更高，可想而知，如果这些肌肉一直被迫消耗更多的氧气，就会出现这种结果。

135

不过，这种训练并不会增加肌肉量。肌肉发达的体格对耐力型选手没有好处，因为除了从额外产生的力量中获取少量的长期受益，它们必须消耗更多能量，来给所有多出的肌肉供应能量并使其运动。肌肉发达的腿部消耗得尤其多，因为肌肉如何分布会影响人类双足奔跑的步态。让跑步者额外增重的实验表明，体重的分布比重量本身更重要——腰腹部分的体重增加，会使即定距离的运动多消耗大约 8% 的能量，但如果同样的体重加到踝关节，在同样的距离下，能量消耗则会增加 20% 左右。这是因为，两腿在运动时就像肌肉驱动的钟摆，在迈步的过程中来回摆动会给钟摆的末端增加重量。移动双腿所花费的力量更多，反过来消耗的能量也更多。

对于生活在高海拔地带的动物来说，它们的生活环境空气稀薄，氧气匮乏，所以要面临供氧的挑战。除此之外，还有其他几种考验，比如寒冷的气候；而且对于飞行动物来说，还必须加大能量输出才能在稀薄的空气中飞行。为了解决氧气供应问题，鸟类的肺部效率很高，拥有独特的结构，可以让空气在任何时候都从一个方向流过身体，跟空气进出人体的情况截然不同。这意味着，鸟类在呼吸空气的同时，通过肺部把氧气输送到血液中，而不是像我们一样，只在吸气时才行。鸟类还能通过毛细血管系统的细化，让含氧血液密切接触肌肉等组织，以比其他动物更快的速度将氧气直接送入这些需要氧气的组织。

高空飞行的鸟类能达到惊人的高度。1973 年 11 月 29 日，一架商务飞机采集到（也就是说，撞上）了一只黑白兀鹫（Ruppell's vulture），其飞行高度达 11280 米——比珠穆朗玛峰高差不多 2500 米！不那么令人震惊的例子是（但只是比较而言），斑头雁（bar-headed goose）在比喜马拉雅山脉海拔高约 2700 米的上空飞行。为了在这一高度呼吸稀薄的空气，斑头雁需要更长更深的呼吸，让它们大大扩张的肺部充满空气，其他鸟类都望尘莫及。它们还有专门的红细胞，结合氧气的能力比其他鸟类强得多，这也有助于给肌肉和器官输送氧气。

或许按常理看来，深海哺乳动物应该也有类似的适应机制，从而在水下时增加氧气供应，但实际上，它们受到的挑战有些不同。长距离奔跑的哺乳动物或飞入飞机航线的鸟类，在奔跑和飞行时，仍然会将空气吸入肺中，因为它们在任何时候都能接触到空气（尽管在高海拔区域氧气的比例较低）。但潜水的哺乳动物，不得不在整个潜水持续期间，用潜水前吸入的那点氧气来勉力支撑。这意味着，潜水哺乳动物调整了心血管系统，把有限的氧气储备节流到最需要它们的组织，或者最不能忍受低氧条件的组织，比如大脑。

举个例子，威德尔海豹（Weddell seal）——它们不是世界上潜水最深的哺乳动物——能够达到的最深深度只有微不足道的600米（略低于纽约世贸中心一号大楼的高度），相比之下，柯氏喙鲸（Cuvier's beaked whale）可达到差不多3000米的深度。不过，人们对威德尔海豹的潜水生理机制却了解得很清楚。为了承受长达45—80分钟的长时间潜水，威德尔海豹的红细胞比容为60%—70%。这个值已经达到极限，再高一点，血液就会太黏稠而没法流动。相比其他类似大小的哺乳动物，威德尔海豹体内的血液容量也高得多，这可以让它们在沉入水中时储存更多的氧气。但这些海豹的肺部并不特别大，可以说是格外小，尽管这些动物的块头大，但其肺部只有人类肺部的大约一半。另外，威德尔海豹在潜水时会完全排空肺部，使肺部完全萎缩。它们这样做是为了避免在下水时带着空气。这看起来很古怪，因为人们会认为，它们会在潜水时屏住呼吸，就像我们在不带氧气筒潜水时那样。

137

海豹在潜水前排空肺部的原因在于，气体在极大的压力下会出现问题，比如说，在极深的深度下就会出现这些问题。即使在 300 米深（略低于埃菲尔铁塔的高度）的水下，压力也差不多是海平面大气压的 30 倍，越往深处越大。在如此巨大的压力下，组成空气的气体会更容易在液体中溶解，没来得及跟红细胞结合就直接溶解在血浆中。如果压力突然下降，气体就会迅速离开溶液。想一下，在你“砰”的一声拔掉香槟酒瓶的塞子，瓶内的气压突然下降后，导致香槟中溶解的二氧化碳一涌而出。现在，再想一下在动物血液中发生的类似情况：随着动物从极深处猛地升上来，毁灭性的压力便迅疾下降，造成血液中溶解的气体，尤其是其中的氮气在血液中形成气泡。这些气泡会阻塞毛细血管，破坏血液流动，通常都会引发问题。这种现象就是我们所知的减压病。氧气筒中的空气混合物特地不含氮气；深海潜水员在升到海平面的过程中，必须在多个位置停下来等待片刻，原因就在于此。下水时完全不带任何空气的威德尔海豹获得了两方面的好处。其一是减小了浮力，有助于它们达到如此可观的深度；其二是不会痛苦地死于减压病。

对能力适应性的适应

某些能力的分化并不限于主要特征和器官，比如翅膀形状或心脏大小。不论是在高速飞行时尖叫，还是深深扎入海中，都会影响到其他基本生理机能。动物有时候会改变其行为，甚至进化出辅助适应性，来解决自己非凡运动能力的不良影响。比如，斑蝥（tiger beetle）跑得太快，快到它们的视觉系统没法在高速行进时应付感光问题。这并不是说斑蝥跑得比光还快（尽管它们确实很快，最快速度达到2.23千米/小时，这对于只有15—22毫米长的昆虫来说还不算太糟），而是告诉我们，斑蝥的神经系统难以区分自身移动引起的图像运动，以及与自身移动无关的图像运动。换句话说，如果在斑蝥移动的同时，一个猎物也在移动，那么这只斑蝥会很难分清楚这个猎物是否真的在移动（如果在移动，那么朝哪个方向，速度有多快）。还是说，因为斑蝥自己在动，所以猎物只是看起来在动。当斑蝥以某个角度靠近猎物时，这个问题会更加严重。斑蝥克服该局限性的方法是，断断续续地跑，短距离地冲刺，然后短暂地停歇下来，让自己的视觉跟上。它们还会伸出触角来探测自己看不到的障碍物。

138

虽然游隼的视力极佳，但它们还存在其他问题。动物以极快的速度飞行时，呼吸会很困难但又必须要做，因此这些鸟进化出特殊的鼻腔结构引导空气进入鼻孔，结构跟喷气式发动机进气管中的倒锥体差不多。啄木鸟会以25千米/小时的速度用头反复撞击树干，并且每次要经受的减速度是重力的1000倍。为了避免脑损伤，它们的颅骨进化出好几种减震特征，比如，头盖骨中海绵状的骨骼可以分散啄木的力量；从鸟嘴底部伸出的舌骨环绕并覆盖到头盖骨上，另一端刚好在额头前部，在撞击过程中充当安全带。不过，尽管它们如此奇怪，但相比自然界中展示出的某些真正非凡的动物运动能力来说，这些所有的适应性特征看起来都太呆板了。

古怪的动物运动员

非洲南部东海岸的美令人叹为观止。壮观的海岸线，迷人的沙滩，得益于沿着海岸流向西南的温暖的阿古拉斯洋流，水温舒适的印度洋，成为冲浪者的胜地，也是自然爱好者的乐土。紧邻海岸的这片水域还藏着自然界中最不可思议的景象。

5—7 月是南半球的冬天。来自广阔而寒冷的南冰洋的一股寒流向东北流去，挤进海岸线与阿古拉斯洋流之间。随着寒流到来的还有数千万吨生存于寒冷环境的沙丁鱼，它们不能在远高于20℃的高温下生存，所以被迫追随这股强大的寒流，沿着南非海岸线向夸祖鲁－纳塔尔省（KwaZulu-Natal）流去，形成了长 25 公里，深 15 米的鱼层，鱼层中汇集了超过 5 亿条的鱼。

这就是沙丁鱼大迁徙，它吸引了大量的捕食动物。成千上万只海豚从水下攻击沙丁鱼群，吹起泡泡，把鱼群圈分成更小的鱼群，然后它们逼迫鱼群浮向更受约束的水面。鲨鱼成百上千地跟在后面，坐享海豚的劳动成果，某些非洲毛皮海狮（Cape fur seal）也在队伍当中。一旦这些惊恐万状的鱼组成的“球状鱼群”开始靠近海面，就又会遭受来自另一种捕食动物——鸟类——的攻击。

海角塘鹅（Cape gannet）从伯德岛（Bird Island）的筑巢地飞来，在空中跟踪沙丁鱼大迁徙。塘鹅是飞行高手，但它们真正的特别之处是俯冲能力。塘鹅在发现一个球状鱼群后，就会俯冲下来饱餐一顿。塘鹅们在 30 米的高度就收起翅膀，头朝下坠向大海，以 86.4 千米 / 小时的速度撞击水面，像中世纪战场上纷飞而下的箭雨一样，纵身投入厚厚的鱼群中，抓住水下的美食。以如此快的速度俯冲需要技巧，幼鸟折断脖子的情况时有发生。

一旦冲入水中，塘鹅主要依赖动量（这里也是质量 × 速度）来推动它们下降。它们能潜入的深度达 30 米，用翅膀和脚来让自己在较浅的深度减速，其动作方式有些像怪异的水下芭蕾。塘鹅捕食时在水下运动的轨迹呈 U 形曲线，利用羽毛下携带的空气所带来的浮力返回水面。塘鹅偶尔也会在水下拍打翅膀，似乎想再次沉下去，像企鹅一样在水中飞行，这样做很可能是在一开始的出击失败后想捕捉另一条鱼。球状鱼群出现的时间很短，但只要它们还在，海面就会看起来像沸腾了一样。因为在塘鹅从数十米的高空俯冲入水的同时，海豚和鲨鱼也都在捕食难逃一劫的沙丁鱼。动物们搅动着海面，身后留下一道道气泡，犹如在背后爆燃着烟花。

140

过去，每年都有沙丁鱼大迁徙，而现在只会零星出现，这可能是因为地球变暖了，寒流也因此难以预测。有些动物经常出没的栖息地或介质，对其他动物来说可能不同寻常，然而有些动物也会出现在其他地方。好几个种类的飞鱼跟塘鹅恰好相反，它们游到海面，从水中一跃而出，用机翼状的长长胸鳍滑翔。[5] 某些种类的飞鱼甚至两个鳍不够用，需要用到 4 个鳍，所以进化

5　尽管名为“飞鱼”，但这些鱼也只会滑翔而已。不过，仍然有一个至少可追溯到 19 世纪中叶的争议：这些动物是否会用力拍翅飞行。对这些鱼进行的动态摄影明确地显示出它们没有这样做。通过这一方法，上述争议在 1941 年终于得到平息。

出了加长的腹鳍。这种水下的“四翼动物”以小角度（与水平面呈大约30度）快速（36千米/小时）靠近水面，然后向前发射，几乎完全跃出水面，进入只有水的密度的1/800的空气中。不过，在大约30秒的滑行中，僵硬尾巴的后半部分仍然留在水中，以每秒50—70次的速度用力地摆动，然后再彻底脱离水面，开始自由自在地飞行。这些鱼能以54—72千米/小时的速度滑翔，速度降下来之后尾巴再次沉入水中，为下一次滑行飞翔蓄力。它们的最高高度可达8米，最大距离大约50米。通过这种方式，这些“四翼动物”在完全回到水中前，飞行总距离可以达到400米。

不同种类的飞鱼，飞行方式各自不同，其中大多数跟大小有关。某些种类完全放弃了滑翔，尤其是从快速移动的波浪中起飞时；而另一些种类的飞鱼，会像鹱形目鸟类那样高飞出水，因为它们的鱼鳍非常适合，某些较大的种类甚至有堪比滑翔鸟类的翼面负载和纵横比。有点让人吃惊的是，尽管出现了一些可能的解释，比如逃避捕食和能量效率，但这些动物进化出这样的异常能力的原因目前还不为人知。

在进化出滑翔能力的动物中，鱼类或许是最奇怪的，但它们在这方面面临着激烈的竞争。在许多不会飞行的动物中，滑翔已经独立进化了30多次，从哺乳动物和鱼类到爬行动物和两栖动物，甚至还有一种通过喷水来推动身体冲出水面的鱿鱼。它会张开机翼状的鳍，让自己在大约3秒的时间内滑翔长达30米的距离！

会滑翔的哺乳动物有60种，其中比较出名的有蜜袋鼯（sugar glider）和猫猴（colugo）等。它们有被称为翼膜（patagial membranes）的皮肤，呈片状垂在四肢之间，有时也在四肢与尾巴等结构之间向侧面伸展，形成滑翔表面。其他的动物，比如有袋类羽尾滑翔动物，凭借扁平的尾巴行使类似的空气动力学功能。东南亚的飞蜥属（*Draco*）树栖蜥蜴异常细长的肋骨可以支撑自己的翼膜（图6.3）。飞蜥属的翼膜通常色彩鲜艳，可以张开，也可以折起，像扇子一样靠在身体的两侧，但在张开时，它们可以让这些动物以27.4千米/小时的速度从一棵树滑翔到另一棵树。

尽管只在飞蜥属中发现了明显的肋骨翼膜，但很多爬行动物都展示出滑翔能力和导致这些能力的形态特征，且都是通过增加该动物的空气动力学表面积来实现的。这些动物中，有褶虎属（Ptychozoon）飞蹼壁虎，它们借助四肢、头和腹部皮肤的皱褶来滑翔；有缨尾蜥属（Holaspis）蜥蜴，它们有带蹼的脚趾和尾巴，发挥着类似的功能。还有数种蛙类被认为能够滑翔，很多蛙类的脚趾之间都有夸张的脚蹼，很方便滑翔。某些蛙类甚至有像飞蹼

壁虎一样的皱褶皮肤，明显是善于滑翔的动物。[6]但其他的蛙类，比如多米尼加树蛙（Eleutherodactylus coqui），不是用这种脚蹼来进行滑翔，而是用来在空降过程中减缓下降速度，但不一定控

6　2016年9月，人类所知的最后一只莱伯氏纹肢雨蛙（*Ecnomiohyla rabboru*）在亚特兰大植物园中死去。据报道，这种栖息在林冠的动物运用其带蹼的四肢在树木之间滑翔。这意味着自然界中的奇迹现在又少了一个。

图 6.3　长有增长翼膜的斑背飞蜥
来源：A. S. Kono

制得住。

或许最不同寻常的滑翔动物是天堂金花蛇（*Chrysopelea paradisi*），虽然既没有四肢也没有翼膜，但它们还是我行我素地松开树梢，开始“起飞”。它们首先以“J”形吊在一根树枝的下方，然后让身体向上前方加速。在起跳之初，飞蛇伸直并压平身体，体宽几乎翻倍，让整个身体的表面积达到利用空气动力所需的大小。接下来（仍然在空中下坠的时候），飞蛇以“S”形的姿势，从一边往另一边呈波浪式前进，仿佛在陆地上行进一样。飞蛇通过调整身体前半部分的方向，在不用像其他滑翔动物那样倾斜转弯的情况下，就可以转向头部移动的方向。

143

天堂金花蛇在空中用波形姿势前进的行为，既不同于陆生蛇类，也不同于水生蛇类。这种姿势的运动与一些不寻常的蛇类运动也完全不一样，比如侧绕行进。侧绕行进是指蛇将部分身体贴在沙地上，然后抬起、移动、放下相邻部分；接下来再抬起与刚放下部分紧紧相邻的部分，接着移动。蛇通过这种方式来传导弯曲身体长度的波形，带动身体前行，沙中留下的凹痕跟该动物移动的方向呈直角。相比之下，目前尚不完全清楚，天堂金花蛇在空中波动（如果有的话）的目的是什么。这种奇怪的运动方式仍然是有效的，它们的滑翔能力可以跟其他显然更专业的滑翔动物相媲美，有时甚至更胜一筹。

来自其他动物的证据也表明，滑翔并不总是需要翼膜，尽管它们肯定会让滑翔更轻松，而某些动物仅仅通过姿势的改变就能影响它们的降落。甚至有的蚂蚁，也能够在从树上落下时，控制在空中的运动轨迹。一项尤其令人感兴趣的发现是，某些未表现出有特别滑翔形态的树栖蛙类（甚至还有名义上是陆栖的壁虎），在微重力的条件下会自动采取增加表面积的俯冲姿势，从而有可能提高自己的滑翔和降落能力。微重力还以有趣的方式影响昆虫的空中能力。在微重力条件下，飞蛾不喜欢飞行，更喜欢飘浮；家蝇飞得不怎么好，宁愿在墙上爬行；蜜蜂根本没法飞，更像是在翻滚。如果你想知道我们是怎么知道这些的，那是因为我们已经把其中的一些动物送上了太空，看到了它们的表现；至于另一些动物，我们在飞机做抛物线飞行时，在人工引发的微重力环境下做过观察，跟宇航员登上“呕吐彗星”接受训练时所经历的完全一样。

你或许很容易认为，滑翔是鱼类已知的最奇怪的行为。不过，请考虑一下夏威夷近海出现的小鰕虎鱼（goby）。就像鲑鱼难以抗拒地渴望回到出生地一样，鰕虎鱼也受此驱动，迁徙到夏威夷群岛的河流中。这是它们喜欢的产卵地。不凑巧的是，该群岛山峦密布，而有河流和山峰的地方，就会有瀑布。 144

鰕虎鱼比鲑鱼小得多，因此它们在河流中逆流而上时，没法像鲑鱼那样奋力完成惊人的跳跃。很多瀑布横亘在鰕虎鱼和它们的产卵场之间，有些瀑布的落差高达 250 米（这差不多是埃菲尔铁塔的高度），于是鰕虎鱼做了它们唯一能做的事——爬上这些瀑布。最后，它们爬上瀑布后的岩石，而它们做到这一点，是运用了自然选择作用下形成的带有吸盘的腹鳍。

某些种类的鰕虎鱼步履蹒跚，一寸一寸地向前挪，交替使用腹鳍的吸盘和第二个——嘴部——吸盘前进。相比之下，号称能瞬间爆发能量的攀爬动物就没这么有耐心了。它们会快速地从一侧到另一侧扭动身体向前移动，从一个附着点到另一个附着点，旋风般地垂直向上跳跃到高高的悬崖上。这两类动物都会停下来歇一会儿，不过攀爬动物歇得比较久，但它们在不休息时行动更迅速，以此来做出弥补。就距离来说，两者的净距离差不多一样。同样，块头对爬上瀑布的能力有影响，比起较大的动物，较小的动物往往爬得更好，其中的原因已在上文提过。

与此同时，有人记录到，在泰国有一种洞穴盲鱼（blind cavefish）以一种更为常见的方式爬上瀑布。新泽西理工学院的布鲁克·弗莱芒（Brooke Flammang）和其同事发现，该动物不仅会爬瀑布，还能在陆地上四处活动。这本身并不令人震撼，因为有好几种鱼已经独立地进化出了在陆地上运动的能力。例如，某些鳗鱼和刺鱼（stickleback）利用游泳时的动作在干燥的地面上挪动；而弹涂鱼则采取了更复杂的支撑方法，即用自己的尾巴和身体的后半部分向前跳起，越过胸鳍。值得注意的是，这些洞穴鱼所用的步态跟陆生脊椎动物的步态非常相似，尤其是蝾螈。迄今为止，它们的骨盆形态显示出的许多特征，人们只在陆生脊椎动物中观察到过，而在鱼类中并不常见。因此，这些动物让我们得以窥见，在鱼类首次侵入陆生环境时，它们会怎样移动。

145

有些动物还能在水上行走或奔跑，以此生存。水黾（water strider）等小昆虫利用水的表面张力——即相邻水分子之间有彼此强烈吸引的趋势——在水上行走，而不需要使出太大的力气来克服表面张力并破坏水面。即使某些小壁虎，也会运用同样的伎俩来过日子。在利用表面张力穿过水面的无脊椎动物中，捕鱼蜘蛛（fishing spiders）是最大的，但它们也采取了一种奔跑的步态，在水面踩入踩出。不过，还有些动物走得更远，能够连续地迈出好几步，然后在水面上奔跑。

在水面上奔跑似乎是不可能的。因为我们由自身的经验得知，身体需要立足在一个坚实的表面，并往下踩，同时该表面以足够的力量把身体往上推（借助牛顿第三定律），以此来实现运动。而我们在沙滩上奔跑时，施加在沙滩上的力没有都传回来，所以比在坚固的地面奔跑困难（响尾蛇进化出异常步态的原因也在于此）。虽然如此，蛇怪蜥蜴（basilisk lizard）仍然能只用它们的后肢，以双足奔跑的方式涉水而过。不过，它们太大了，没法依靠水的表面张力做到这一点，于是转而运用一种拍打的步态，用肥大的双脚极其快速地猛击水面。

在水淹没自己之前拍打并快速地收回，这让蛇怪蜥蜴在迈出下一步前可以利用水对位移倾向性的抵抗（任何一个体验过跳水时腹部先落水的人，都会熟悉这一点），在某种程度上支撑自己的身体重量。它们需要在一瞬间（约0.06秒）完成这系列动作，让每只脚都能接触到水面。蛇怪蜥蜴的脚在水上移动得越快，移动造成的水抵抗力就越大（这里发挥作用的相关物理概念是冲量和动量守恒）。一双大脚是关键，这样说的原因有两个。首先，它们让水面本身产生压差阻力（这是脚的表面积和脚的移动速度二者共同作用的结果）；其次，脚踩在水面会造成一个充满空气的空间，当脚处在这个空间的底部时（非常短暂），脚底面的水会对脚施加向上的力，大小等于该深度的水的液体静压力（液体静压力等于深度 × 水的密度 × 重力加速度）乘以脚的表面积。简单说来就是，脚底面积越大，受到的向上的力就越大。这种向上的力，结合水对脚的抵抗，足以让该动物在每一步都快速迈动时保持漂浮状态，使它得以掠过水面。在抽回一只脚后，另一只接着立即在该动物的重心前拍下，循环往复。这种策略能否有效

146

受到大小限制。在水面上奔跑的行为通常仅限于幼年的蛇怪蜥蜴，原因即在于此。数年前，在哥斯达黎加，我有幸惊动了一只年幼的蛇怪蜥蜴，吓得它跑过一条小溪。这画面实在太美！

一种叫鸊鷉（grebe）的水鸟比蛇怪蜥蜴重得多，但它们也能展示出类似的在水上奔跑的行为。这种行为被称为猛冲，是掠过水面的雄雌同步舞蹈，属于求偶行为的组成部分。鸊鷉还采取一种跟蛇怪蜥蜴差不多，但在步态上有些许不同的拍打运动，能产生足够的力量来支撑它们巨大的体重。鸊鷉和蛇怪蜥蜴的行为在本质上相同，但更有力，速度更快，从而能够实现惊人的动物运动壮举。

行为古怪或不同寻常的动物有很多。然而，有必要永远牢记，自然选择的演绎不是心血来潮。任何时候，只要我们看到某种动物在做我们可能认为是出格的事，其背后肯定有充分的理由。另外还要记住，即使进化能够产生某些令人惊异的事实，也有其自身的局限。

7 限制与取舍

147

DC漫画公司（DC Comics）的1985年第8期系列漫画《无限地球危机》（*Crisis on Infinite Earths*）中，世界上跑得最快的人闪电侠为了拯救多元宇宙英勇牺牲。这是第二位闪电侠——巴里·艾伦（Barry Allen），他是一个重要角色，1956年的首次登场成为美国漫画白银时代开始的标志。闪电侠的角色总是被赋予超能力，移动的速度快到可以垂直跑上建筑物，绕圈跑能引起龙卷风，甚至能超快速地震动自身的分子来创造多维空间。有时候，人们甚至会觉得他对付回旋镖队长（Captain Boomerang）和魔术师（Trickster）这样的恶棍是对其强悍能力的浪费。而且他不仅在短距离奔跑时速度快，似乎还能永远保持这个速度。简而言之，闪电侠似乎无所不能。但在这个故事中，他史无前例地更进了一步，超过了光速，追逐并超越了一种为毁灭宇宙的武器提供能量的超光速粒子（理论上比光速更快的粒子）。于是，他跑得太快了，以至于穿越回过去并最终成为赋予自己神速的闪电本身。在漫画的故事线中，闪电侠死亡的时间比书中大多数角色都要晚，但他最终还是在 2009 年复活了。尽管他是我儿童时代最喜欢的角色，但故事结局太僵化，我倒是希望他没有复活。

在现实生活中，被闪电（也许是来自未来的你）击中后，你很可能不会拥有超能力。此外，不同于闪电侠，真实存在的动物的运动能力受物理定律以及力学与生理学原理的支配。动物不能为所欲为，尽管自然选择非常有效，但不同的因素——从进化过程的性质和进化对生物体祖先如何作用的历史偶然性，乃至生物体设计的机械性能——都会约束这些动物，让它们在特定的适应性上有所取舍。这些约束的进一步结果是适应通常是不完美的。仔细考虑下，生物体很少会像它们看起来的那样，在实现特定生态目的过程中表现出最优状态。本章就将讨论一些这方面的限制，它们适用于这些约束条件带来的动物运动能力的进化，也适用于这些限制被取代后的某些方式。

148

功能的取舍（或称为动物的能力），为何不能面面俱到

在选择的塑造下，动物已经能履行最大限度增强适合度的生态任务，其中包括捕食、逃脱捕食，以及找到伴侣。终其一生，大多数动物必须履行诸如此类的各种使命。这些不同的使命通常需要不同的能力，它们可以在个体的生理和形态基础上，发展出彼此不同甚至互相冲突的需求。能力几乎总是折中的产物，基于肌肉和骨骼系统的其他元素的取舍，而这些其他元素是为了塑造

许多不同能力得来的。因此，在整个动物界有个重要的趋势：某特定性状上的优异表现，通常是以其他能力差强人意为代价的。换句话说，虽然一种动物在某方面表现优异，甚至有可能在两三个方面都非常突出，但不会在所有方面都无懈可击。

本书反复谈到的安乐蜥，它不仅清楚地说明了生物体的外形与其所处环境中所需能力之间的适合，而且还说明了当该生物体发现自己处于另一种不太适应的环境中时，适合怎么就变成了不适合。安乐蜥是一种称为“适应性辐射”（adaptive radiation）的进化过程的典范。适应性辐射理论认为，大部分物种都是在短期（进化期）内，从单一的祖先进化到适应不同生态生活方式的。各种类的安乐蜥在很多方面彼此不同，在栖居地偏好上，加勒比地区的安乐蜥显示出尤其令人感兴趣的差异。

149

我们可以把安乐蜥的栖居地分成几种，比如灌木丛、开阔地、树干、树冠等。其中，在大安的列斯群岛栖居地上生活的安乐蜥被人们称为生态型（ecomorph），因为它们展现出特别的形态和能力，以应对该地特殊的环境挑战。6 种生态型安乐蜥特别能够适应其特殊的生态位（ecological niche）。例如，在草丛和灌木丛之间生存的安乐蜥长着修长的身体和尾巴，适合“游泳”穿过深草丛；而专门住在树干上的安乐蜥，有像张开的螃蟹一样的四肢，可以笨拙地伸开，适合在粗大的树干和周围环境中急速奔跑——它们身手之敏捷，令人惊叹。在树枝上栖息的安乐蜥，不仅善于隐藏且行动缓慢，就算细心的观察者也会觉得它们是树上的小树枝，而且它们的形态完美地适于沿着非常狭窄的物体（比如小树枝）移动。相对于其身体来说，树枝上生活的安乐蜥四肢较短，因为沿着狭小的细树枝爬行时，粗短的四肢比瘦长的四肢更有利。这很可能是因为相比较长的四肢，粗短的四肢可以让安乐蜥更稳地抓住并维持重心平衡。

对于加勒比安乐蜥的运动来说，形态与能力之间的关系显而易见。栖居在树干或地面等较宽大基质上的安乐蜥四肢较长，而在狭窄基质上活动的安乐蜥四肢较短。那么，当长腿蜥蜴发现自己处于狭窄基质上时，会发生什么事呢？如果你回想（或者往回翻）第 2 章所述的褐安乐蜥的生死抉择，你就已经清楚这个问题的答案了。然而，证实这一现象的实验，是 20 世纪 80 年代末由乔纳森 · 洛索斯和巴里 · 西内沃（Barry Sinervo）完成的。他们用了 4 种加勒比安乐蜥，各自的腿长相对于体型都不相同。在跟大自然中最常出现的基质半径类似的基质上，洛索斯和西内沃测量每一种安乐蜥的速跑能力后，接下来把这些种类的蜥蜴转到不同半径的基质上。实验发现，随着基质半径减小，所有种类的蜥蜴速度都变慢了，但四肢最短的蜥蜴虽然一开始速度不快，但速度下降得最慢。

150 四肢长和四肢短，这是两种无法兼容的特质，不可能同时出现在同一个动物身上。这意味着，没有哪种安乐蜥既适合宽阔的基质，又适合狭窄的基质。长腿蜥蜴一旦爬上那些细长的枝条，最强大的能力就会被削弱，而短腿安乐蜥又不能充分利用宽阔的基质。邓肯 · 厄斯奇克（Duncan Irschick）和洛索斯随后又做了一项实验，选择了 8 种安乐蜥中较大的个体。该实验不仅证实了蜥蜴要在适合短腿和长腿的基质间做出取舍，还指出依靠快速奔跑逃避被发现和被捕食的长腿蜥蜴，对基质的类型尤其敏感（它们往往经常从狭窄的基质上跌落下来），所以它们在自然界中不受干扰地活动时，会避开严重影响能力发挥的基质。

这就是外形与环境之间的适应。只有在适合自然选择的栖居地里，安乐蜥才能发挥最佳能力。但加勒比安乐蜥除解释了决定能力之类的综合功能系统的进化，还说明了一个更普遍的问题。自然选择带来的进化并不仅是为动物配备各种能力以应对各种使命的挑战，而且这些使命是确保它们生存和繁殖（无论其中某些使命可能多么不同寻常）必须承担的。但有时候，自然选择可以采取很多途径。如果在两个不同的地区，两种差不多一样的动物面临相似的功能性挑战，自然选择可能以类似的方式来改变这些动物。加勒比安乐蜥身上就发生了这种情况。大多数生态型安乐蜥都可以在多个加勒比岛屿上找到，如果更仔细地审视生态型安乐蜥在这些岛屿上的分布以及它们之间的进化关系，我们就会有所发现。就蜥蜴而言，任何两种栖居在树枝上的安乐蜥，比如一种生活在牙买加的安乐蜥 *A. valencienni* 和另一种生活在巴哈马群岛的安乐蜥 *A. angusticeps* 不是近亲，但它们的外表和行为极为相似。实际上，相比生活在 650 公里之外巴哈马群岛的外表相似的安乐蜥，*A. valencienni* 与生活在牙买加树干和地面上的性格急躁的长腿生态型安乐蜥 *A. lineatopus* 以及栖息在树冠和巨型植物上的大块头安乐蜥 *A. garmani* 的谱系要近得多。

151 在整个加勒比地区，这种场景反复出现。不同的岛屿上，生活着不是近亲，但在形态、行为和能力上惊人相似，有着同样生态表型的动物。安乐蜥也因此成为趋同进化（convergent evolution）的最佳典范。在这种进化类型中，自然选择以类似的方式对不同物种单独发挥作用以此推动不同物种的进化，让它们在外表和行为上极其相近。因为这些物种如此类似，以至于我们会发现某些特定生态型类别的所有成员，对栖居地和基质做出同样的取舍。进化因而多次在形态和环境之间形成了相同的适应，如此一来也再一次展现了同样的功能性取舍。

安乐蜥的趋同是一道亮丽风景，因为它发生在这样一个规模引人注意的单一属类中。不过，如果我们后退一步从更广阔的视野上考察进化，我们就会发现，这种趋同随处可见。但我们也会注意到其出现方式并不总是跟安乐蜥一样。

告别过去

进化会遇到特别的生态挑战。虽然应对这种挑战的解决方案在功能上经常类似，但也并不总是完全一样。具体说来，能力大小差不多时，如何实现能力的细节可能会有所差别，这就涉及四肢长度、肌肉大小和肌肉附着点的各种结合。生物学家称这种现象为多对一映射（many-to-one mapping）。换句话说就是，不同种类的安乐蜥会在同一种能力的表现上趋同，因为它们从祖先那里继承了同样的功能和生理机能。但需要实现某些目的的其他类型动物会发现，它们已经从直接祖先那里继承了不适合达到这一目的的错误形态。

在此，自然选择必须是即兴而为的。如果我们以上一章中介绍的滑翔动物为例，从中可以发现，尽管滑翔通常是利用同样的一般原则，比如产生升力的翼状结构，以及让动物能够控制下降的姿势调整，但实际上各物种实现滑翔的身体结构截然不同。蜜袋鼯和猫猴等哺乳动物的筋膜连在四肢之间，而飞蜥属的筋膜由伸长的肋骨支撑。飞鱼不需要筋膜，它们的胸鳍进化出类似于高纵横比翅膀的结构。不过，飞鱼、飞蜥和蜜袋鼯并不是近亲，它们在上亿年前的进化之路上就分道扬镳了，不存在让它们得以继承共同滑翔形态的共同先祖。然而，这些动物却趋同于相似的能力。它们都能滑翔，但各自的实现方式有所不同。从不同祖先的起源开始，通过明显多样化的功能手段，挑战进化史施加在它们身上的约束条件，但仍在其中生活。不过，由于进化是极致的实用主义者，所以这些趋同性状的一大共同点是它们都很管用，有时候甚至管用到令人叹为观止。

152

趋同性的自然选择是采取一切可用的方法，只要有必要，就加以调整。进化是个修补匠，它的表现更像是个突袭废品站的疯狂科学家，走到哪里，就收拾哪里，而不是个有计划、有无限资金和亚马逊白金会员账户的工程师。这意味着，为了完成相似的生态使命，动物进化出的功能性解决方案会让人大吃一惊。但有时候，限制条件是不可逾越的。一种动物的进化史以及它继承的形态和生理机能，限制了它的能力发展。它们的能力获得的有多容易，对能力的限制就有多容易，这取决于选择的风往哪个方向刮。

是腿还是翅膀

彼此冲突的运动需求带来的问题，并非生态型安乐蜥所独有。由于在最佳设计中存在明显的力学上的取舍，试图同时把多种不相容的能力都最大化的动物，几乎注定会失败并最终灭绝，或许这就是我们很少看到这种情况的原因。更常见的情况是，动物最终接受了折中的形态，即在一个或两个（罕见）方面做得非常好，而其他方面的水平可能刚好避免遭受沉重打击。

153

取舍和折中构建于具有多重使命的动物总体形态结构中。这种基本的结构性取舍在鸟类的腿和翅膀的相对大小与发育之间，恰好有很好体现。鸟类的飞行面临着数种物理定律带来的空气动力学挑战。对于它们来说，体重轻通常是有利的，因为在重力作用下要移动的质量越小就会越轻松。腿的重量不轻，因此大多数时间都在飞行的鸟类，或者需要机动性高的鸟类，最好让腿越短越好。然而它们又不能完全放弃双腿。对于鸟类来说，无论你飞得有多好，都要有腿。[1]这正是我们在整个鸟类中看到的取舍：靠翅膀生存（因此更多寄希望于翅膀和飞行）的鸟通常不仅双腿比

1　从巴布亚新几内亚带回的第一批天堂鸟标本没有腿（或者同时还没有翅膀）。这是因为这些标本被当地居民塞了东西，他们在跟欧洲探险者交易之前砍掉了鸟腿和翅膀。该物种的学名 *Paradisaea apoda*（无腿天堂鸟），正反映了这段历史。

较小，而且腿的能力也弱。即使是雨燕（在每年不繁殖的迁徙期内，连吃饭睡觉时都在飞行。它们能在长达 10 个月的时间里连续停留在空中）也有双腿，尽管比较小，反映出对飞行效率的需求。

鸟类尤其容易出现功能上的冲突，因为它们倾向于在不同的运动模式之间分配时间。企鹅是游泳能力出色的动物，结果它们在陆地上行走的能力遭殃了，速度慢且效率低，而且也不会像电影《快乐的大脚》（*Happy Feet*）中那样擅长踢踏舞。数种其他生活在海洋或水中的鸟类，也存在两种运动方式之间的迷失地带。食鱼动物鸬鹚是一个大约包括 40 种水生鸟类的科。在大多数鸟类经常出没的陆地和天空中鲜有鱼类存在，于是鸬鹚发现让自己进入鱼类生活的环境中很管用，颇有第 6 章中以俯冲轰炸捕食的海角塘鹅的做派。不过，在俯冲潜水的时间上，某些鸬鹚甚至胜过了塘鹅，下潜深度可达 45 米。此外，它们也进化出一些帮助自己实现这一点的特征，比如长蹼的脚，短而粗硬的翅膀以及庞大的体型，从而使其相对于体型较小的鸟类，能够储存更多的氧气。 154

虽然加拉帕戈斯鸬鹚为了捕食孤注一掷地进化潜水能力，甚至已完全丧失飞行能力，而其他种类的鸬鹚尽管飞行能力很差，但还是能飞的。在鸬鹚严重倾向于有助于潜水的结构时，潜水和飞行之间的折中形态对飞行能力毫无帮助，其中的原因是虽然体重大对深入水下颇有好处（因为这样可以造成更大的动量），但是没有高纵横比的翅膀的动物只能拍打翅膀飞行，而不能滑翔，所以要花更多时间和能量来产生升力。

肌肉的特性与取舍

肌肉是驱动所有动物运动（还有能力）的引擎，所以肌肉的性质和设计也会推动能力的取舍。肌肉如何运作影响着其促成的能力类型，肌肉与将肌肉附着在骨骼上的肌腱以及骨骼本身的特定组合，是自然选择为了满足特定动物的能力需求而量身定制的。

肌肉构造的多个方面，从肌纤维的长度到使这些纤维得以收缩的分子机制，都影响着肌肉的能力。例如，长肌纤维每次收缩所产生的力量比较短的肌纤维（所有其他条件一样）小。但相比一开始就较短的纤维，长肌纤维的收缩更明显。这意味着，长肌纤维组成的肌肉能良好地适应控制和发起大而快的运动，而较小范围但更有力的运动则是由短肌肉和肌纤维组成的骨骼肌结构控制的。另外，这两种基本不相容的配置是理解力学能力取舍的关键：肌纤维或者可以长而快速地收缩，或者可以短而有力地收缩，但两者无法同时进行，实现功能。然而，这两种特性可以加以平衡，最有力的肌肉（也就是说，在最短时间内做最多功的肌肉）是收缩力量和收缩速度处于中间状态的肌肉。

155

影响能力的第二个肌肉特性是组成运动肌肉的肌纤维类型。肌纤维明显可划分为两种类型，要么属于氧化肌纤维（oxidative fibers）——富含线粒体，收缩缓慢，但高度抗疲劳（耐力强的动物利用了这一点），要么属于无氧化或糖解肌纤维（non-oxidative or glycolytic fibers，爬行动物偏爱的类型）——含线粒体少，不需要氧气，能快速收缩。大多数动物的肌肉中同时存在这两种纤维，但依赖速度的动物往往糖解肌纤维的占比更大。从熊到山猫、猎豹等各种哺乳动物的运动肌肉中，短跑速度和糖解肌纤维之间成直接正相关关系。这里的取舍关系是，速度较快的动物需氧能力相应较差，因为一种纤维比例较高，必然不容许另一种纤维也有较高比例。

动物的能力是肌肉功能的一大突出特性。肌肉的工作原理也在生物体的设计和运转中得到了体现。当我们考察擅长不同能力的动物的肌肉和骨骼结构时，就会立刻明白。格力犬和比特犬 (pit bull) 都是为了特定能力而经过多代的高度选择而最终繁育出的品种：格力犬的繁育选择了跑步速度，而比特犬的繁育选择了打斗能力（不过现在在任何地方，斗狗都是违法的）。奔跑和打斗的不同形态需求根植于它们四肢的骨骼和肌肉结构中。作为奔跑动物，格力犬需要长长的四肢，这样它们可以在 500 米的距离上快速地跑动（记住，速度 = 步幅 × 步频）。这意味着，它们的运动肌肉必须能够带来最大限度的能量输出。为了达到这一目的，格力犬的四肢肌肉极少，大部分运动肌肉都在肩关节处。如此一来，它们的四肢变得更轻，更容易快速移动。这些肌肉的肌纤维长度比土狗更长，也刚好处于能量生成的最有效位置。格力犬跟猎豹一样，由于后肢的肌肉量更高（不是主要用于减速的前肢），它还是后轮驱动动物。相比之下，比特犬需要反复爆发性地加速和减速，当身边有另一只危险动物时，它能始终保持机动灵活，强壮四肢还可以压制对手。这使得它们更类似于四轮驱动，肌肉均匀

156

分布于较短的四肢。

我们再次震惊于这两种动物外形的根本性差别。格力犬快速运动的肌肉和骨骼，其形状和配置跟矮壮结实的比特犬的肌肉和骨骼截然相反。格力犬和比特犬也许实际上蕴含着一条普遍的进化原则，在彼此冲突的功能需求驱动下，在打斗和运动能力之间，必须做出取舍。

克服限制与最优化取舍

功能的取舍和限制，是所有动物的真实生活。然而，倘若两者的功能需求是一致的，特定运动技艺的专门化并不总是排斥另一种技艺的专门化。我在第 6 章中提到过逆着瀑布向上爬的寸进动物鰕虎鱼，有一种鰕虎鱼不仅运用特化的嘴部吸盘吸住地表，同骨盆处的吸盘一道，变换附着点一寸寸地往上挪，还在进食时利用吸盘从岩石表面刮取小型生物。该生物攀爬岩石和刮岩石的嘴部运动是相似的，使用同样的肌肉和形态构造。在慢慢挪动和刮取食物之间不仅没有冲突，而且很可能这一种功能是从另一种进化而来的——尽管目前还不清楚谁先进化出来。不过，在某些物种中，自然选择已经发挥了作用，克服了实际存在的功能上的限制，或者说至少实现了在力学和肌肉之间做出最优化的取舍。

专业的短跑选手和长距离的耐力型选手的需求是不同的，我们已经了解过这一点。对于大多数动物来说，它们还是相反的。

想想人类运动员，一个人不可能既肌肉发达，能爆发出强大的力量，又身材修长，适合耐力跑。同样，一个人的肌肉不可能主要由快速收缩的无氧化肌纤维组成，而同时不会减少缓慢收缩的氧化肌纤维的比例。有氧运动能力维持的速度低于无氧运动支持的速度（在哺乳动物中，平均起来不到一半），这一事实意味着动物要么跑得很快，要么能跑很长久，但极少能两者兼顾。

人类田径运动员从短跑到耐力跑的过渡出现在 600—800 米范围内。这就是为什么很多运动员可能同时参加 800 米以上或者 400 米以下的比赛，但同时参加 400 米和 800 米比赛的人很罕见。实际上，自 1939 年的鲁道夫 · 哈比格（Rudolf Harbig）之后，再也没有人同时拥有 400 米和 800 米的世界纪录。由于能力的需求不同，对动物运动取舍感兴趣的研究者，心里经常惦记着速度跑和耐力跑的取舍。有时候，会发现这样一种情况：一项针对 12 种欧洲蜥蜴的研究发现，短跑能力优秀的蜥蜴耐力差，但相对体型来说后肢较长，反之亦然。然而，对一系列物种（包括随后对 17 种蜥蜴的一项研究）的其他研究却发现，证明这一取舍的证据要么没有说服力，要么证据根本就不存在。

我们可能观察不到我们期待的取舍，其理由复杂而多样。在某些情况下，研究者需要专业的统计技巧来还原这些取舍。然而，速度与耐力之间的取舍几乎肯定是真实存在的。特别是有一个物种，给我们提供了如何解决这种特定取舍的线索。

如果给动物世界中的最佳全能运动员（如果所有动物都进化出了关心这类事情的能力）颁发奖项，那么该奖项很有可能要颁给北美叉角羚（North American pronghorn）。叉角羚在动物界几乎是独一无二的，它们在速度跑和耐力跑两个领域都出类拔萃。它们的最快速度差不多有 100 千米 / 小时，是猎豹之外最快的陆上动物。但令人难以置信的是，叉角羚保持飞速奔跑的距离远超猎豹。在一次野外考察中，我们记录到叉角羚在 10 分钟的时间里，跑了 11 千米，平均速度达 65 千米 / 小时；还有传闻说，叉角羚在追逐轻型飞机时，超过了后者。虽然有这些说法，但叉角羚的运动能力一直以来没有得到充分研究，对于这些动物如何实现了如此非凡的壮举，我们知之甚少。不过，我们还是了解到一些。

158

1988 年，斯坦 · 林德斯泰特（Stan Lindstedt，现在工作于北亚利桑那大学）和同事把叉角羚放上跑步机，测量了它们跑步时的氧气消耗（图 7.1）。这样做的基本原理是：所有动物都有一个受氧气运用能力限制的最快耐力速度——而比其快的运动都必须是无氧驱动的。他们把跑步机设定为 36 千米 / 小时，倾斜度为 11%。这意味着这些动物以差不多是奥运会短跑运动员的最快速度在沿着斜坡奔跑！林德斯泰特和同伴发现，叉角羚的 VO_2max（最大摄氧量，即最大氧气消耗速度的技术术语），比根据其体型预测的值要多出 3 倍。[2] 早期开展过的一项关于影响叉角羚氧气输送因素的研究，对解答这样出色能力为何存在有所启发。与同样大小的山羊相比，叉角羚的 VO_2max 是山羊的 5 倍，肺容量是山

159

2　最近的一项有氧能力研究，在预测模型中纳入了更多动物种类。此项研究把该值向下做了些调整，但就 VO_2max 来说，叉角羚仍明显胜出。

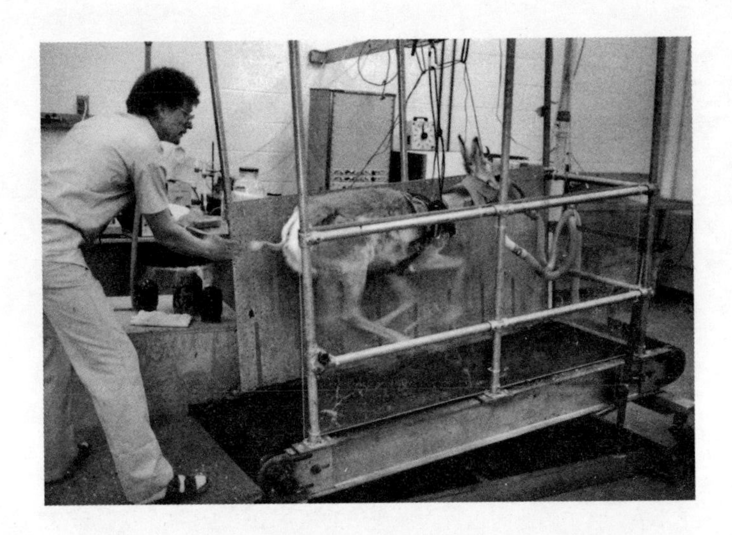

图 7.1　1988 年，怀俄明州拉勒米市，斯坦 · 林德斯泰特在用跑步机测量叉角羚。如果你仔细倾听，会听到柯本参议员在尖叫。

来源：E. R. Weibel and S. L. Lindstedt

羊的 2 倍，血量比山羊多 50%，血红细胞多 33%，心排血量（也就是说，心脏每分钟泵出的血量）多 3 倍。所以，叉角羚氧气散布到周身的速度比山羊快 5 倍，肌肉线粒体的量是山羊的 2.5 倍。此外，叉角羚有格外修长的下肢，让动物在长途奔袭时尽可能地节省能量。

所有这些调整都指向一个事实，这是一个适应耐力奔跑的物种，但它们中没有哪个适合速度跑。那么，叉角羚是如何将我们在其他地方看到的速度跑和耐力跑之间的取舍最小化的呢？如果叉角羚能够既快速奔跑又保持体力，那么为什么其他动物做不到？

实际上，某些其他动物也能减小速度与耐力之间的取舍，尽管程度有限。非洲南部的黑牛羚（black wildebeest）不是叉角羚的近亲，但它也进化出了长距离高速奔跑的能力，最快速度达 70 千米 / 小时，这很可能有助于它们在广袤的活动范围内自由生活。该物种并不参与壮观的大规模迁徙，尽管其个头更大的近亲黑尾牛羚（blue wildebeest）表现出这样的特点。对黑牛羚运动肌肉的研究表明，它们的肌肉极其与众不同，能快速收缩的糖解肌纤维的一种变体（称为 IIx 型纤维）占比很高，从而使其氧化能力和无氧能力同样出色！一项后续研究表明，跳羚（最快速度达 90 千米 / 小时）的肌肉也有大量变体的氧化 IIx 型纤维，这暗示了它们或许也能在长距离奔跑时维持高速。因此，黑牛羚和跳羚的能力似乎都源自这种肌纤维——它们克服了其他地方所见的快速收缩速度与抗疲劳之间的取舍。很有可能，叉角羚也拥有这些肌纤维，尽管还没有实验证明。

160

至于为什么叉角羚既是一流的速度跑动物，又是一流的耐力跑动物这个问题，我无法回答，但可以给出一个猜想。现有证据指出，叉角羚的有氧能力高达 11——比其他动物高得多。R. 麦克尼尔 · 亚历山大在一篇研究叉角羚的评论（这篇评论有一个绝佳的标题“当一个胆小鬼可能更好”）中指出，这些对氧气供应的调整，没有哪个是进化上的新奇事物，而是对哺乳动物正常结构和功能的夸大。可能没有其他动物曾经像叉角羚那样被逼到耐力和速度的极限，并且为了应对有氧能力上的强大选择压力，把最快有氧速度和抗疲劳能力提高到了前所未有的水平，从而能够跑得出奇快，而不用借助无氧呼吸。亚历山大的观点归结为这样一个想法：在速度和耐力之间，不一定存在与生俱来的生理取舍，而是要最大限度地保有两者，这需要付出代价，但大多数其他动物从未被迫付出过代价。叉角羚之外的动物通常借助特殊的肌纤维，专注地改善其中的一方面或另一方面，而叉角羚可能没有或不需要这样的肌纤维。不过，由于对长距离速度跑的适应，叉角羚确实表现出至少一种能力缺陷。为了不冒折断长腿的风险，它们倾向于避免跳跃，当必须跳跃时，它们竭力用后腿先着地（这看起来很笨拙，让我们暗暗嘲笑自然界中最优秀的运动员）。这意味着，其他动物能轻松越过的沟沟坎坎，却经常妨碍叉角羚的活动。

如果说自然选择以这种方式让叉角羚既能速度跑也能耐力跑，那么证据何在？如果我们想想捕食叉角羚的动物，就会发现这种想法似乎不太牢靠：在美国西部的大草原上，叉角羚时刻要对付的唯一大地上的捕食者是郊狼（coyote），而它们从来不打算破什么运动纪录。实际上，经典动画片《兔八哥》中的 BB 鸟（Road Runner）本可以用叉角羚来代替；因为歪心狼（Wile E. Coyote）在奔跑过程中抓住其中一只的概率很小。[161] 但作为叉角羚专家，J. A. 拜尔斯（J. A. Byers）在《为速度而生：叉角羚生命中的一年》（*Built for Speed: A Year in the Life of Pronghorn*）中指出，捕食者如此罕见是近代才出现的情况。在一万年前的更新世时期，美国西部的大草原（实际上，整个北美大陆都是如此）上到处都是捕食者，从猎豹、狮子、鬣狗到速度奇快的长脚熊，有各种各样的动物。拜尔斯认为，正是在这一（毫无疑问，可怕的）时期，叉角羚面临着太多危险，有着各种能力的捕食动物数量庞大，它只好进化出不同寻常的多功能形态，要么干脆克服，要么让无处不在的限制条件最低限度地约束自己。就这一点而言，其他在自然选择上受激励较少的物种从来没做到过。

出乎意料的是，叉角羚这样做或许会身陷一种不同的进化约束条件——时差上的限制。在此限制下，动物的功能性能力还没有根据它们当前的生态环境做出调整，原因有二：其一，选择的反应速度是变化的，可能是缓慢的；其二，就进化来说，一万年不算长。如果事实如此，那么尽管令人惊叹，但对于它们当前的目标和无异于残留物的身体构成——被过去受追捕的噩梦纠缠的物种进化遗产——来说，叉角羚的运动能力无疑是过度进化了。

承受张力

为了克服肌肉功能中固有的或者为了取舍而牺牲掉的限制，动物们采取了完全不同的做法。你可能从来没注意到大自然中一种叫作沫蝉（froghopper）的动物，除非你是一名昆虫学家，或者一个真正喜欢沫蝉的人，不然就算你关注它也没有什么令人信服的理由。不过，喜欢上这些非凡的小小昆虫的理由有很多。在世界上某些地方，沫蝉又被称为“吹沫虫”（spittlebug），因为某些类型的沫蝉，在若虫*或幼虫阶段住在树上，用处理过的起泡的植物体液盖住自己以寻求保护，同时起到隔热和保湿的作用。这种泡沫状物质有时会滴落到毫无戒心的路人身上，让人以为某些树挤满了小虫子，就等着你走过，好对着你吐口水，因为大自然憎恨你。然而，就能力而言，沫蝉最引人注目的特征是，它们是地球上最善于跳跃的动物，加速度几乎是重力加速度的400倍——大约是职业球员踢足球时产生的平均加速度的75%，跳跃的距离超过自身长度的100倍。沫蝉的跳跃甚至让跳蚤都自惭形秽，因为尽管跳蚤也是超棒的跳跃动物，但一般来说，沫蝉比它重60倍。 162

是什么让沫蝉和跳蚤（就此话题而言，还有其他昆虫，比如蚱蜢）成为如此出色的跳跃动物？阿诺德的生态形态学范式（见第6章）告诉我们，答案肯定蕴含在它们的形态中。对于极小的动物来说，跳跃是个难题。动物伸直腿部、向下猛推地面时，就会进入加速阶段，在该阶段结束时，获得了向上的速度，而跳跃高度是该速度的一个函数。然而由于四肢短，小动物的加速能力有限。[3]之所以会受四肢长度限制，是因为只有脚接触地面并对地

---

* 不完全变态昆虫的幼虫被称为若虫（nymph）。故若虫不是某一种昆虫，而是一类昆虫发育至某一阶段的幼虫。——译注

3 理论上，所有的动物应该都能在没有阻力的情况下跳到差不多一样的高度，因为动物做的功（力 × 距离）与其肌肉量成正比。鉴于在所有动物中，一个动物由肌肉构成的体重所占的百分比差不多是恒定的，这意味着，对于所有动物来说，单位体重的做功是一样的。因此，一个动物所做的功跟该动物的个头大小无关。不过，由于上文中所概括的局限性，实际上不是这么回事。

面施力时，动物才能获得加速度。但因为小动物的腿肯定本身也很短，几乎立刻就能伸直。于是，它们的脚在起跳时接触地面的时间就很短，它们能实现的起跳力量也很小。因此，对于小型跳跃性动物来说，进化出对个头来说相对较长的腿实属明智之举，因为它们由此就能对地面更长时间地用力，从而在整体上获得更强的起跳力量。那么可想而知，沫蝉、跳蚤和蚱蜢会有适于跳跃的长腿。蚱蜢有长长的后肢，原因正是我在上文所描述的，但跳蚤的后肢相对较短，沫蝉的腿长得也不明显。因此，光用腿长来解释肯定不够，肯定还有其他原因。

163

第 2 章中描述的海马的轴转摄食以及螳螂虾和长颚蚁的出色出击，都是储存的弹性势能带来的。由此导致一个合理的设想，沫蝉和跳蚤有某种可与上述动物媲美的能量放大系统，该系统基于弹性势能胜过对瘦长肢体的需求。过去 20 年的大部分时间里，剑桥大学的马尔科姆 · 巴罗斯（Malcolm Burrows）都在研究无脊椎动物的跳跃问题。他的研究成果表明，善于跳跃的沫蝉和跳蚤都装配了一种弹射构造，将缓慢收缩的肌肉与一种称为“节肢”（resilin）的特殊弹性蛋白结合在一起。节肢弹性蛋白的弹性效率差不多高达 98%，这意味着肌肉在拉伸再放松后，能几乎完全释放出拉伸的能量，其中只有大约 2% 的能量以热能的形式损耗掉。节肢弹性蛋白的这种惊人特性在能量放大上的效果绝佳，而沫蝉将每条腿上的节肢弹性蛋白爪垫与外骨骼的特殊弓形部位结合，嵌入一种被称为侧板拱（pleural arch）的结构中。沫蝉通过收缩跳跃肌和跷起腿部弯曲侧板拱。这种跷起构造本身也很特别，它是自然界中已知唯一的传动装置实例。

在这里，沫蝉利用了上文提到的肌肉力量与速度之间的取舍。通过非常缓慢地收缩肌肉，它们最大限度地实现了肌肉收缩的力量，从而做更多功来弯曲侧板拱。当这些肌肉突然放松下来，导致侧板拱快速恢复原状，产生的反冲力触动腿部迅速伸展，将沫蝉向前弹出，以仅靠肌肉永远都没法达到的速度和加速度。沫蝉和跳蚤经常依赖节肢弹性蛋白来实现不可思议的跳跃，但蝗虫和蚱蜢将膝盖处的节肢弹性蛋白弹射构造与细长腿部带来的机械优势结合，不仅推动它们跳跃，还在有需要踢打其他动物时（这是常事），带动踢腿。昆虫的翅膀附着在外骨骼的地方也经常会有节肢弹性蛋白，充当位移放大器，这就是很多昆虫能每秒拍动翅膀数百次的原因之一。此外，节肢弹性蛋白的弹性特质使它成为理想的减震器。就蝗虫来说，如果那些猛力的跳跃或踢打动作出错，它就具有保护其免受自我伤害的辅助功能，在该部位形成屈曲区，在出事故时吸收能量，减轻其他部位的受力。

164

虽然只有无脊椎动物有节肢弹性蛋白，但在整个动物世界，有助于能力的弹性储存构造广泛存在。用于弹性势能储存的替代材料通常是胶原蛋白，它构成了脊椎动物肌腱组织的主体（占70%—80%）。哺乳动物胶原蛋白的抗张强度（即造成其断裂的应力）大约是哺乳动物肌肉所能发挥的最大应力的200倍。这意味着，一根非常细的肌腱就能在不会断裂的情况下传递粗得多的肌肉的力量，这就是为什么用肌腱来连接肌肉和骨骼。肌腱的延伸性（即肌腱超过正常延伸长度的量）明显较低，只有10%。就其重量来说，它储存弹性势能的效果比钢好（但没有节肢弹性蛋白好）。简单说来，肌腱不能拉伸得很长，但它在拉伸时可以储存大量的能量；而且在放松后，这些能量中的大部分都能释放出来，就这点而言，跟节肢弹性蛋白一样。

使用低延伸性的弹性结构可能看起来很古怪，但对肌腱来说是很有必要的，因为它们不仅要向骨骼传递肌肉收缩的力量，而且还要传递距离变化。比如说，如果想象一下一块肌肉通过一根延伸性很好的橡皮筋连接到一块又大又结实的骨骼上，你会发现，收缩肌肉会把橡皮筋拉伸得太厉害，以至于与之相连的骨骼只移动一点点，如果有的话。与此同时，有些延伸性也很重要——用完全不延伸的东西把肌肉连接到骨骼，会完美地传递距离变化，但无法储存任何弹性势能。节肢弹性蛋白（以及延伸稍差的肌腱）是生物折中实现这两种功能的理想材料。

在储存和释放弹性势能上，胶原蛋白的用途极大。只要是需要强大运动能力的脊椎动物都会需要这种蛋白。例如，灌丛婴猴（bush baby）有一个专门的肌肉—肌腱膝盖复合体，使它们能在腿伸肌中储存弹性势能，并输出放大 15 倍的能量，让它们实现惊人的垂直跳跃。此外，胶原蛋白使得变色龙有能力以重力加速度 50 倍的加速度从嘴里射出舌头，这一数值刚好超过人类能在火箭橇上活下来的最大加速度。

165

除了克服肌肉功能的限制，弹性势能储存机制还有其他用场。对于能在低体温下保持活跃的蝾螈来说，弹性势能不仅增强了它们像变色龙那样弹出舌头的能力，而且还能缓冲摄食行为以抵抗体温变化。这些蝾螈因而能够设法运用弹性构造，在2℃—25℃的体温范围内都能以差不多的速度和加速度射出舌头，让自己不受热性能曲线的限制。尽管体温仍然对射出舌头的能力有某些影响（很可能是因为肌肉需要存储弹性机能），但与其他不依赖弹性势能存储的能力类型相比，温度影响大大减小。

速度限制

至于猎豹、叉角羚和长嘴鱼之类的动物，它们很有可能以各自的能力极限或临近极限维持生存。事实证明，这些能力是它们表现得最好的方面，但它们还能变得更好吗？

多年来，“什么因素限制了最强能力？”这个问题一直激发着研究者的兴趣，不出意外的话，答案也不止一个那么简单。由于要发挥其他能力，所以某特定类型的能力会受到约束，除此之外，彼此冲突的运动技艺与能力限制的结合可能形成不同物种的不同相关性。深究起来，其中的一些就发展成了生理学中深奥难懂的领域。我可不想疏远那些只想了解一些关于动物的酷炫能力的（我母亲之外的）读者。我现在集中讲几个更普遍的事实。

有一种流行的观点认为，最快速度的限制因素之一是产生动力的肌肉能力（也就是说，这是一种以高效率运用导致运动的力量的能力）。产生高机械力量的动物应该能够实现快速度。在飞行时，力量与速度的关系很复杂，但我还是可以相当有把握地 166

说，力量输出不但是限制飞行能力的因素，也是限制包括跳跃在内依赖瞬间爆发力的其他类型能力的因素。

然而，对于其他类型的能力来说，动物是否产生了绝对最大力量表现得并不总是很明显。比方说，为了验证力量输出限制短跑速度的假设，我们需要把被测试生物放在能够引起更大力量输出的条件下，看看与对照条件相比速度是否维持不变。如果它们做不到这一点，那么力量很有可能是速度的一个限制因素。一种测试方法是强迫动物以最快速度跑上越来越陡的斜坡，甚至使其达到冲刺状态。这需要越来越大的力量，因为随着坡度变大，动物必须做更多的功来克服重力的影响。如果动物在斜坡上的表现完全跟水平地面上一样好，那么力量限制能力的设想就是错误的。

爬行动物特别擅长产生强大的力量，原因有可能是外温动物和内温动物肌肉之间的差别（如我在第5章中提到的）。以怀孕的雌绿鬣蜥为例，在用以上方式测试过的蜥蜴种类中，最快速度似乎不受力量输出的限制。带斑壁虎（western banded gecko）和西部石龙子（western skink）在冲上坡度0°—40°的斜坡时，都能产生更多的力量输出。这表明，以最快速度沿着水平表面奔跑的蜥蜴在力量上留了一手。另一种获得该问题答案的方法是给已经在垂直攀爬的动物增加重量，这也需要它们的肌肉输出更多力量来移动额外的负重。如果你背着另外两个跟你同样重量的人去攀岩，我敢说你攀登的速度会急剧下降，因为你的肌肉没法产生足够的力量来维持速度。马萨诸塞大学安姆斯特分校的邓

167

肯·厄斯奇克与合作者发现，大壁虎（tokay gecko）和地中海壁虎（Mediterranean gecko）却不会发生这种情况，这两个物种都根据需要增加了力量输出以达到无负荷时的最快攀爬速度，即使当负荷的重量高达身体总重量的200%时！

还有另一种以蜥蜴为中心的验证方法是通过改变体温来控制机械力量输出，研究发现，这种方法的力量输出可能限制短跑速度——但只有在25℃以下才行，而这个温度不是接近该动物最佳短跑范围的核心体温。数据仍然不足。但现在看来，力量输出并不限制短跑速度。实际的情况反而是，对于在陆地上运动的动物来说，脚与地面接触的时间长短，以及肌肉骨骼系统的弹性特质（如第4章中谈到的怀孕的绿鬣蜥）等生物力学因素可能更重要。

力量输出可能也限制水生生物的速度，但方式截然不同。水的密度比空气大800倍，这对于在大雷诺数下极快地在水中活动的动物产生了重要影响，特别是通过新月形尾鳍快速摇摆来游泳的鱼类和鲸类（海豚、鼠海豚和鲸鱼）等。鳍的作用方式类似于机翼，跟拍动的翅膀一样，通过产生升力（鱼类用垂直方向的尾鳍来产生横向升力，而鲸类用水平鳍产生背侧和腹侧的升力）[4]来驱动动物前进。

在游速足够快时，尾鳍前缘的液体压力下降，低于该液体的

4　鱼类和鲸类的尾鳍方向不同，是因为二者起源于不同的祖先，只是以类似的方式游泳而趋同进化。鱼龙（ichthyosaurs）是一种已经灭绝的海栖爬行动物，尾鳍也是垂直的。

蒸汽压力，形成了充满蒸汽的空腔，换句话说，开始形成气泡。这些气泡被带到下游，流回尾鳍，到达压力更高的区域，然后崩解，迅速释放出能量（你应该能回忆起第 2 章中的空化气泡现象，当时我讨论过螳螂虾怎样利用它来捕食）。这些崩解的气泡会损害游泳肢本身的表面，但即使它们不崩解，或者只是在尾鳍后缘较远的下游崩解，也能扰乱水流，造成空腔引起滞留，延缓动物在水中的运动。鱼类和鲸类的目标不是像飞行和跳跃那样，产生足够的力量来移动重心，而是要小心不要产生太多的力量，否则会使它们遭受空腔的伤害，或由于空腔引起的滞留而能力减弱。于是，水介质的物理特性限制了以这种方式运动的动物的速度，这种限制的程度又根据动物的大小和运动所发生的深度等因素变化。在深处游行的大型动物，滞留的风险更高，而在表面活动的大型动物，则面临来自空化气泡的更高风险。

168

以色列理工学院的工程师们基于现实动物的实证游泳数据创建了一个鱼类游泳的水动力模型，从而提出了上述情况。它本应该跟所有模型一样得到独立验证，但其他证据佐证了它所做的预测，比如，人们已经检测到空腔对鲭科鱼类（scombrid，例如金枪鱼和马鲛鱼）的鱼鳍的伤害，不过它们的鱼鳍缺乏痛觉感受器，相比之下，海豚的鳍肯定能感觉到疼痛，但人们却从来没有观察到它们接近理论上的速度限制。然而，即使对于不大可能因为游得太快而受环境影响变慢的鱼类来说，力量依然是一个关键性的制约因素。某些硬骨鱼纲的鱼类，启动能力的速度（也就是说，从静止开始加速）受肌肉力量输出的限制，但方式与蜥蜴等陆生动物不同。

它们都在你的脑袋里（？）

总体来说，力量输出可能是速度和爆发力的一个限制因素，但它对耐力并没有类似的限制。人类对自身耐力的研究远远超出对其他动物的了解，所以下面来讨论人类耐力限制就顺理成章了。

人体运动生理学自从 20 世纪 20 年代以来就是一门显学。传统心血管模型认为，耐力不仅有赖于人体供应氧气的能力（这一点我已经反复强调过），而且也受其限制。依照该模型，在马拉松和超级马拉松临近结束时，参赛者会感到极度疲劳，这是人体供氧能力下降的症状，不能给肌肉和人体其他需要氧气的部位供应充足的氧气。供氧能力一旦达到极限，运动就终止了，疲劳气势汹汹而来。一直以来都有人对该模型提出质疑，批评者认为，如果事实的确如此，那么在耐力运动期间，氧气供应不充足时，首先受影响的应该是最需要氧气的器官，即心肌本身。反过来说，这意味着心血管故障伴随的极度绞痛会导致运动终止。然而，“马拉松终点前的赛道上横七竖八地躺着心脏病发作的运动员”的类似画面很少见。有鉴于此，肯定是其他原因造成了极度疲劳。

该观点在某种程度上取决于疲劳的性质和原因。疲劳是一种错综复杂的现象，尽管广为流传的（但很可能不合理）解释是乳

169

酸积累[5]，尤其是肌肉疲劳，但实际情况远不是这么简单。事实上，关于疲劳的生理原因，运动生理学家根本没有找到更好的答案。这招致了反对者对心血管模型的批评，最著名的要数开普敦大学运动科学研究院的蒂姆·诺克斯（Tim Noakes），他提出了一种替代方案。

诺克斯的解释只是一种更新的表达，而该说法最初是 1924 年由诺贝尔奖获得者、生理学家 A. V. 希尔（A. V. Hill）提出来的。照诺克斯和希尔的观点，人体大脑的深处隐藏着一个称为核心中枢（central governor）的区域，它的任务是监视和调节耐力运动。这个大脑区域的作用是在心脏本身受到损害之前，通过限制骨骼肌活动来强行终止运动，以确保未触及心血管功能的极限。其实现方式是让运动中的动物感知疲劳。该区域必须接受体温、肢体位置、血液中氧气与二氧化碳水平，以及心脏功能相关的神经感觉输入。反馈这些感觉的构造确实存在，而且我们也知道，在好几种情况下，大脑根据这种感觉反馈来改变心血管循环状况。例如，在脸部接触到水时，哺乳动物的潜水反射（dive reflex）会减缓动物的呼吸和心率。因此，根据核心中枢设想，疲劳不是氧气缺乏导致的累积性生理现象，而是一种感觉，就像疼痛一样，即使看起来出现在其他部位，但只有大脑能体会到。疼

170

5 乳酸经常被视为仅仅是无氧呼吸的副产物，从而被人们严重误解，对此我必须在这里啰唆几句。篇幅有限，但值得多说的话还有不少，一言以蔽之，乳酸很可能不会引起疲劳。实际上它是一种重要的补充燃料（特别是对于外温的脊椎动物），动物运动期间，乳酸在周身流转。即使在氧气输送完全充足时，肌肉也会少量产生乳酸。也有实验表明，乳酸补充剂对人体的肌肉酸痛或疲劳没有影响。

痛的存在是为了阻止我们过分卖力，伤害了自己。

这套理论的反对者当然也清楚这些构造，但他们认为没必要设想一个把它们都整合起来的大脑区域，因为就算不存在这片区域，身体显然也能良好运转。另一种更深刻的反对意见是，已经有物理定律为心脏功能、呼吸速率和有氧运动设定好了规则，而不需要任何核心调节器。然而，对这套理论的最大打击是，既没人发现过，也没有任何证据能证明这样一个大脑区域的存在。当下，人们已经不赞成把电极插入活人大脑的做法。这意味着，确认是否存在核心中枢的唯一方法应该是把正在运动的人放入核磁共振成像仪中，监控它们的大脑，找出哪个大脑区域随着疲劳的加剧而活动增强。鉴于还没有造出这种能容纳跑步机的机器，这个问题也一时得不到答案，很可能成了一个难以解答的逻辑问题。

核心中枢模型充满争议。大量运动生理学家也的确不喜欢它。支持者和反对者在文献中交换意见，互相评论。此类文献五花八门，有对彼此立场的合理批评，也有严厉的个人攻击，指名道姓地说对方阵营为“他们那号人”“拿不出证据就闭嘴”。无论如何，我对这一设想没有投入过精力进行研究，只是想说他们有时候利用了进化善于骗人的魅力。而且科学文献中很少出现真正的中伤异见者的语言，所以我发现这些刻薄的交火极其有趣，虽然并没解决什么问题。在我看来，最突出的问题是，首先，运动的反馈机制确实存在于大脑之中，因此存在一个将它们整合在一起的大脑离散区域并不完全是一种古怪的想法；其次，针对这样

171

一个区域而言，没有证据，可能也不需要证据。

我不像某些人那样猜测选择压力对可能是虚构的核心中枢是否有利。如果在人体中确实有这样一个区域，那么适合在核磁共振成像仪中运动的其他动物也可能有这一区域。不过，这个猜想虽然存在，但并没有得到普遍的接受。

然而，值得注意的是，运动中涉及的这一神经机制越来越引起生物学家的兴趣，一些令人着迷的发现正接二连三地出现。例如，大脑中被称为内嗅皮层（entorhinal cortex）的特定部位负责整合记忆和导航。1995 年，由约翰·欧基夫（John O'Keefe）、梅－布里特·莫泽（May-Britt Moser）和爱德华·莫泽（Edvard Moser）等人组成的一个研究小组证明，大鼠将其空间环境的神经图谱编码进了内嗅皮层——这项发现使他们赢得了 2014 年的诺贝尔奖。2015 年，这个研究小组又提出，该皮层还存在一组被称为速度细胞（speed cell）的神经。无论动物做何种运动，这些神经都会以跟动物运动速度成正比的方式增加其活动量。于是，大鼠可以衡量它们跑得有多快，原理是内嗅皮层可以把所得速度数据跟它们的环境神经图谱结合起来，指出它们在该环境中到底在哪里，到底多快才能通过该环境。

尽管看起来很明显，动物能监控自身在所处环境中的速度和位置（比如记住附近障碍物的位置），但对于理解引发该现象的神经机制来说，这些研究至关重要。内嗅皮层可能构成或附带核心中枢的诱惑很强，但没人提出该中枢的控制范畴可能延伸到速度（也没有任何令人信服的理由说明它为何会这样）；而且，不夸张地说，在任何情况下，从感觉速度的细胞到核心运动中枢这种概念上的飞跃也太大了。

生态能力与最强能力

假设核心运动中枢的存在，可能看起来像是个仅供娱乐或者未经检验的思维实验，但它直接关系着一个经常被忽略的重要问题：在自然界中，动物真正接近其能力极限的情况，有多常见？迄今为止，我一直在集中精力讨论在实验室中测量动物能力的最大极限，但很少谈及生态能力（ecological performance），即动物既不受科学家窥探的烦扰，也不受人工环境的打搅时，在野外运用的最大能力的限度。事实上，我有充分的理由这样做。

能力研究只是偶尔把注意力转到这个问题上来，至今我们还没能在生态能力上积累可观的文献，原因有很多。首先，获得动物在自然界中运用能力的类型与限度的数据，一直以来就非常困难，而且在某些种类的动物身上，近乎不可能。幸运的是，随着技术的进步，从微型 GPS 标签和加速传感器，再到 GoPro 运动摄像机和便携式高速摄像机，意味着从野外运动的动物身上收集数据比以往任何时候都要容易。

然而，对于我们理解生态能力来说，一个更微妙的障碍是，科学家采取的方法有时特别古怪。一开始，研究者主要感兴趣的是测量，比如测量动物在自然界中运动的速度。但由于当时缺乏精确的测量手段，科学家们转而设计在可控的实验室环境下测量最强能力的方法。事实证明这些方法非常成功，之后有研究者几乎专门测量实验室中的最强能力。于是，科学家们想了解自然界中生态能力的初心半途而废。久而久之，我们正在测量一些有意义的东西的想法——顺便说一句，这个领域嵌入了一个隐含的假设，即最强能力和生态能力是一回事——在很大程度上是毋庸置疑的。

173

最强能力和生态能力是一样的，这种假设已经被少数科学家探讨过。这些研究表明，动物在自然环境中几乎从来没运用过最强能力！例如，尽管一直以来都有人对猎豹的速度大书特书，但我在前文提到过的对野生猎豹的研究表明，在有记录的捕猎行为中，猎豹从来没有达到过最快速度；并且在成功捕猎期间达到的速度，在不成功的捕猎中也观察得到。类似的结果也出现在各种蜥蜴以及其他动物身上。这些关于生态能力的数据引出了很多问题，包括为什么和在何种条件下动物会调整其能力，而且从进化的角度来看特别有趣的是，为什么动物进化出了专门且代价高昂的能力，却极少充分利用它们。

在大多数情况下，从进化的角度对此做出的潜在解释很难以任何方式验证，比如很少有人关注叉角羚的滞后行为。至于为什么动物在运用最强能力方面存在差异，犹他大学的戴维·卡里尔（David Carrier）提出了一个特别有趣的想法。卡里尔认为，相比同种的成年动物，幼年动物会更大比例地运用其最强能力，这是因为由于个头较小，幼年动物更容易遭受侵害。于是，它们只能在被杀死和吃掉之前特别快速地行动。幼年动物的这种选择会持续到成年，使得成年动物的最强能力超过所需。

卡里尔的观点——其核心组成部分称为补偿假说（compensation hypothesis，因为幼年动物以高水平的能力来补偿体型小的劣势）——在很多动物中都获得了支持。例如，相比成年环颈蜥，幼年环颈蜥在自然界中确实需要更经常地运用最快速度。即使考虑了缩放效应后，刚孵化出的小蚯蚓也会比成年蚯蚓挖出相比自身尺寸更多的泥土。

174 关于我们在生态能力中所见的变化，补偿假说之外的解释寥寥无几。简单地说，最强能力和生态能力之间的错位并不一定意味着最强能力不重要。而且我们有充分的理由认为，选择对最强能力有影响。例如，有着最快游泳速度和最强游泳耐力的米诺鱼（minnow）是最不容易被拖网捕获的。这说明，生物对最强游泳能力一直以来都是强选择（即使人类也做出了选择）。

很可能在很多其他的实例中，最强能力是对付罕见或极少的选择性事件的缓冲，比如对适合度有不成比例影响的捕食愿望。于是动物即使很少用到，也能很好地维持这些强大的能力。实际上，这一研究成果来自我以前的研究生安·塞斯佩蒂斯（Ann Cespedes）在论文中构建的一个能力进化模拟模型。另外，利物浦大学的雅各布·布罗–约根森（Jakob Bro-Jørgensen）的一项研究发现，如果对非洲稀树草原上的食草动物而言，速度是逃脱捕食的一个重要组成部分，那么它们的最快冲刺速度可以通过遭受主要捕食动物伤害的难易性来预测——这一点是可想而知的。然而，即使我们从研究这些最强能力中，得以对一种动物的生态和适合度前景有深入了解，但是要理解动物如何在野外运用这些能力，以及影响能力进化的各种因素，仍然任重道远。

最近研究人员对动物在自然中的（尤其是）速度的思考，已聚焦到快速移动的好处和可能的代价之间的平衡上。动物应该竭力让代价降到最小，与此同时最大限度地享受好处。如此一来，每种动物都实现了标志性的最佳速度。尽管能力的代价会以各种方式表现出来，但长期以来，生物学家一直都特别地关注能量的代价。衡量这些代价会是一种挑战，但大量的证据表明：持续不停地使出最强能力，会非常、非常消耗能量。

8 获取与消耗

活着就要消耗能量。当动物做出一些举动时，比如寻觅伴侣，发现、获取甚至消化食物，会消耗得更多。能量可以维持生命及为除此之外的活动提供动力，这是动物需要食物的首要原因。动物从环境中以食物的形式获取能量，能量的多少（有时还有类型）影响动物所支持的能力种类。这些简单的事实为价值上百亿美元的运动营养产业奠定了基础。不止于此，它还真切地影响到动物本身。能力不是没有成本的，由于只有极少数动物生活在食物无忧的环境中，所以动物花费在能力上的能量的多少，也会影响（有时还限制）它能把多少能量花费在其他的重要机能上。因此，能量获取和消耗经济学对动物个体的适合度有着明显的影响。另外，由于能量获取和能量消耗的优先顺序是动态的，可能随动物个体的生活阶段而变化，因此它们不仅会影响该动物如何谋生、如何老去，还影响它可能活多久。

175

能力经济学

动物消耗能量的速率是进化生理学领域的一个基本概念。我们可以用多种方式测量能量消耗的速率（即代谢率），但最流行的方式是测量消耗氧气的速率。这种方法之所以有效，是因为有氧呼吸为动物提供了几乎所有基础生理过程所需的能量。

消化过程把食物分解成糖类、脂肪和蛋白质等基本成分，再通过有氧气帮助的有氧呼吸将其转化成一种称为腺嘌呤核苷三磷酸（adenosine triphosphate，简称 ATP）的能量通货，来满足细胞、组织和器官的能量需求。我们可以把消耗氧气的速度作为代谢率的一个指标，因为有氧代谢过程中，无论被氧化的是脂肪、蛋白质还是糖类，每一升氧气所产生的可用 ATP 数量大致相同。事实证明，这对生理学家来说很方便，他们可以直接对比各种不同动物的代谢率，而不用理会这些动物吃的是什么。对能力研究者来说也是个大好消息，因为只要我们能说服动物进行有氧活动，与此同时还待在测量氧气消耗量的实验装置上或者与其连接，我们就可以测得各类有氧活动的能量成本。[1]

活动的能量成本取决于许多因素，从能力类型到动物的体型都牵涉其中。特别对于运动能力来说，动物运动的介质和速度对发挥能力所消耗的能量有巨大影响。运动的三个主要模式是游泳、飞行和陆地移动，其中游泳的成本最低，飞行次之，而陆地

1　一句不知何人所说，但被奉为“动物行为的哈佛法则”的格言宣称：“在完美控制光照、温度和湿度的条件下，生物体会做任何它喜欢做的事。”

移动最高。

游泳之所以成本比较低，是因为任何漂在水上或游在水中的动物都会感到水的密度对体重形成的巨大支撑。于是，游泳的动物不费什么力气就能抵消重力的影响。要想完全不动，动物的密度应该跟身体周围介质的密度一样（两者的比例即比重）。水生动物的比重通常接近但略大于 1，这说明它们能漂浮起来或者只会非常缓慢地下沉。某些动物为了顺应进一步减小的比重而改变了身体结构，比如鱼类长出了充气的鳔，而鲨鱼和鳐鱼的骨骼更轻——它们是由软骨，而不是硬骨构成的。

177

对于飞行动物来说，在降低飞行的能量成本上，运用升力来克服重力的手段非常好用。实验室中对这些成本的测量表明，飞行速度与代谢率之间的关系呈 U 形曲线。这意味着，飞得特别慢或者特别快都非常耗能，以某个适中的速度飞行是最省力的。悬停（也就是说，以零速飞行）尤其消耗能量。对蜂鸟悬停时能量消耗的测量表明，悬停期间的代谢率是基础代谢率（basal metabolic rate）的 10—12 倍。这说明，蜂鸟悬停时消耗的能量比什么都不做，甚至连食物都不消化的时候，要高 10—12 倍。以花蜜为食的蝙蝠鼩形长舌蝠（*Glossophaga soricina*）在悬停时消耗的能量同样是基础代谢率的 12 倍。蜂鸟飞行形态的不同也促成了这方面的不同，例如，有领地意识的鸟类翅膀更短，虽然机动性更佳，但会产生更高的翼面负载，悬停时的能量消耗更大。

陆地移动出现了与游泳或飞行迥异的问题。陆生动物必须运用它们的腿作为撑地的杠杆，同时在地面上以某个最佳水平支撑住自己的重心，并消耗能量让身体加速或者减速。陆生动物连站立都要消耗能量！无论是加速还是减速，都不是轻而易举的，两者都会消耗能量并导致走路和奔跑的效率降低。实际上，腿的活动太缺乏效率了，所以我们人类发明了自行车，转而用我们的肌肉来驱动它们，这样一来就好了很多。这种做法所节省的能量不是一星半点，同样以 2 米 / 秒的速度通过同样的距离，走路比骑自行车多消耗 2.2 倍的能量，如果速度翻一番，多消耗的能量是 3.7 倍。

最后，无论动物是游泳、飞行还是奔跑，能力的成本都受到动物大小的强烈影响。对于较小的动物来说，从肌肉功能到代谢率等各方面的成本来说都相对更高，至少有一部分原因是第 6 章中提到的表面积与体积之间的比例关系。所以说，小型动物在能量需求上面临严峻的挑战。例如，同样是一天之内都不活动，鼩鼱（shrew）的 1 克组织消耗的氧气，够大象的 1 克组织消耗 1 个月！

178

相比鼩鼱，大象当然是由重得多的组织构成的，因此总体上每天要消耗更多的能量。但相比较大的动物，小型动物在单位体积、单位时间上要消耗更多能量。这意味着，小型动物通过各种方式储存的能量很快就会“燃烧”完。例如，小型蜂鸟的相对能量需求高得离谱，于是它们必须不断地进食，并被迫明显降低夜间的基础代谢率，以防在睡眠中死去。出于类似原因，小型动物的相对能力成本也比大型动物高。这也可以用来解释为什么在小型和大型动物之间，还存在其他大量的普遍性差别。例如，很少有季节性迁徙的小型动物，这不是因为它们没法足够快地长途跋涉，而是因为它们没法储存足够多的能量来应付相对更高的成本。

没有免费的午餐

上述所有因素都可以对能力的成本产生影响，所以我们很难准确地计算野生动物日常生活中的能力成本。经常充分运用其运动能力的动物，很可能会承受巨大的能量消耗，但正如我们在上一章中所看到的，这不大可能。1983 年，加州大学河滨分校的泰德·加兰德（Ted Garland）开发出一种称为生态运输成本（ecological cost of transport，简称 ECT）的度量标准，用来估算动物日常能量消耗中运动成本所占的比例。想要使用该标准，就需要知道这样三个量：动物每天移动的总距离，移动该距离的能量成本，以及自然环境下该动物在基础代谢成本之上每天消耗的能量。[2]

179

对于绝大多数动物来说，我们对这些事一无所知；而对于少数动物来说，我们也只了解些皮毛。在本书撰写时，我们能以该方式计算大约 70 种哺乳动物的生态运输成本。哺乳动物的生态运输成本显示出丰富的变化，某些哺乳动物只把它们每天

2　我们可以向自由放养的动物体内注入已知量的一种特别类型的水——该水由氢和氧的同位素（也就是说，比普通水重）构成，称为双标水——来估算成本。从过一定天数之后收集到的血液样本中，我们可以测量其体内中还保留有多少标记的氧，来估算该动物消耗了多少氧。追踪氢也可以让我们矫正以尿液等形式损失的氧量。

能量收支的一小部分投入对运动的支持中。肉食动物的生态运输成本最高，某些肉食性动物仅仅在运动上的消耗就占其每天能量支出的 20% 以上，这很有可能是很多肉食动物为了搜寻食物而奔走更长距离所致。当然，生态运输成本只是基于动物活动的估计，没有近距离跟踪动物个体，我们无法确定它们究竟做了什么。

加州大学圣克鲁斯分校的特里 · 威廉斯（Terrie Williams）负责了一项研究，他们采用了传统代谢率测量和智能项圈（Species Movement，Acceleration 和 Radio-Tracking 三个品牌的）的创新组合，跟与测量自由活动的猎豹的近似手段来评估美洲狮伏击捕食的能量成本，达到了史无前例的精确。研究者通过智能项圈收集到的数据数量和类型都是功能生物学家梦寐以求的：威廉斯和同事估算出了速度、加速度、运动成本、花在运动上的时间、活动的类型（捕猎与非捕猎）、捕猎的类型（追逐、跟踪及突袭）、该动物转身有多频繁、它在什么地形上移动、捕猎是否成功甚至捕获的猎物有多大！另外，通过实验室测得的美洲狮各种活动的能量成本，创建一个能够跟测量成本相结合的运动“指标”库，从而使研究者可以基于这些动物日常活动时的运动指标，计算出佩戴着智能项圈、自由活动的美洲狮所承受的成本（这项富有创意的重要研究，再次得益于国家科学基金会对以跑步机为基础的研究的资助，而柯本参议员却认为这样做浪费钱，而且毫无意义）。

180

通过这种方式，研究者不仅能了解到动物在任何特定时间点的位置和行为，还能了解到它们的活动消耗了多少能量。因此，他们能够证明，例如搜寻猎物的能量成本（他们称之为“猎杀前成本”）占总能量成本的10%—20%，而捕食行为本身的成本根据猎物的大小而有所不同。于是，他们得出结论，动物伏击捕食的进化，主要是由寻找和制服猎物所需的能量成本（当然包括能力）最低化所推动的。该研究精确地推算出在自然界中发挥运动能力的成本，并表明它们确实构成能量支出的主体。实际上，能力的成本是如此之高，以至于动物做任何需要做的活动时，都会不遗余力地尽可能高效。

节约能量

动物以不同的方式来最大限度地降低能力的能量成本。欧洲红隼（European kestrel）在搜寻猎物时经常在空中悬停，但它们只有直接迎风飞行时才会这样做，这在能量上相当于在特定风速下匀速飞行。在风速符合最低飞行成本时，红隼悬停频率高；而在风速快于或慢于最佳能量消耗的速度时，红隼悬停频率就会较低。这种现象有力地证明了这些鸟儿一直在试图降低悬停的能量成本。

欧洲绿鸬鹚（European shag）运用了同样的原理，它们喜欢直接逆着风飞行。跟红隼的情况完全一样，欧洲绿鸬鹚无须扇动翅膀——当风速达到一定值时，风吹过翅膀就会产生升力。这种方式明显地节约能量，让它们不用像其他鸟类那样保持用来起飞

181

的又大又耗能的飞行肌群，就能原地起飞。平均而言，现代鸟类的飞行肌群占体重的比例不高于 16%，而这一比例是靠自己的动力起飞的能力边际。在飞过较长的距离时，翱翔和滑翔也有利于节约能量。比如某些鸟类、蝙蝠和蝴蝶等大型昆虫，通过靠近水面或地面滑翔最大限度地延长了飞行时间和（或）距离，这样一来就产生了一股减少阻力并加大升力的上洗气流，这种现象称为地面效应（ground effect）。多少有些怪诞的是，有报道说无沟双髻鲨（great hammerhead shark）90% 的时间都以 50°—75° 的角度侧着身子游泳。这种角度，使该动物极大的背鳍对身体上浮有很大帮助，无沟双髻鲨的能量成本降低超过 10%。

前文已经提到过，企鹅在陆地上的步态摇摇摆摆，非常可笑。虽说这种步态不利于储存能量，但这是为了游泳而在形态上折中的结果。因为摇摆前进的效率非常低，只要有可能，它们就会使用一种成本低得多的被称为“乘橇速滑”（tobogganing）的方式，做法是腹部朝下卧倒，用鳍状肢推动自己在雪地上前行，沿着雪坡下行时尤其如此。乘橇速滑不是企鹅唯一可选择的移动手段；在靠近水面游泳时，企鹅会反复跳出水面，这种行为称为海豚跳（porpoising，因为海豚也做这个动作）。

从表面上看，这不是个好办法。来回往复地跳出水面似乎很消耗能量，但力学分析表明，这实际上是在节约能量。靠近水面游泳比在较深的水下游泳更费力，因为前者会产生波浪。在出现波浪后，正在前行的动物会损失部分能量，因为能量转化为形成和推动波浪的做功，最终减缓该动物的速度，这种现象称为波浪阻力（wave drag）。特别是对企鹅来说，以普通方式游泳比在水面下以相同速度游泳所消耗的能量要多 50%，其原因主要是有额外的波浪阻力。然而，如果该动物在水面移动得足够快［也就是说，超过了阈值变向速度——对于洪堡企鹅（Humboldt penguin）来说，变相速度为大约 11 千米 / 小时；对于大得多的海豚来说，是 18 千米 / 小时］，当动物跃出水面时，腾空阶段所经受的阻力可以抵消掉跳跃的额外成本，由此节约了能量。

182

尽管看起来有些违反常理，这种壮观的适应行为简直是专门为这本书的创作而存在的，但遗憾的是，海豚跳所涉及的力学比较复杂，对这种行为的解释也富有争议。因此，虽然有些研究人员猜测说，交替爆发式游泳与长时间的水下滑行比正常游泳的能量消耗节约 40%。不过，其他生物学家对此表示怀疑，他们提出只有呼吸空气的动物才会这样做，或许真相确实与此有关。无论海豚跳是否能有效地节约能量，海豚确实比其他水生哺乳动物的游泳能耗更低，宽吻海豚（bottlenose dolphin）甚至能利用海面浪花冲浪来节约更多的能量。

一旦动物所需的力量超出自身肌肉所能产生的力量，它们可能会凭借弹性势能储存（第 7 章中讨论过该话题）来弥补缺口。不过，这种弹性系统的另一种更常见的用途是减少持续运动涉及的肌肉做功量，从而使运动消耗更少。尤其是在陆地移动时，四肢需要反复加速减速，所以说如果有一种方法能储存迈步的一瞬间所损耗的动能，并在接下来的环节运用该能量，那么，这样行走起来的总体能量成本就会降低。

肌腱以及较小的肌肉就起到了这种作用。而且由于肌腱极其擅长高效地储存和恢复能量，所以它们能循环利用能量，提高运动效率。对于袋鼠来说，加快运动速度要耗费大量能量，但它们巨大的跟腱却可以让身体轻轻松松地很快跳起。跟腱的作用像弹簧一样，袋鼠以快于某阈值的速度双脚起跳时，就能储存和释放能量。实际上，袋鼠像踩着弹簧高跷一样的弹跳方式有着惊人的效率，某些种类小袋鼠的肌肉所需的做功量可减少 45%。

183

包括骆驼、马、羚羊、猴子在内的很多动物都运用弹性势能储存来降低移动的成本，甚至连人也是如此。其中效率最高的可能是火鸡，它们高速奔跑时会借助弹性势能储存能量，从而节省 60% 的成本。但也有其他无法以这种方式储存能量的动物，尤其是能力介于两类之间的动物。例如，与专精于一种方式移动的动物相比，能力介于游泳和奔跑之间的动物在储存和恢复能量上效率较低。相比小型动物，大型动物的体重较大，所以很有可能从弹性势能储存中受益更多。

有能量利益的朋友

几乎所有人都看到过组队飞行的鸟类。像野鸭和大雁等大型候鸟类，经常会排成 V 形队列，至于为什么是 V 形而非其他形状的原因，却很少有人思考。它们这样做的理由很可能跟队列的能量节约有关。当翅膀扇动时，翅膀尖端的上方空气会产生涡流，随着翅膀上下扇动垂直旋转。第 6 章中提到过，蚊子几乎就是依赖这些涡流来飞行的，不过，在鸟类的V形队列中，排在后面的鸟通过前面的鸟扇动翅膀产生的涡流获得升力，以此节约能量，其原理类似于自行车运动员紧跟前一辆车来减少空气阻力。只有彼此的翅膀尖端交叠在一起，才能更加充分地利用涡流，所以鸟类就排成标志性的V形队列，以便在同伴的涡流上滑行。这样，粉脚雁（pink-footed goose）大概能节约总飞行成本的2.5%，而灰雁（greylag goose）能以这种方式节约4%—9%的飞行成本。这听起来可能不算多，但在这些迁徙性动物漫长的飞行距离（对粉脚雁来说，是从格陵兰岛和冰岛的筑巢区飞到西北欧）中，节约的能量会累加在一起。这些可能的能量节约也解释了为什么有重量超过几公斤的较大鸟类会排成V形队列飞行；而小型鸟类可能不会以这种方式受益，因为它们的翅膀产生的涡流小，翅膀也比较短，翅膀尖端很难交叠在一起。

184

集体行动在能量节约上的好处，也适用于飞行之外的其他能力形式。以海龟为例，尽管它们成年后独来独往，但刚孵出来的时候是一大群。雌海龟一窝蛋的数量从50个到150个不等，下到它在沙滩上挖的地下巢穴中，然后用沙子盖起来。于是，所有的蛋都分享同一个巢，经历相似的孵化温度。刚孵出来的幼龟具有变温性特点，这说明它们都以差不多相同的速度生长和发育，最终都在同一时间孵化出来。

同步孵化是海龟繁殖的一个重要特征，以至于有些人认为在某些种类的海龟中，刚孵出来的幼龟能刺激还没有开始孵化或者发育迟缓的同伴孵化。不过，在你开始搜索可爱的小海龟的图片，把它们贴到社交媒体上，让人们看看它们努力全体成员一起来到这个世界有多么感人（# 不落下任何一只小海龟 #）之前，请考虑一下，它们之所以会集体行动，通常仅仅是因为参与者在集体中比单独行动时能获得某种好处。相比孤零零地挖掘隧道破土而出，一群群的小海龟同时从地下的巢穴中挖土爬上地面会更节约能量、更轻松。

在向上挖掘穿过 40 厘米的海滩沙地时，如果小海龟群越大，挖掘时间会越短，而每只小海龟的能量成本就越低。随着小海龟群的数量从 10 只增加到 60 只，挖沙的时间和成本就会减少 50%。对初生的小海龟来说，从一开始就节约能量很关键，因为它们要立即从沙滩上的孵化场奔赴大海，躲过无数等着食物上门的捕食者的魔掌。如果有大量的小海龟来分担被捕食的风险，那么每只小海龟的存活机会就会更大——这是以集体出现的另一个潜在好处。小海龟中的幸运儿最终成功抵达大海，它们小小的身体，难免被海浪推来搡去；接下来，它们要 24 小时不间断地游泳，堪称“游泳狂魔”，以便逃离遍布捕食者的近岸水域，尽可能快地抵达（相对而言）比较安全的开放水域。对于小海龟来说，这一阶段就是一场实实在在的生死竞赛。有人估计，初生的海龟活到成年的概率低至 0.1%，因此这些小家伙需要任何能获得的帮助。

185

来自集体生活的实质性的能量激励，是推动多种动物社会性进化的诸多因素之一，这些激励中至少有一些跟能力尤为相关。社会性在脊椎动物中很少见，但尽管有一系列附带的代价，比如在彼此靠近的动物个体之间，寄生虫传染率增加，但这些动物的社会性仍然进化了多倍。对于某些物种来说，社会性的好处有：相比独来独往的生活方式，搜寻和/或捕获猎物的能量成本降低。正如上文中提到的，肉食生活方式非常消耗能量，对于哺乳动物来说，尤其如此。约7%的脊椎肉食动物表现出某种形式的合作猎食，尽管这些物种在捕猎策略上有所不同，但合作猎食使它们得以分担捕获猎物的能量成本，经常让自己能够比单独行动时捕获或制服更多或更大的猎物。家犬的集体成员，以大约6.5千米/小时的速度，在长达19千米的路程上，轮流折磨猎物，让猎物筋疲力尽，这比任何个体能做的都要快；而跟踪野狗捕猎的GPS数据也表明，权衡利弊，就捕猎成功率和进食频率来说，这种集体捕猎的好处，远远胜过反复短距离追逐带来的能量成本。即使某些无脊椎动物，比如社会性的蜘蛛，也会合作起来抓捕任何单个蜘蛛都难以对付的大块头猎物，很有可能，这会带来比独立捕猎更大的能量效益。

能力与生活史的取舍

消耗掉的能量不只为能力提供支持。动物通常必须在同一时间让体内的多个生理过程运转，而且每个过程在总体能量收支中占一定比例。动物一生中耗能最多的行为之一就是繁殖，而很多动物种类会不止一次地繁殖。举个例子，雌棉鼠（cotton rat）从怀孕（26天）到5个幼崽断奶（随后的12天）的这段时间里，

186

能量支出增加了37%。但这些成本并不是均摊到整个繁殖期，而是绝大多数耗费在12天的哺乳期内，雌鼠在这段时间里为幼鼠产奶（或哺乳）。哺乳期的成本尤其高，雌棉鼠在哺乳期消耗能量的速度比妊娠期的消耗速度快5倍。

除了有袋类哺乳动物，其他动物在繁殖期的总能量支出平均增加约25%，其中哺乳期大约占了80%。付出额外成本的还不限于哺乳动物。鸟类虽然不哺乳，但为了抚养后代仍然付出了类似的能量成本，代谢支出在哺育幼鸟期间增加了3倍。

任何消耗都应纳入能量使用计划之中，但应该清楚的是，某些成本会比其他成本产生更大的能量负担。除此之外，重要的是区别仅消耗能量的行为（因为需要一定的能量消耗）和成本高昂并且在动物总体能量计划中占比很大的行为。如果我们要把一个动物个体在任何特定时间付出的所有潜在能量成本——比如表达某性状或信号的成本、寻找食物或伴侣的成本、展示或搏斗的成本以及繁殖的成本，其中某几项的成本高于其他——都累加起来，我们就会发现，同时支持这一切所需的能量总量非常大，而且肯定远远超过在任何特定时间所拥有的可供支配的能量总量。这意味着，能量有限的动物没法同时在每一件事上都最大限度地投入，因此它必须决定要在哪些性状上投入这些资源，哪些性状上不投入。这就像每月财务收支有限的人一样，必须确定在这一个月，在哪些事上可以花钱，而哪些事不可以。

187

之所以可以这样类比，是因为一旦你为了某件事花了钱，这笔钱就没了，就没法花在其他上（除非你在华尔街工作）。能量也是这么回事。所以一个生物在某性状上能负担得起的能量投入取决于它从环境中获取了多少能量（也就是食物）以及该性状的能量代价。除非能量来源不受限制——（剧透警告）实际上几乎不可能——否则该生物投入能量的决定以及投入性状中的相对成本，就构成了性状表现的取舍。人类在金钱上的取舍是指，首先要投入的是食品和住所，再把剩下的较少的钱花在其他东西上。例如，如果一个人的预算一开始就很少，那他可能只得在奢侈的娱乐活动上有所节制或者干脆放弃，然后熬到下一次发工资的时候。这便是为了生存而舍弃娱乐。但如果那个人有大笔的钱可花，那么他可以整天观赏脱衣舞女或者吸食可卡因（倘若他在华尔街工作）。尽管这意味着可以通过获得足够的资源来减轻或消除某些可能被认为是必需的取舍，但处于能量获取曲线下端的动物只能留出极少的额外能量，从而被迫做出艰难的决定，而且这一决定可能会严重影响适合度。

动物获得的能源需要分配给提高适合度的特定过程和行为，探讨这一分配的进化生物学领域称为生活史进化（life history evolution）。根据定义（有点啰唆），生活史研究的是动物如何规划一生中的重要行为。也就是说，这一领域想努力揭示为什么性状要么会表现出来，要么在某些时间段改变生物个体的表达水平。但生活史研究远不止一些枯燥的能量簿记，把某些性状记入借方，再把付出代价的其他性状记入贷方，资源分配的决定将直接影响终身繁殖是否成功。

尽管上文反复提到能量，但生活史取舍的通货——换句

188

话说，也就是我们的度量标准——是剩余繁殖价值（residual reproductive value）。就动物未来的繁殖潜力来说，指的是个体的适合度。换言之，我们通过考虑这种取舍如何影响个体繁殖能力来判断其重要性，无论是眼下还是将来。有鉴于完整生物体能力的性状不仅因其能量成本（有时候很高）而受制于这种取舍，而且也是个体繁殖成功的重要决定因素。我们可以预测能力性状会直接参与某些关键的生活史取舍。如果我们接下来走到户外，搜寻一下涉及能力的取舍，就会观察到这些现象。

拜托，我还想要

在动物必须投入能量的各种系统中，免疫系统的维持特别消耗能量。动物的一生中，免疫系统始终在后台勤勉地工作，一刻不歇地制造细胞和抗体，且当对抗活动性感染产生免疫反应时，可以显著提高活性。由于免疫系统太复杂，所以很难确认消耗到底有多少，但研究人员估算其消耗量“极大”。例如，某些哺乳动物在无菌环境下生长时对能量的需求会减少大约30%；在类似环境下（或者补充抗生素）长大的鸟类，比在有感染因子存在的普通环境下长大的，生长速度快得多。

如果个体想要活下来，免疫系统就必须持续稳定地消耗能量，这意味着生病的个体必须从其他地方转移能量用于增强免疫活动，于是就要在免疫表达和包括能力在内的其他高耗能生活史性状之间做出取舍。与未感染的个体相比，感染了引发疟疾的疟原虫的西方强棱蜥（*Sceloporus occidentalis*）耐受力会下降；尽管如此，但这一发现或许是由于受感染的蜥蜴的血红蛋白减少了25%，从而导致供氧能力下降造成的。不过，我们可以更加确信，其他受病原体侵袭的动物能力下降的原因可能就是生活史取舍。 189

20世纪90年代初，科学家们注意到世界各地的两栖动物都越来越容易感染壶菌病（chytridiomycosis），由此导致大规模死亡乃至物种灭绝。这种病的病原体是一种被称为蛙壶菌（*Batrachochytrium dendrobatidis*）的真菌。该真菌更常见的名字是壶菌（chytrid），遍布世界各地，但对某些两栖动物来说，这种真菌并不会造成死亡而是会造成慢性感染，目前研究人员对染病的后果知之甚少。感染这种真菌的代价之一可能是能力随着时间的推移而被削弱，因为能量一直消耗在提高免疫力上，以便抵抗感染。根据实验，豹蛙（leopard frog）在感染了壶菌后的第8周，跳跃能力开始减弱。免疫功能不需要花费很长时间就能影响能力，在实验中被激活的没有病原体的免疫系统只需4个小时就能将奔蜥（*Psammodromus algirus*）的最快速度降低13%，这说明在免疫功能和能力之间存在明显的取舍。

上文中提到过，能力的能量成本高的原因如果不是反复运用能力，那么就是受制于生活史取舍。我们只要稍加思考就会明白，成本和支出之间的区别至少在一定程度上取决于所能获得的资源量大小。因此在资源丰富时，通常代价高昂的投资会变得成本较低。例如另一种蜥蜴——胎生蜥蜴，免疫功能仅会降低能量储备相对低的个体的耐力，而对于能量储存较多的蜥蜴，这种取舍并不明显。

因为当食物资源丰富时，可以用增加进食来掩饰生活史取舍，所以一种有用的技巧是，通过实验限制动物可获得的食物量。这样可以迫使动物为有限的能量排出优先使用次序，从而让实验室里的怪咖得以观察它们排出的次序。尽管迄今只有个别研究针对具体能力采取了这一办法，但仍然有证据表明，能力性状确实很容易受诱导而影响取舍。而且当食物匮乏时，能力性状的投入减少了。举个发生在我实验室里的例子。在食物有限的条件下，成长的年幼绿安乐蜥不仅比在饮食不受限制的条件下成长的蜥蜴长得慢，而且当它们成年后，咬合能力也比那些尽情吃喝的蜥蜴要弱，即使把两种饮食环境造成的体型差异考虑在内也是如此。这是因为这些肌肉的生长和维持所消耗的成本特别高，食物有限的动物承担不起在带动咬合的肌肉上投入太多能量。

190

我们也有理由相信，食物限制会削弱能力，而当环境改变，食物资源再次变得丰富后，这些能力可以得到补偿。埃克塞特大学的尼克·洛伊尔（Nick Royle）发现，在幼年时经历过短暂食物匮乏的青剑鱼（green swordtail fish）成年后的游泳能力不低于终生都能获得丰富食物的同类（尽管它们也确实会付出无法得到补偿的其他代价）。由此可见，生命某一阶段的能力损失可以在后来食物增多的阶段得到恢复，这种现象符合我们的设想。生活史取舍不是一成不变的，它取决于当前能量资源的丰富程度。

虽然人们很容易想象出一两种性状上的取舍，但这种取舍可能很复杂。可获取资源的变化，会引发生物体内发生一系列取舍，其中一些直接涉及能力而另一些则是间接相关。另外，由于不同性别的个体对能力的选择可能不同，因此雄性和雌性之间，取舍也会有所不同，这一点在第3章和第4章中有过概述。一项涉及蜣螂的研究展示了其中的复杂性。雌蜣螂把卵产在它们用大型动物的粪便改造而成的孵化球里。当卵孵化后，幼虫以孵化球粪便为食，所以雌蜣螂要确定幼虫能够获得的食物资源量。蜣螂是完全变态*的昆虫，这意味着每只蜣螂都会经历变态，从幼虫变为蛹，最后变为成虫。羽化（该术语用于形容从蛹中出来的成年甲虫）之后，该甲虫整体的形状和大小就终生固定了；等过了这段时期，蜣螂再也不会长大，也不会像其他某些节肢动物那样蜕去外骨骼。

191

雄蜣螂的角是外骨骼的一部分，产生于性选择，在雄性搏斗时当作武器或传递信号。这意味着蜣螂及其角的大小主要是由幼虫阶段（除此之外还有相关的遗传因素，第9章中将对此有更多讨论）积累了多少资源决定的。然而，尽管外骨骼不会变，但骨骼里的肌肉量会。羽化后，成年蜣螂经过一段时间的成熟期进食，生长出大量的软组织，其中就有肌肉组织。于是，我们就遇到了下列状况：一只甲虫的角的大小是幼虫阶段决定的，但其肌肉量以及与其相关的潜在力量水平，则是成年环境的结果。在第

* 昆虫根据发育过程的不同分为完全变态和不完全变态。昆虫在个体发育中，经过卵、幼虫、蛹和成虫等4个时期的叫完全变态。昆虫在个体发育中，只经过卵、幼虫和成虫等3个时期，则叫不完全变态。主要区别在幼虫与成虫之间在形态结构和生活习惯上是否存在明显不同。——译注

3 章中，我已经让大家领略了蜣螂的故事，它们通过角的大小向其他雄性传达其力量的信号。因此，角和力量之间这种或许极具可塑性的联系，现在需要我们再从生活史的角度来做一番解释。

伦敦大学玛丽女王学院的利安 · 雷尼（Leeann Reaney）和罗布 · 科内尔（Rob Knell）在北方沙地蜣螂——恰巧我在上文中也讨论过——身上发现了这样一种现象。北方沙地蜣螂的每一个孵化球都只含有一个卵，于是通过改变孵化球的大小来控制幼虫可得的食物量就很容易实现。雷尼和科内尔减少某些孵化球中的粪便，同时其他孵化球原封不动，并限制实验小组孵化出来的蜣螂在成熟期可获得的食物量。然后，他们测量了蜣螂成虫的各种性状，包括体重、力量、发育时间、翅鞘的长度或翅膀覆盖的长度，以及（雄性）角的大小。这一次，他们的想法还是通过限制发育期可得的资源量，来揭示所有这些重要性状之间的取舍。

结果表明，对于雌性蜣螂来说，可获得的资源的影响是直接的。更大的孵化球孵化出更大的蜣螂，更大的蜣螂也更强壮（图 8.1a）。但对雄性蜣螂的研究结果却显示，在所测的性状之间存在复杂的联系和取舍网络，比如雄性蜣螂的角的发育从其他被测量的性状中转移了能量资源，从而导致孵化球的大小与力量呈净负相关（图 8.1b）！然而，角的大小和力量仍然保持正相关，因为能长出更大角的雄性蜣螂，也投入更多能量到与力量相关的组织生长中。诸如此类的研究表明，在某些生活史取舍中，存在着复杂甚至与常理不符的性质。我们这些希望理解它们的人会面临挑战。

192
193

a 雌性力量路径图

b 雄性力量路径图

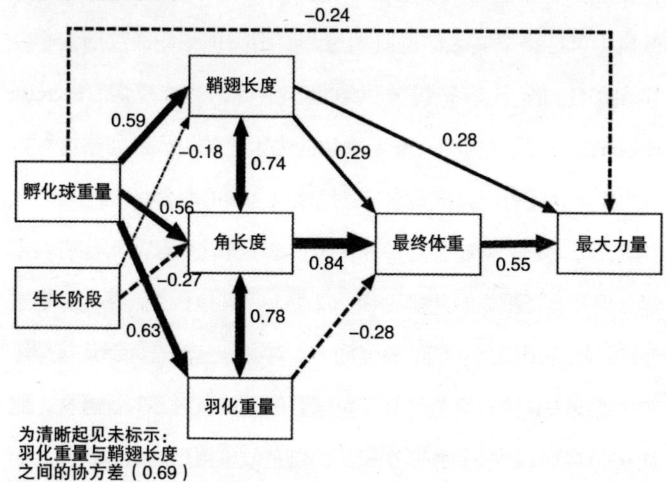

图 8.1　影响（a）雌性和（b）雄性北方沙地蜣螂力量的各因素之间关系路径图。涉及雄性角的资源分配取舍意味着孵化球跟雄性力量之间有弱负相关。

来源：Roaney and kuell 2015

不劳无获

尽管进食控制是揭示生活史取舍的一种有效手段，但控制动物的能力投入（跟我们通过免疫挑战或激活来强制它们在免疫力上做投入一样）会尤其有效。然而，怎样刺激动物将资源具体分配到某一能力上？圣托马斯大学的杰瑞·胡萨克意识到，他或许可以通过训练绿安乐蜥完成特定能力任务来实现。

这种方法背后的原理是，锻炼会促使动物体内产生数种变化，这些变化随着所参与的训练类型不同而有所不同。例如，抵抗力训练会提高人体的肌肉量，而耐力训练能通过增大心脏容积和红细胞比容来提升供氧量。因此，锻炼反应（exercise response）涉及对影响完整生物体能力因素的投入。如果这种投入足够大，还可能会推动它与其他性状之间的取舍。

人类之外的动物也有锻炼反应，这个想法听起来可能有些奇怪，但是有证据表明两栖动物、鸟类，尤其是鱼类，都能够通过专注地锻炼来提高它们的最强能力。对孔雀鱼而言，锻炼甚至还跟生态有关，因为有些雌孔雀鱼需要逃避雄鱼时不时地骚扰，这让它们成为比那些受到骚扰较少的雌鱼效率更高的游泳动物。而关于锻炼效应方面的证据一直都不够明晰，尤其是蜥蜴。但胡萨克怀疑，先前运用在蜥蜴身上的训练方案不合适，没法带来锻炼反应。胡萨克的实验室配备了一台宠物跑步机和一群本科生助手，他们很快就开展起对绿安乐蜥的耐力训练。

胡萨克立即发现，训练方案如果合适，绿安乐蜥可以像人类一样进行耐力训练。经过 8 周的跑步机训练后，绿安乐蜥在运动耐力上表现出明显的进步。然而，尽管蜥蜴的锻炼反应非常有趣，但随训练而来的其他变化更有趣。经过耐力训练的雌安乐蜥，比没训练过的下的蛋要少，这说明锻炼反应会转移本属于繁殖的资源。如果耐力训练结合食物限制方案，雌蜥蜴下的蛋就更

194

少。在锻炼反应上的投入还抑制了受训安乐蜥的免疫功能。对人类运动员而言，艰苦甚至过度的训练会让他们容易遭受感染，所以这一发现结果让研究人员产生了特别的兴趣。

胡萨克的研究成果表明，训练确实会迫使受训者在跟适合度相关的性状上做出生活史取舍。而且，即使我们可能不认为，蜥蜴会像接受马拉松训练的运动员一样，是专注的奔跑动物，我们也应该明白，能力的表现不是没有成本的，要付出非常实际的代价。

不是年龄，而是里程

资源的分配不仅仅出现在动物一生中的一个甚至几个阶段。实际上，这是一个持续的动态过程，不仅取决于当前的环境条件和选择的背景，还取决于以前分配取舍的类型和持续的时间。

对于不同年龄的动物，选择的作用也不同。如此一来，同一性状在动物年幼时可能有益，但到了该动物晚年时，就会变成鸡肋甚至有害。例如，对环颈蜥而言，短跑速度影响年幼环颈蜥的存活率，但不影响成年环颈蜥的生存（尽管它确实预示着成年雄性而不是雌性的繁殖成功率）。因此这一特征会对动物有帮助，使它们得以减少、取消，甚至扭转在不同生命阶段的对某些生活史取舍的投入。从动物一生的角度来看，这些分配上的取舍不仅会影响动物的寿命，还会影响动物一生中特定性状的表达——换句话说就是，老化（aging）。

195 对于我们大多数人来说，老化是衰老（senescence）的同义词，可以定义为由于生理功能的渐进性损耗，而导致的与年龄相关的适合度相关性状表达的衰退。这是我们人生的某个阶段必然要经历的。在人类跟年龄关系密切的运动能力表现方面，这一点尤为明显。在有一定比例的群体出于某种原因参与竞争的各种体育赛事中，只要竞争者超过了一定年龄，都会表现出能力水平的明显下降，没有例外。对于年过30岁的人来说，有一个很糟糕的消息——就几乎目前所有体育运动来说，我们都已经处在衰老的路上。

然而，并不是所有的能力性状都以相同的方式衰退，也不是每个人都经历着同样的衰退。随着年龄的增长，举重能力衰退得最快；相比男性，女性在跳跃和举重方面衰退得尤其快。与衰老比较近似的是生物体内各种细胞的老化过程。这对于维持正常细胞功能是必不可少的。衰老的机制既有趣又影响重大，在任何一个特定时间内，世界各地的报纸上都会刊登着差不多4万篇标题为“谁想长生不老？”的换汤不换药的文章，并报道最近在控制衰退和“治愈”老化上的尝试。不过，即使老化正成为一个生物医学问题，但乔治·威廉斯（George Williams）等进化生物学家和富有影响力的思想家彼得·梅达沃（Peter Medawar）感兴趣的仍然是动物为什么没有进化到让这些细胞机制得以维持，并确保不发生老化。从这个角度来说，进化的关键问题“我们为什么会变老？”可以更明确地表述为“我们为什么会衰老？”

这两个问题是不同的，因为“衰老”和“老化”不一定是同义词。人生充斥各种令人沮丧的暗示。人类会不可避免地走向衰老的事实使我们中很多人都对衰老并不是自然界中唯一可能的老化模式视而不见。某些动物实践着一种称为终端投入（terminal investment）的策略：随着它们的生存前景愈发暗淡，不可避免的死亡的宿命变得无比清晰，于是它们把越来越多的资源分配给某些特定的性状。这意味着，这些性状不仅不会随着年龄的增长而衰老，而且会随着年龄的增长而增强。

196

该策略源于所谓的老化的一次性体细胞理论（disposable soma theory）。这意味着生活史取舍可以改变老化的模式。这种策略的逻辑在于，因为死亡临近——实际上非常快，或许是因为你活得越久，被某个更大的动物吃掉的可能性就越大——所以在体细胞的维护（也就是说，确保所有细胞的修复机制都运转顺畅）上继续投入就意义不大，随着日子一天天过去，这种事越来越无用。这时候，你在所剩无几的生命中，应该把能量投入能提高适合度的事上，比如吸引交配对象，尽可能多交配。于是，终端投入改变了某些性状的老化轨迹：这些性状的表现随着年龄的增长反而变得更强，而与此同时个体寿命本身却缩短了。衰老和终端投入都能应用于并（通过取舍）直接影响运动能力。

混乱水体中的鱼类

孔雀鱼作为一种流行的观赏鱼类而为人熟知，但它们也是一种进化生物学上常用的实验对象。除此之外，孔雀鱼还是性选择（见第 3 章）研究的典型生物，一直都是生活史进化实验的重要研究对象之一。对于我们来说，幸运的是这项长期研究明确地涉及了运动能力。

自 20 世纪 80 年代以来，加州大学河滨分校的戴维·雷兹尼克（David Reznick）与合作者就一直在研究特立尼达溪流中生活的孔雀鱼的生活史。这项研究的重点是孔雀鱼的繁殖时间和寿命，从而揭示不同生态环境如何塑造生活史这一问题的重要见解。研究者将一些溪流中的捕食动物［尤其是矛丽鱼（pike cichlid）］驱逐出去，而不干预其他溪流，以此来操控自然种群中的捕食率。通过只改变捕食的风险，仅几代鱼之后，雷兹尼克及其团队的行为就引发了两组孔雀鱼在形态、色彩、成熟年龄、寿命和能力上的惊人而迅速的变化。短短两年，相比低捕食率栖息地的孔雀鱼，高捕食率栖息地的孔雀鱼寿命更短，成熟更早，个头更小，投入繁殖上的能量更多。除了长得更快，高捕食率栖息地的孔雀鱼还进化得色彩更加单调，这很有可能是因为色彩艳丽以及富有吸引力（更容易被发现）会提高它们被捕食的风险。

197

由于发现自己葬身矛丽鱼之腹的可能性大，导致预期寿命缩短，那些生活在高捕食率栖息地的孔雀鱼会尽可能多且快地把自己的资源分配转向繁殖，同时也转向逃避捕食以使它们能活得足够久可以去繁殖。重要的是接下来的实验，研究人员在实验室中分别饲养来自高捕食率和低捕食率种群的孔雀鱼。他们的实验结果表明，即使根本就不存在捕食动物，来自高捕食率种群的孔雀鱼活得也没有来自低捕食率种群的长，这说明该策略有稳固的遗传基础。通过将能量投入从细胞维护转移到繁殖和逃生，这些鱼就像一次性体细胞理论所预计的那样，缩短了自己的寿命（这或许是好事，因为如果你相信自己不会活到老年，那么规划老年就没有意义了）。

不止于此，尽管来自高捕食率种群的孔雀鱼在幼年时比来自低捕食率种群的运动得更快，但前者的游泳能力比后者也衰老得更早、更迅速！如此一来，虽然在幼年时对能力加以投入可能会是一种可行的策略，但是延缓衰老的代价不可能永远推迟。

长命百岁或儿孙满堂

在繁殖和生存之间，有着无处不在的取舍，孔雀鱼只是其中一个突出的例子而已。可以说，这种取舍的重要性，即使在今天也不一定被充分认识到。可以十拿九稳地说，每个人在某个时候都听过“适者生存”这个说法。这句话无疑非常精辟，但从进化的意义上来说，它直接把生存等同于适合度，其隐含意义是：适应得越好的动物，活得越久。这句话的独特措辞也直接暗示了互惠，即生存（活）得越久，说明适合度越高。

198

而这不一定是对的。我已经说过多次，适合度与繁殖有关，与生存无关。因此，适合度最高的动物是在一生中繁殖出最多后代的，无论它实际上活了多久。这意味着，在繁殖上费尽心血，以致自己的寿命因此大打折扣，最终年纪轻轻就死去，但子嗣众多，这样的动物与在繁殖上投入较少、寿命更长、后代较少的动物相比，适合度更高。某些动物物种的雄性正是这样做的，它们对性和繁殖的选择超过了生存。

雄性蟋蟀通过让自己对雌性蟋蟀充满吸引力而赢得繁殖的成功，而且它们会对此投入大量精力。黄斑黑蟋蟀的魅力全在于鸣叫，鸣叫多的雄性蟋蟀比鸣叫少的雄性蟋蟀吸引的雌性更多。然而，由于鸣叫所需的能量成本奇高，对于鸣叫的大量投入会导致与其他核心能力有关的生活史取舍。如果雄性蟋蟀拥有合适的资源，便会叫个不停，甚至连寿命也为此明显缩短，但由于这样做增加了自己的魅力，所以还是达到了较高的适合度。采取这种“活得爽，死得早，孩子多”策略的雄性蟋蟀，通过在鸣叫上的终端投入实现了这一点。如此一来，它们花在鸣叫上的气力，并没有随着生存前景黯淡而减少，反而增加了。没采取这种策略的雄性蟋蟀享受到的寿命则长得多，它们很有可能宅在家里，跟其他单身、缺少子嗣的雄性蟋蟀朋友打电子游戏。

我在前文中曾讨论过澳大利亚的黄斑黑蟋蟀。那些还没反应迟缓但已开始健忘的读者，可能还记得第 3 章在解释吸引力和能力之间的遗传关系时，曾提到过这种可怕生物[3]。鉴于雄性黑蟋蟀在吸引力和能力方面表现出负的遗传相关性，再加上鸣叫的能量消耗，人们可能会想当然地把鸣叫的气力和跳跃能力预设为一种负相关关系，因此，在鸣叫上的终端投入会导致跳跃能力的快速衰退。

可以预见的是，实际情况并没那么简单。在跳跃上，黄斑黑蟋蟀绝少显示出随着年龄的增长而变化的迹象，这有可能是因为它们用跳跃作为缓冲来抗衡生活史取舍，其机制完全跟弹性势能储存一样，让它们将跳跃作为首选。不过，在这些蟋蟀中，咬合力却十分肯定地显现出老化的迹象，尽管在这种情况下，该动物的背景和性似乎都极其重要。终生都没繁殖过的雌性蟋蟀，在咬合力上显示出一种符合终端投入的老化模式（也就是说，随着年龄增长咬合力增强），未繁殖过的雄性蟋蟀也是如此。相比之下，有机会每周交配一次的雄性蟋蟀，随着年岁渐长，咬合力没有改变，但同样交配频率下的雌性蟋蟀，咬合力老化了！因此，澳大利亚黄斑黑蟋蟀，不仅仅能力模式在以灵活可变的方式老化——具体如何老化取决于在任何特定时间

3　我在悉尼新南威尔士大学的罗伯·布鲁克斯（Rob Brooks）“性实验室”做博士后时，曾经研究过该动物。没多久，由于蟋蟀的个人卫生着实令人恶心以及对我想做的实验总是不配合，所以我对所有蟋蟀都生出了一股深深的恨意。好几个同事曾向我指出，生物学者不应该逮着机会就说自己所研究的生物的坏话。而我对此的辩解是，大部分动物都不像蟋蟀那么讨厌。然而，对于生活史的研究来说，它们是最棒的生物。性实验室和其他科学家在蟋蟀怎样投入资源以及怎样老化方面做了出色的工作。实际上，蟋蟀对这些问题的研究非常有用，尽管我不喜欢蟋蟀，但我10年后仍在研究它们。

内可能会引起怎样的其他能量消耗，而且视所讨论的能力类型不同，也会有所不同。

其他运动型动物的老化

在这场关于动物能力的旋风式旅行中，对于很多问题，我只是简短地提及。跟这些问题一样，老化也是一个复杂而迷人的话题，我们在这里只是触及了它的皮毛，对于该问题的进一步探究只能匆匆略过。对非人类动物老化的研究，主要集中于跟繁殖相关的性状上，这一点是可以理解的。但结果是，迄今为止，很少有研究者把它们的注意力转向能力的老化，因此，诸如动物为什么在一生中的不同时刻改变在能力上的能量投入，这些改变又是如何实现的，以及对于能力老化来说这些决定的后果是什么，我们还有很多东西要了解。

200

这些挑战中，有很多都是合理的。研究老化的理想生物有如下特点：寿命较短，能够终生在实验室生长或以其他方式被保护起来；体型足够小，能够被人类大量培育。很少有昆虫之外的动物满足这些标准，而且，即便是昆虫，也有很多不符合这些要求。研究长寿动物的老化很困难，经常需要通过不同年龄段的动物世代来做类推，这与跟踪动物的终生生活——研究孔雀鱼或蟋蟀可以这样做——完全相反。

因此，关于能力老化，我们了解的信息主要来源于能在实验室里轻松培育的小动物。有鉴于此，有人就会很自然地发问——实际上也已经有人提出过这个问题：实验室环境中，排除掉很多驱动生活史取舍的因素之后得到的结果，是否跟生活在野外的动物一致？例如，比起野生小鼠狐猴（grey mouse lemur）个体，圈养个体的握力不但更弱，而且衰退得更早，这可能由于野生动物死亡率更高的缘故。还有其他一些研究，其前提和目的与本章中的正好完全相反，不是讨论老化如何影响能力，而是讨论动物一生的能力活动怎样影响其老化轨迹和总体寿命。长期以来，这对于人类都是颇有趣味的领域。在人类中，锻炼一直都与对健康的无数好处息息相关，有氧能力被认为是仅次于（不）吸烟的重要寿命预测指标。

来自动物世界的发现五花八门。对某些小的飞行昆虫而言，抑制飞行行为会延长寿命；而对果蝇而言，强迫它们频繁地飞行会加剧飞行能力的衰退。相比之下，转基因小鼠的耐力活动比普通小鼠衰老得更快，从而逆转了很多在活动少的动物中常见的系统性老化效应；另外，当普通小鼠被培育成具有高耐力之后，雌鼠的衰老时间推迟了，但雄鼠的衰老却提前了。很明显，对于能力的老化，我们还有大量知识要学习；而小鼠研究，尤其是遗传方法，仅仅是提出了少许挑战和希望。

201

9 先天与后天

202

整本书中，我都在试图解释特定的能力性状是如何施展的，又是如何进化而来的。然而，尽管自然选择和性选择是进化的重要推动力，但它们也只是其中的一部分。为了使选择引起某性状的进化变化，在选择上有优势的性状必须通过某种机制传给下一代。换句话说，经过选择表现出的性状（也就是说表型），必须至少在某种程度上可受遗传因素的控制，从而遗传到这些特定因素的动物，会以类似于其父母的方式来表达这些表型。

另外，自然选择的作用方式是：从多个可能性中，选出特定环境下表现最好的特定表型。因为如果所有表型都是一样的，自然选择就没法挑出最好的表型，因此，在一个种群内相同的表型中必然存在变异（variation）。于是，接下来，在影响表型表达的遗传因素中也必然存在变异——如果没有，那么，所有表型将在各世代中都一样，并且不会有变异让选择来发挥作用。

自从有了19世纪末奥地利的修道士、生物学家和豌豆发烧友格雷戈尔·孟德尔（Gregor Mendel）的研究成果以来，我们已经得知，影响表型变异并让表型得以遗传下来的因素是基因——所有生物体中组成 DNA 的特定核酸序列。因为表型变异（也是遗传变异）对进化如此重要，所以如果希望了解推动能力进化的过程，那么我们就需要了解能力性状的变异程度。为了评估能力性状的遗传基础，人们已经运用过一系列的方法，从实验选择、数量遗传学（quantitative genetics）到全基因组关联分析。尽管有这些方法的帮助，但我们所了解的依然十分有限，因此，本章将巧妙地绕过我们不清楚的地方。虽然我将要告诉你们的内容，其背后的基础概念不难掌握，但普遍意义上的遗传学不适合缺乏勇气的人了解，在阅读本章的过程中，你们可能需要不时休息一下，喝一点烈酒，或者睡上 12 个小时。

203

先天与后天的对比

这个时候，我想我应该坦白。虽然我发现能力和锻炼有无尽的魅力，但我还是不能体会到锻炼的乐趣，也很少去锻炼。这是因为，锻炼并保持体形需要花费精力和时间，而我不想把时间花在锻炼上。于是，我做的跟体育运动关系最近的活动，就是躺在沙发上，激烈地批评那些在体力和精神上都胜过我的世界级运动员。尽管如此，我还是会拖着衰弱老化的身体，一周去几次健身房，强迫自己跑步、举重。这样做主要出于我有Ⅱ型糖尿病和血压病的家族病史。

Ⅱ型糖尿病和血压问题都源于基因型与环境互作效应（*genotype- by-environment interactions*，简称 GxE）。这是一个遗传学术语，指有一组特定的基因或遗传变异体使生物倾向于表达某一特定性状，无论该性状是糖尿病或其他什么性状，但（这是关键之处）该性状表达的可能性或程度严重地依赖于环境（这里的“环境”指遗传之外的一切）。这意味着，如果我整天坐在电脑前不锻炼，完全靠啤酒、薯片和拉面度日（科学家更熟悉的一种状态是“待在研究生院”），那么，很有可能在不远的将来，我的世界里将满是胰岛素和无糖食品。但我可以通过合理饮食以及强迫自己参加不喜欢的体育运动来降低这种情况发生的可能性（无论如何，一旦我真得了糖尿病，肯定会非常生气）。

204

基因或基因组的表达取决于其表达所处的环境，这是个绝对关键的问题，但似乎很多报纸、杂志、网站和新闻频道都忽略了这一点。这些媒体迷恋这样的标题：“先天还是后天：肥胖 / 天才 / 衰老 / 注意力不集中 / 挑食 / 性变态都是基因决定的吗？”让我来告诉你答案，省得你去读这些文章中的任何一篇。我的答案一直都是：“不，并不是。”先天和后天的二元对立是错误的。动物的基因组成和所处的环境几乎都会影响其基因的表达，这意味着，很多表型——实际上，大部分表型都是如此——容易受基因型与环境互作效应的影响。对于动物的进化来说，这种相互影响的意义十分重大。能力性状也不例外，但要理解为什么，我们首先必须要理解遗传是如何发挥作用的。

基因型与表型的联系

如果我们看一下生物表达的表型的范围，我们会发现其中一些很容易归类。以人的眼睛为例，仅有少数几种离散的颜色，比如绿色、蓝色、褐色或灰色。同样地，鸟类下蛋的数量也是一堆离散的数字——1、3 或 4，而从来不会是 1.5 或 2.8。这些分类性状（categorical trait）——之所以这样称呼，是因为我们可以把它们的表达归入完全不同的类别中——可以用孟德尔从他当年对豌豆植株所做的实验中得来的简单遗传规则来描述。

简单说来，通过培育和杂交在各种离散性状（产出或圆或皱，或黄或绿等性状的豌豆）的表达上有所不同的豌豆植株变种，孟德尔得以测量出这些性状表达在后代中的比例，比如黄色豌豆的植株与绿色豌豆的植株比例为 3∶1。在不同世代之间，这些稳定的比例使他明白，这些离散的性状受到我们现在称之为基因的特定遗传因素的控制，并且可以根据亲本的表型来预测其后代的表型。

205

发生这种现象的原因是，后代从母本那里得到一组基因，又从父本那里得到另一组基因。亲本的等位基因（同一基因的不同版本）的特定组合，决定了表型的表达。以豌豆的颜色为例，假设有两个控制豌豆颜色的等位基因：让豌豆呈黄色的 Y 和让豌豆呈绿色的 y。每一株特定植物都有两组染色体（一组来自母本，一组来自父本），因此也有一种颜色等位基因的特定组合。具体来说，对于豌豆颜色来说，该组合可能是 YY、Yy、yY 或 yy。

由于等位基因的显性特征，组合为 YY、Yy 与 yY 的植株都会结出黄色的豌豆，而只有组合为 yy 的植株才能结出绿色的豌豆。于是，我们说 Y 是显性的，y 是隐性的。显性和隐性等位基因的这种性质，造成黄色豌豆和绿色豌豆的比例是 3∶1，在孟德尔观察到的一个家族的连续后代中的其他离散性状上，也有类似的比例。

即使是简单的孟德尔遗传定律，也不应该被如此一语带过，但关键的问题是离散的表型（即豌豆颜色）可以直接与特定基因或基因组合（称为基因型）相连。然而，许多其他表型，是由多个基因或等位基因控制的。眼睛的颜色实际上是由 15 个以上的基因来决定的，这就是为什么我们能识别出蓝色或褐色眼睛的不同深浅。但是，随着决定表型所涉及的基因数量越来越多，孟德尔比率会变得越来越不明显，直到最后被淹没在表型变异的海洋中。这个时候，这些离散的类别不再受到限定，变异成为从一个极端到另一个极端的连续谱系。

如果我们以人的身高为例，会发现人不仅有高矮之分，还有不同的高度值。因此，使用传统的遗传规则——比如孟德尔为其豌豆植株设计的规则，就没法理解身高等连续表型的遗传。影响身高的特定基因数量可能有几十个、几百个，甚至成千上万个，而且其中很大一部分的基因可能彼此互相影响，形成错综复杂的基因网络。出于同样的原因，我们没法通过简单的育种实验来识别它们。对于连续性状来说，问题不再是区分不同颜色豌豆的基因，而更接近于分离出豌豆汤的成分。

206

大量基因促成了连续表型的变异，这意味着确定它们的遗传模式极具挑战性。但还有更糟糕的。如上所述，环境可以改变基因表达，从而，在不同的环境条件下，完全相同的一个基因或一组基因可以形成不同的表型。至于其可能的机制，我们可以从一个简单的例子中得到启发。

在猫的基因中，一个点突变（也就是组成 DNA 序列的一个 DNA 核苷酸“字母”的改变）会产生一种叫作酪氨酸酶（tyrosinase）的酶，其中含有一组略有不同的蛋白质。这一过程产生的酪氨酸酶是错误的，不具备正常的功能。正常的酪氨酸酶会催化黑色素的生成，这种色素是动物世界中大多数动物肤色深的原因。完全失去正常功能的酪氨酸酶破坏了所有黑色素的生成，导致白化病，从而出现了蓝色眼睛的白猫（这种猫往往也会耳聋、视力差，因为黑色素在大脑和发育时期还有其他作用）。然而，这种诞生于点突变的丧失功能的酪氨酸酶对温度敏感——在低温时功能发挥良好，但温暖时就完全不行了。这种突变还催生了暹罗猫，它们身体中较凉的部位——鼻子、耳朵、四肢、尾巴，尤其是睾丸——颜色暗沉，而较温暖的部位根本不生成黑色素，可以说是完全缺乏色素。

于是，由于出错的酪氨酸酶基因及其生活的环境（在这种情况下是热环境），每一只暹罗猫都是一只失败的黑猫。一只基因突变的小猫，在寒冷的室内长大，会长出黑色的毛发；而在温暖的环境下长大，会长出白色的毛发和蓝色的眼睛。

饮食决定生命

因此，我们在动物世界中看到的大多数表型，都可以基于互作效应的基因网络来预测，其中任何一个（或所有）表型也有可能是基因型与环境互作效应的结果。这样一来，两个个体可以有同样的基因，但表达出不同的表型，这取决于它们所处的环境。性状表达受一个或多个环境因素变化的影响，这种现象称为表型可塑性（phenotypic plasticity）。上文第 5 章中讨论的外温动物能力的热依赖性，以及第 8 章中讨论的锻炼反应，都是能力可塑性的实例，其中能力变化是对环境影响（即分别是温度和活动水平）做出的反应。

207

表型可塑性的成因有很多。不但温度和湿度等明显的环境因素会影响基因型的表达，其他因素也可以，比如饮食，或者母体子宫或排卵时的激素环境，甚至在某些情况下，她的雄性配偶对其生殖系统的短期影响！在这些表型可塑性的成因中，饮食的影响可能尤其重要，它不仅通过资源可利用性的变化来施加影响——这一点在上一章中提过，饮食品质也有影响。

营养结构学重视研究动物饮食中碳水化合物、脂肪和蛋白质的比例怎样影响各种性状的最佳表达。而一种与其相关的叫作生态化学计量学（ecological stoichiometry）的方法，也同样检验了在不同动物种类中，性状表达如何受微量营养素或氮、磷等元素的饮食摄取情况的影响。我们对碳水化合物负荷法都很熟悉。即耐力运动员在竞赛前进食高碳水食物，确保有充足的糖原储备来为持续的运动提供动力，这样做的原理是该方法可以提高耐力。动物都有自己适于不同生态和选择需求的饮食偏好，所以会更喜欢吃那些在饮食质量（如脂肪、碳水化合物和蛋白质的首选比例）方面满足这些摄入需求的食物，而不仅仅是填饱肚子。这意味着，动物进化所食用的特定饮食会限制或提高它们的某些能力——比如说耐力，这取决于饮食正在优化哪些性状。在日常生活中普遍依赖耐力的动物，如果被迫靠高蛋白、低碳水的食物为生，可能会发现自己陷入了窘迫的困境。

208

因为食物需求非常重要，所以某些动物已进化出惊人的能力，能够再生其所需能量类型的储备，而这种能力几乎与环境中可得的具体饮食资源无关。沙漠西部栗鼠（desert western chestnut mouse）生活在澳大利亚西部海岸外干旱的巴罗岛（Barrow Island）上，以营养贫瘠的三齿稃草（spinifex grass）为生。这种动物非常小，相应地储存糖原的能力也很弱，而糖原可以为快速逃避捕食等爆发性活动提供动力。如此一来，在几次连续的爆发性快速冲刺之后，这种小小的栗鼠就会耗尽所有糖原储存而变得筋疲力尽。西澳大利亚大学研究人员所做的实验室实验表明，在锻炼到筋疲力尽后的 50 分钟内，这种栗鼠的糖原储存就能恢复到锻炼前的水平——不吃任何食物的情况下！西部栗鼠不可能是生物永动机——如果真是这样，它们很快就能通过高级鼠轮技术来为我们的城市提供能量，因此，这些动物肯定是通过其他潜在资源来重建其糖原储存的，比如脂肪、乳酸盐或（效率较低的）蛋白质，而且速度惊人。

阿拉斯加雪橇犬是体型大得多的动物，但会很乐意让自己没完没了地奔跑。它们可以在艰难（“艰难”完全不足以形容它们的工作环境）的条件下，日复一日地以15—20千米/小时的平均速度，每天跑完250—300千米的距离。俄克拉荷马大学的研究人员发现，经过训练的阿拉斯加雪橇犬，可以凭借碳水化合物有限的饮食，连续4天每天跑160千米；它们不仅补充糖原储存的速度比没跑的对照犬组快得多，而且相比第一次奔跑，后面三次奔跑中补充糖原储存的速度更快。该发现也印证了一项关于人类的研究——尽管人类长跑运动员不像雪橇犬那样快，但随着时间的推移，也可以适应高脂肪饮食，这种饮食通常被认为不利于耐力运动。同样地，某些动物物种的消化道结构和功能也有可塑性，可以随着饮食转变而发生变化。这意味着，不仅能力本身有可塑性，并受环境因素的影响；而且影响能力可塑性的潜在因素也有可塑性！

209

遗传风一样的速度

当然，雪橇犬是人类培育出来的，它们能以快到荒唐的速度愚蠢地长距离奔跑，就像我们把人工选择强加给赛马和格力犬等其他动物，逼迫它们达到运动极限。这种定向的人工选择模拟了动物在野外遭遇的自然选择压力。但自然选择与人工选择的重大区别在于，自然选择没有长期的规划目标，只关注此时此地提高适合度的因素而已。因此，自然选择在方向和强度上摇摆不定；而人类强加的选择，则不断地指向一个明确的终点。

不过，如果我们能在感兴趣性状的遗传因素和环境因素（如果你喜欢也可以称之为先天因素和后天因素）之间做出区分，那么人工或实验选择会便利得多。这是因为，只有遗传因素能由父母传给子女，一代代地传下去。相比没有关系的动物，父母和子女的相似度更高，因为相比没关系的动物，他们有更多共同的基因。如果后代出生在跟其父母完全一样的环境中，那么父母和子女之间便会极其相似，因为现在他们的表型在遗传和环境方面都是相同的。

有时候，即使后代处于完全不同的环境中，亲子间也保持着相当的相似度，作为进化生物学家，我们对此尤其感兴趣。在进化的时间尺度上，这种相似性时常发生，因为正是这种表型的遗传因素，通过自然选择和性选择而得以改变。我们称这种遗传因素为加性遗传变异（additive genetic variation），而且，我们通常用一个名为遗传力（heritability，简称 h^2）的方便度量标准来表示加性遗传变异对特定表型的影响。

遗传力已经困扰了几代学生，因此，我将在这里详细地解释一下它的含义。它是从 0 到 1 的无量纲数，它告诉我们：在我们感兴趣的表型（可能受几十或数百种基因的影响）变异中，有多少（确切地说，是多大比例）是由加性遗传变异单独造成

210

的。[1]更清楚地说，我们不能看着某个东西，比如一个身高 1.8 米的人，然后说："1.2 米的身高来自遗传，剩余的身高是后天环境的成果。"因为加性遗传和环境的影响只有在种群层次（我们可以观察和衡量个体动物如何彼此不同的层次）上才会显现起来。因此，遗传力是种群的特征，而不是个体的特征。比如，如果我们衡量短跑的 h^2，它会告诉我们：所关注的种群成员间，个体差异在短跑上受遗传控制的程度。

因此，当 h^2 为 1 时，意味着动物个体的短跑能力差异都源于加性遗传——因为种群中的每个成员都有影响短跑的不同等位基因或基因组，所以可塑性很小甚至没有。而当 h^2 为 0 时，意味着短跑能力也许很少甚至没有发生遗传变异，种群中的每个成员都有大致相同的互补基因并对短跑产生影响。但并不是说短跑没有遗传基础，不能传给后代！遗传力为 0 的性状仍然是可遗传的——我猜这就是存在很多搞不清的问题的原因；但即使这样的性状可以传给后代，它也不能通过自然选择来进化，正如我们应该看到这一点。除此之外，遗传力为 0 还表明，种群内个体之间的所有性状表达差异都是由具有可塑性的环境效应造成的。

根据所讨论的动物和能力类型，能力性状的遗传力有极大不同。例如，胎生蜥蜴的耐力遗传力为 0.4，这意味着，胎生蜥蜴中，大约 40% 的耐力变异是自然的加性遗传，而剩下的 60% 是

---

1 具体说来，这是狭义上的遗传力定义。我们还可以讨论广义遗传力（H^2），但它不大实用；除了加性遗传效应，它还涵盖其他类型的不可遗传基因效应。

环境影响（饮食、环境状况、活动等因素）造成的。不过，同一物种的短跑速度遗传力非常接近于 0。蜥蜴之外物种的其他运动能力的遗传力，往往处于差不多低到中等水平——黄斑黑蟋蟀的跳跃能力是 0.3，艾氏果蝇（*Drosophila aldrichi*）的飞行耐力是 0.21，帕眼蝶（*Pararge aegeria*）的平均起飞加速度是 0.15，诸如此类。

仅凭借遗传力，我们能了解到的信息有限，但可以根据它们的相对大小做出初步推断。处于强大选择压力下的性状通常展示出较低的遗传力，因为非常强的选择往往会削弱加性遗传变异，换句话说，如果选择特别用力地去剔除较差的遗传变异，那么通常会导致种群中每个个体都有非常相似的遗传图谱，从而对于选择下的性状，就有了低遗传力。我们可能会推测，遗传力特别低的性状（比如胎生蜥蜴的短跑能力）是受到了相当强的选择压力，因此对该动物的适合度有特别重要的意义。正如我们观察到的，这样的性状对于逃避捕食或赢取伴侣都非常重要，这是可想而知的。然而我们必须得小心，因为低遗传力可能也意味着该性状受到较强的环境影响（记住，h^2 是加性表型变异对总表型变异的比例，包括环境的影响，这意味着低 h^2 可能要么是极低的加性遗传变异，要么是特别强的环境变异）。

有了遗传力，我们就可以推断出在过去选择对性状可能发挥的作用。但它们还可以用来做更有用的事，这就是通过一个称为育种者方程（breeder’s equation）的公式来预测未来的进化演变。

如果你对数学有强烈的恐惧，那么，此时此刻你可能会感到有些担心，但我向你保证，该方程再简单不过了。它规定，对于某特定性状，对选择的反应（R）等于作用在该性状上的选择强度（s）和遗传力（h^2）的乘积：

$$R = h^2s$$

换句话说，如果我们确切地知道，选择在当前如何作用于诸如跳跃能力之类的性状（也就是说，跳跃能力是否以及多大程度上受到选择的垂青或嫌弃），而且知道能力的遗传力，那么我们就能找出跳跃能力会做出怎样的改变来响应该选择（也就是说，在下一代中，它是否以及在多大程度上会提高或下降）。于是，选择差异（s）在数值上体现了这些自然选择和性选择的压力——在本书中，自始至终，我都在谈论这些可能推动进化演变的压力的强度。[2]

212

该方程明确指出，如果没有选择的作用（$s = 0$），或者该性状没有加性遗传变异（$h^2 = 0$），就不会有对选择（R）的反应，换句话说，就是在后代中不会出现表型变化。再重复一次，我们要记住的关键点是，h^2 是关于变异的。需要强调的是，没有遗传变异的性状就没法进化，因为它们没经选择改变就传给后代，无论该选择可能有多强。

2　s 的学术意义是：初始种群预选的平均性状值与选择作为下一代亲本的种群中个体的平均性状值之间的差值。从这个角度来看，遗传力是后代遗传的表型变化的分数。

多动症小鼠的进化

我在新奥尔良大学主讲的进化课上介绍育种者方程时，将它称为“人们从未听说过的最重要方程”，因为它不仅是我们理解自然界进化演变的基础，也是我们理解所有形式的人工选择的基础。数千年来，人类已经改变了多种生物的选择强度和方向，比如小麦、卷心菜、牛和雪橇犬，通过塑造它们的形态、生活史和行为，以满足我们的需求和喜好。育种者方程解释了这些古老的人工育种项目成功的原因，它的预测能力［结合另一个名为育种值（breeding value）的重要遗传度量标准，体现了每个特定个体的可遗传性状变异的纯遗传方面——先天减去后天］在现代育种活动中，实现了史无前例的改进。曾经，在一个酒吧里，我跟一个男人——他是艾奥瓦州的一个退休农民——有过一场关于动物繁殖的有趣对话。在育种方面，他比我懂得多，这一点都不奇怪。

213

在现代进化生物学中，育种活动也占有重要地位。对感兴趣的性状运用人工选择技术，观察多个世代里它们对该选择的反应，是一种有效的方法——尽管该方法无法轻松地运用到长世代时间的生物体。为了做到这一点，研究者在每一代中选择的个体都在感兴趣性状的预定范围内，例如，选出眼柄长度在75%范围内的突眼蝇，并用它们作为随后世代的亲本，从而控制育种者方程中的s。通过在多个连续世代内反复选择，生物学家得以影响该世系的进化演变，并将其与没经过选择的对照世系，以及可能以不同方式选择的其他世系进行比较。这是一种有效的技术，因为它能揭示某些性状之间的联系——如果用其他方法，我们可能永远都不知道有这些性状。所有你要做的，就是改变选择的方向和强度，看看会发生什么。尽管我的措辞可能暗示这件事很容易，但实际上并非如此，选择实验既耗费时间，在逻辑上又富有挑战。

自 1998 年以来，泰德·加兰德和众多合作者对小鼠自主跑轮运动开展了一项引人注目的长期选择实验，旨在确定“自主跑轮运动行为的遗传和生理基础，同时研究行为和生理的相关进化”。迄今，该实验已经进行了不止 70 代，获得了大量关于运动能力的选择如何以及为什么会引发小鼠的整体结构和生活方式的变化的信息。

加兰德和他的同事开发出了一套巧妙的方案，通过在每个单独隔板间里安装一个鼠轮，从而可以测量每个小鼠的运动能力。如此一来，某些小鼠会选择比其他小鼠花更多时间在鼠轮上，研究者在此基础上选择出高水平跑轮者。因为实验性的进化实验能够重现，以确保结果不是偶然或随机事件，加兰德的研究小组分出了 4 个高自主跑轮运动的小鼠重叠系，以及 4 个不经历任何选择的对照系。

该实验的结果令人着迷。高自主跑轮运动的小鼠不仅提高了跑轮的能力，而且还展示出一系列其他变化。现在，与对照系小鼠相比，选出的小鼠跑得更快、个头更小、体形更瘦、长得更慢，奔跑时的能量成本也更低。而且，它们的心脏更大、线粒体酶水平和肌肉纤维类型也不同。虽然其中的一些变化在意料之中，但其他变化则更让人吃惊。例如，从整体上说，高自主跑轮运动的小鼠不但大脑更大，有趣的是，它们的中脑也更大了。实际上，看起来，除了改变大脑的总体大小，对高自主跑轮运动的选择也改变了小鼠神经系统的其他方面，比如，高自主跑轮运动的小鼠，其大脑神经生物学特征与注意力缺陷多动症（ADHD）患者的状况相似。

因为这是一项专门针对自主跑轮运动的实验，所以，高自主跑轮运动的小鼠和对照的小鼠的主要区别是它们奔跑的积极性。相比对照的小鼠，选出的小鼠更活跃，更频繁地在笼子里走动（尽管不一定更快）。后续的实验表明，高自主跑轮小鼠的大脑奖赏系统，尤其是受神经递质多巴胺调节的成分与其他鼠不同，就像患有多动症的人和没有多动症的人的大脑是不同的一样，使用抗多动症药物利他林（Ritalin）来治疗高自主跑轮的小鼠，利他林会影响多巴胺释放的中脑区域，从而抑制它们的过度活跃，就像在人类身上所起的作用一样。但多巴胺是一种极其复杂的分子，它通过作为预计奖赏的反馈信号，对上瘾等其他现象也有影响。在这种情况下，小鼠的奔跑努力的奖赏是释放多巴胺，这与人类大脑在高潮时会大量分泌多巴胺类似（不过，大概没那么强的程度）。实际上，通过大脑多巴胺奖赏系统而进行的选择，高自主跑轮的小鼠会在遗传方面对奔跑上瘾，而当阻止选出的小鼠奔跑时，它们显示出的大脑激活模式类似于实验中每天注射可卡因、尼古丁或者吗啡上瘾的小鼠（然而，该机制可能跟人类跑步者经历的兴奋不一样）。

这项引人注目的实验表明，在对运动能力的选择下，不仅生理学和形态学可以且确实进化了，而且行为及其神经生理基础也一起进化了。实际上，大脑的大小或容量跟能力之间的联系已经成为进化论文献中反复出现的特征，因此有人认为：一直以来，某些动物群体，比如哺乳动物中的大脑大小，除了其他认知因素，还至少在部分上受到运动进化演变的驱动。

近乎零的基因子空间及其他

加兰德和同事们最终能够收获它们实验的选择方案（s）产生的进化反应（R），有赖于一开始有非 0 的 h^2 的自主跑轮运动。然而，在这种反应中，大部分似乎都是在研究早期出现的，而且在 16—28 代之后的 40 代左右，小鼠的自主跑轮运动的持续时间就很少有明显的变化了。至少在某种程度上，这极其符合我在上文中提到过的强烈选择下对遗传变异的侵蚀，时间一长，就造成了低 h^2，从而大大降低对选择的反应。

加性遗传变异的缺乏促成了对性状进化的一种遗传约束，只有往基因库中引入新的遗传变异，才能克服这种遗传约束。除此之外，跟来自其他地方、拥有影响感兴趣性状的不同等位基因补体的新个体进行远系繁殖也可以做到这一点。然而长期以来，赛马在这方面一直存在着一个悖论：纯种马的获胜速度，是经过三四个世纪不断进行的选择性育种的结果，然而尽管据估计它们在奔跑能力上有足够的遗传力，但自从 20 世纪 70 年代以来，这一速度似乎就再也没有提高过。不过，英国埃克塞特大学的帕特里克·沙尔曼（Patrick Sharman）和阿利斯泰尔·威尔逊（Alistair Wilson）所做的一项研究拓宽了解答这一问题的视野，他们把一定距离内的获胜马匹和失败马匹的奔跑速度都纳入考虑范围内。这样做的结果表明，赛马的总体速度仍在变得越来越快，但只是在短距离冲刺上，而中长距离的速度已经趋于平稳。如此一来，遗传变异有可能主要存在于短距离项目上，而与较长距离奔跑相关的基因，遗传变异已经耗尽了。 216

在许多世代里，强大而固定的选择可以会产生遗传变异耗尽之外的其他后果。活着的生物体极其复杂，而生物体表达的个体性状不会脱离其他性状而孤立存在。能力等性状是彼此交织在一起的因素自然形成的一幅错综复杂的遗传图景，这些因素涉及形态、生理以及行为等各个方面。一旦改变其中的任一个因素，由于它们之间的紧密关系，你可能就无意中改变了一个或多个其他的因素。因为大多数基因会同时影响多个性状，也因为影响某特定性状的不同基因组有时候是一起遗传而来的，所以存在着这种联系。这种共有的功能意味着，这些性状之间有着共同的遗传变异。换句话说，某性状一定量的加性遗传变异是跟一个或多个其他性状共享的，该共享变异称为遗传协方差（genetic covariance）。

当有足够多的基因以同样的方式影响两个性状，以至于某一特定表型的表达通过共享的遗传基础直接影响另一个性状的表达时，我们可以用一个叫作遗传相关性（genetic correlation）的数字来衡量这些性状之间的关系强度。遗传相关性既可能是正，也可能是负，它们构成了性状具体基因组合的遗传基础，比如我在第3章中讨论过的发育迅速、擅长跳跃但缺乏魅力的雄蟋蟀（也最终决定了我在第8章中讨论的生活史取舍模式）。尤其某些复杂的形态，严重依赖性状之间大量紧密整合在一起的遗传相关性，以此来维持世代之间的功能一致性。例如，蛇必须在没有四肢的情况下吞下大型猎物。蛇能够张开颌骨的说法只是传说而已；实际上，蛇的下颌通过一块名为方骨的骨头连在颅骨上，它可自由地旋转，使下颌拥有强大的灵活性。因此，蛇的颅骨和下颌绝佳地适于吞下大型猎物，与活动的关节、连接下颌骨两端的弹性极好的肌腱，以及头骨上一系列充满活力的部位一起让嘴巴（最终还有头部）大大地张开，从而容下大型猎物。构成蛇进食系统的所有这些形态元素都是一起遗传的［一种叫作表型整合（phenotypic integration）的现象］，是综合遗传相关性模式的作用。

217

性状群之间的这些遗传相关性模式，不但强烈地影响性状得以表达的组合，并且可以以两种方式限制进化的方向——让选择偏向作用于那些会出现最强遗传变异的特定性状组合（因为这些性状可能比其他任何性状组合获得对选择更强的反应）；或者阻止特定性状组合，让其永不出现。据说不可能的性状组合存在于近乎零的遗传子空间中，对性状进化施加了绝对的约束，只有注入新的遗传变异，才能克服。

沙蟋（*Gryllus firmus*）有两种类型，或者说形态：迁飞的长翅形态，依靠飞行移动到其他地方；非迁飞的短翅形态，不飞到其他地方。某一个体是发育成长翅蟋蟀还是短翅蟋蟀，既受遗传因素的控制，也受环境因素的控制，但两种形态本身在表达的性状类型和这些性状之间的基因关系上都存在差异。因为要适应通过飞行来疏散，长翅蟋蟀的翅膀除了比短翅的雄性蟋蟀大，飞行肌群也更大。但长翅蟋蟀鸣叫得少，睾丸也更小，这很可能是因为有限的资源没法同时理想地投入繁殖（也就是说，生长睾丸并吸引雌性蟋蟀）和飞行肌中。这些关系，如飞行肌与睾丸大小之间的反比关系，反映在长翅雄蟋蟀的遗传水平上就是，不存在任何一只既有强大飞行肌，又有强大睾丸的长翅蟋蟀。类似的遗传取舍在雌蟋蟀中也很明显，长翅雌蟋蟀没法同时长出强大的卵巢和强大的飞行肌，也是出于类似原因。218 遗传相关性可以在性状进化上造成与第 7 章讨论的机械性限制类似的限制。

性状的先天因素和后天因素之间的紧张关系，意味着我们没法简单地看待性状之间的表型关系，并认为它们是潜在遗传相关性的标示；遗传相关性的方向和强度会被表型可塑性所掩盖，如此一来，评估遗传相关性必须借助恰当的育种设计：在保持环境条件不变的情况下，同时控制个体之间的相互关系。遗憾的是，即使尽最大努力，评估完整生物体能力性状的遗传参数也很难，而且大多数动物不适合在实验室条件下评估遗传方差，所以我们对这些遗传运动限制的了解是有限的。然而原则上，我们没有任何证据认为，动物的能力不应受这些限制条件的约束，我们有充分的理由相信：动物运动能力的进化轨迹会像其他任何特征一样可以被改变。

把它留在大家庭中

迄今，我描述过的育种和实验选择方法，都属于数量遗传学的范畴，这是遗传学的一个分支，旨在专门探讨连续表型：在连续表型中，出于本章一开头我描述过的各种原因，影响表型表达的具体基因的数目和特性都是未知的。

有时候，它指的是在不涉及基因的情况下研究遗传学的一种方法，因为表型表达中涉及的具体遗传知识不是必需的，所以数量遗传学运用亲缘生物之间的表型相似度来弄清其在多大程度上是遗传引起的，又在多大程度上是环境影响所致。考虑这个问题的一种方式是，细想一下某些特征在家族间是怎样表达的。出现这种情况是因为，家族间虽然分享共同的基因库，但家族内个体间的相关程度不一，或多或少。平均起来，兄弟姊妹之间彼此有大约 50% 的遗传物质是一样的，与父母也一样，而父母本身是没有关系的［这里请随意嘲笑传统的乡下人或者兰尼斯特家族（House Lannister）］。只有一方父母相同的兄弟姊妹，平均只有 25% 的遗传相似度，跟侄子与叔叔之间的关系一样。随着关系越来越远，共同基因所占的比例也越来越小。数量遗传学利用家族间的这些遗传相似度和差异，从统计学上估计观察到的某种特征

219

的变异在多大程度上可能是遗传的，换句话说，评估性状的遗传力以及多种性状之间的遗传相关性。

尽管大多数能力性状确实是数量遗传学研究一直以来旨在发现的类型——也就是说，受到很多基因影响的性状，但研究者特别感兴趣的仍然是，是否存在个别的基因对能力有不成比例的影响，如果有可能，如何对这些强效应基因（genes of large effect）做出鉴定。在分子生物学兴起和我们有能力分离出特定 DNA 序列以来，在较短的时间里，从事人类运动研究的研究人员就识别出一系列跟赋予人运动能力优势的特定表型有关的基因和等位基因。

这些公认的能力基因中，有一些比其他基因的可靠性更高。例如，一种称为 COL_5A_1 的基因的特殊形式，已被证实跟胶原蛋白和肌腱的灵活性较差有关。因为相比拉伸性能超强的肌腱，僵硬的肌腱储存的弹性势能更多（原因见第 7 章），所以该 COL_5A_1 等位基因和奔跑能力之间的显著联系，可能是肌腱储能能力更强的结果，如阿喀琉斯的跟腱。另一种名为 $ACTN_3$ 的基因可以转译一种特别类型的肌肉蛋白——称为 α-辅肌动蛋白 3（alpha-actinen 3），与短跑速度有关。不过，跟其他很多基因一样，$ACTN_3$ 有各种形式，虽然可以肯定的是，一旦 $ACTN_3$ 的形式不当，就意味着你永远都不会成为世界级的短跑运动员，但仅有恰当的 $ACTN_3$ 等位基因也不足以让你跑得超级快。还有另一种等位基因——EPOR——的点突变形式，导致携带者产生过多的红细胞。芬兰奥运选手埃罗·门蒂兰塔（Eero Mäntyranta）就携带

220

有该形式的 EPOR，跟门蒂兰塔家族的其他成员一样，他的红细胞比容比普通人的高出 65%。对于他获取 7 枚越野滑雪——可能是所有运动中最需要耐力的——的奥运会奖牌而言，这可能是一个决定性因素。

运动基因彩票

尽管对这些公认的能力基因的了解是有价值的，但它们的发现却是偶然的。美国和加拿大的多所大学合作了一项名为“HERITAGE（健康、风险因素、运动训练和遗传学）家族研究”［HERITAGE (HEalth, RIskfactors, exercise Training And GEnetics) Family Study］的超大型工程，其结果极大地增进了我们对作为人类能力背后的遗传学的理解。

如今在路易斯安那州立大学潘宁顿生物医学研究中心工作的克劳德·布沙尔（Claude Bouchard）策划了这项非凡研究，旨在揭示人类耐力隐含的特定基因的身份。在超过 20 周的时间里，克劳德和众多同事以 99 个两代人家庭（也就是说，既有父母又有子女的家庭）中的 481 个有久坐习惯的人为对象，测量了他们骑自行车的耐力和对常规自行车训练的反应。因为该研究是在如此多的家庭单位中展开的，同时纳入了近亲和无亲缘关系者，所以研究者可以分出锻炼反应的先天和后天因素，其方式跟对动物的数量遗传学育种设计一样。该研究的结果值得人们注意，并花上一些时间仔细研究。

首先，该遗传研究团队发现，骑自行车耐力的 h^2 值为 0.42。这意味着遗传变异约占久坐者骑自行车耐力变异的 42%，这差不多跟其他动物能力的 h^2 水平相当。然而，在该设计中，对被试者骑自行车耐力的测量不止一次，而是反复多次——换言之，受试者进行了锻炼。平均起来，在整个研究过程中，参与者的最大摄氧量提高了 19%。不过，尽管所有的受试者都接受了同样的训练方案，但个体的反应却不尽相同：有 5% 的受试者很少甚至没有改变；另有 5% 的受试者，他们的最大摄氧量提高了 40%—50%！布沙尔及同事发现，对耐力训练做出反应的能力也显示出了遗传变异，就最大摄氧量来说，有大约 47% 的训练反应是加性遗传因素引起的。

奇怪的是，这两种变异彼此之间在遗传上并没有相互关联，也就是说，有出色耐力的人，不一定对耐力训练有强烈反应。实际上，基于该研究，可能有千分之一的人，既是出色的耐力运动员，又能通过训练显著提高自己的耐力。如果我们将第 3 章中的一项研究——该研究表明，耐力最好的男自行车运动员也被认为拥有最具魅力的面孔——的结果考虑进来，便可以推断出，可能有更小比例的在遗传上倾向于有较高的最大摄氧量的一群人，对耐力训练会做出最大限度的反应，也更富有魅力。凡此种种意味着，宇宙是一个极其不公平的地方。

看起来，仅仅对人类的黯淡境况给出意想不到的洞察还不够，布沙尔和遗传学研究上的协作者更进了一步，运用一种被称为全基因组关联（genome-wide association，简称 GWA）的技术进行分析。该技术需从所有被试者身上采集 DNA 样本，并对这些样本进行测序，以揭示每个人的基因组——也就是说每个人 DNA 中包含的每一条遗传信息；然后，看一下是否有特定等位基因与参与该研究的每个人的耐力能力相关性更高。布沙尔的团队鉴定了大约 120 个候选基因，这些基因可能与决定人类耐力能力和对耐力训练的反应有关。尽管我们可以指着其中的一些基因说“某种程度上，这些基因可能对于耐力和锻炼有着很重要的影响”，但要弄清楚这些基因的功能，还是另一回事。

222

在某些情况下，我们确实是了解的。例如，CaMK［钙离子 / 钙调蛋白依赖性蛋白激酶（calcium/calmodulin dependent protein kinase）］家族基因可以促进慢收缩氧化肌蛋白的表达，参与增强线粒体密度。[3] 血管紧张素 I 转换酶基因（angiotensin-I-converting enzyme gene，简称 ACE）也是如此。人们以前认为它跟耐力和力量同时相关，具体跟哪一个相关，取决于所讨论的 ACE 的形式：ACE 基因 I 形式（降低酶的活性，导致较低的血压和较快的循环速度）跟耐力相关，而 ACE 基因 D 形式则能提高酶的活性，与力量有关。其他基因，比如载脂蛋白 E（apolipoprotein E, 简称 ApoE）基因，一直以来都较难确定其在能力方面的作用。

3　线粒体是由母系遗传而来的，因为只有卵子携带线粒体，而精子较小，已放弃了大多细胞机制。线粒体还含有自己的 DNA（mtDNA，线粒体 DNA）—— 它们最初是自由生活的细胞，后来融入其他细胞，成为其中的一部分，这种现象称为胞内共生，它们的 DNA 就是这段历史的遗产。遗传研究发现了最大摄氧量主要通过母亲遗传的证据，从而说明线粒体变异和线粒体 DNA 在决定最大摄氧量中的作用。

尽管目前还不清楚所有这些候选基因的作用，但我们有可能很快就会弄明白。该遗传研究最有价值的成果之一是，它让运动研究人员拥有了一张路线图，让他们知道在决定耐力方面，该专注于哪些基因。然而，有一点值得永远牢记，即能力的多基因性。有可能这些候选基因中的某些，比如 ApoE 是一个复杂、综合的基因网络的一部分，它们彼此影响甚至调节，从而微弱并/或间接地影响耐力和耐力反应。对于大型 GWA 研究的结果的异议越来越多，遗传文献中的抱怨也越来越常见。或许，相比淹没在 DNA 序列的噪声中、构成重要表型和调节信号的难以计数的其他基因的集体贡献，效果强烈基因的重要性更小。而且，虽然其中一些基因看起来充满前景，但我们必须一如既往地谨慎，不要在基因决定论的道路上偏离得太远。实际上，有证据表明，人类耐力训练反应本身受制于基因型与环境互作效应，在低糖原饮食时更为明显。

223

转录运动能力

从上文所述的遗传研究中得出的主要经验是，在耐力方面，人与人之间有大量表型变异，其中大部分可量化的比例可归因于遗传差异。然而，在我们转向非人类的动物世界时，情况仍然不简单。

得益于我们最近这些年获得的对人体基因组进行测序的能力，现在对具体的基因与遗传变异的鉴定，以及它们与特定人体性状之间可能的联系变得简单多了。尽管全基因组测序正变得越来越简单，成本也越来越低，但是要给可能感兴趣的每种动物的基因组测序，我们还有很长的路要走。不过，技术的进步确实能够让我们探查生物的遗传密码，以过去从来都不可能做到的方式将它们与特定表型联系起来。这类方式之一要感谢转录组学（transcriptomics）领域的爆发式发展，该领域的做法包括：对解码 DNA 中所编码信息的各种 RNA（核糖核酸）测序，然后将其转化为构建表型的蛋白质。

通过识别这些存在时间通常较短，且只在特定条件下才能被激活的转录因子，我们可以看到在任何特定时间内，哪些代谢和生物化学途径（即生理过程的级联反应或序列）处在开启或关闭状态。这样的关键途径受到缺氧诱导因子（HIF）的调节，该因子控制着从昆虫到人类的动物体内氧气输送网络的发育。HIF 能感觉到细胞内的氧气，在低氧条件下增强氧气的输送，例如那些在高海拔地区活动的动物所经历的。人类在高空训练时也会受到这种刺激；而在昆虫体内，当 HIF 被激活后，可促进名为气管的充气管道的生长，气管可将氧气直接输送到需要氧气的组织和细胞中。

宾夕法尼亚州立大学的詹姆斯·马登（James Marden）和他同事的研究成果表明，网蛱蝶（Glanville fritillary butterfly）的一个称为 Sdhd 的基因——该基因会在线粒体中产生一种名为琥珀酸脱氢酶（succinate dehydrogenase，简称 SDH）的酶——有三个等位基因。反过来，SDH 通过其自身分解得来的被称为琥珀酸

224

盐的中介分子，来调节转录因子 HIF-1α 的表达。作为三个等位基因之一，Sdhd M 会减少 SDH 的生成，导致琥珀酸盐的累积。由于琥珀酸盐没有被 SDH 清除，它的浓度会上升直到与 HIF-1α 结合后才会稳定下来，并防止其降解。HIF-1α 水平升高会刺激气管的生长，导致蝴蝶飞行肌中的气管密度增大两倍。如此一来，在实验中的低氧环境条件下，它们的耐力飞行能力提高了。

如果自然界中的网蛱蝶体内有 Sdhd 等位基因，说明这些动物在发现自己处于慢性缺氧条件下时，比如海拔较高或有氧活动增强的条件下，它们会在选择反应上占据有利位置。此时，相比缺乏 Sdhd M 等位基因的个体，携带该等位基因的个体适合度更高。于是，通过识别转录因子的能力，使马登及其同事得以画出一条从该生物的基因到能力的直线，并厘清其中的若干步骤。转录组学方法也让我们深入了解了锻炼反应中观察到的基因变异。例如，一种称为血管内皮生长因子（vascular endothelial growth factor，简称 VEGF）的相关转录因子能调节脊椎动物血管的生长；只要老鼠在跑步机上跑一场，几小时内就可以被激活；而且，在人体内，有着更强锻炼反应的人似乎能激活到更大程度，而缺乏锻炼反应的人，则完全没有激活。

别谈性，我们是壁虎

如果所有这些关于遗传变异的讨论让你想到了性，那么，恭喜你，你有成为一个进化生物学家的潜质！如今，性——即生物将自己的部分遗传物质跟其他生物的部分遗传物质结合，以此来进行繁殖——的进化是一个复杂的问题，我打算一如既往地略去其中的复杂性，因为这本书已经够长了。但我们可以（可能）都赞成的是：通过雄性与雌性的精子和卵子的结合，在妊娠（在精子和卵子形成过程中，从双亲的一方继承到染色体后混合并配对）期间，有性生殖产生了新的、偶尔也是独特的基因组合，从而增强了遗传和表型变异。这种方式极其有用，因为它提供了新的机会，导致某些可能有用的新表型组合的出现，相比那些携带着没多大用处组合的动物，这样做提高了有幸携带者的适合度（尽管也有可能出现有害的新表型）。

不过，我们可以更进一步扩大这一范围，并考虑来自不同种群（甚至不同物种）的动物，在一段时间内彼此很少接触然后重新接触时，会发生什么。有证据表明，如果动物种群之间连续地分离很长时间，那么它们不大可能将彼此视为潜在的配偶。即使它们视彼此为配偶，它们的交配也很可能出不了什么成果，因为这两个种群在基因上分道扬镳了太久，以至于它们的繁殖和发育机制不再契合。但有时候，它们之间的交配确实可以繁育出生命力更强的后代，而且这些后代跟双亲中的每一方都明显不同。杂交的一个可能后果是多倍体——染色体数量增加了。

大多数动物都携带两套染色体（分别来自母亲和父亲），所以是二倍体。不过，在某些情况下，两个不同物种的杂交后代结合了各自的染色体数目——两个各有 10 条染色体的物种，可能繁育出有 20 条染色体的后代！在植物中，多倍体普遍存在；而在无脊椎动物中，并不常见；在脊椎动物中，则更是少见。

在蜥蜴中，多倍体最常见的结果是不育。这些杂交物种的成员还往往都是雌性。不过，缺少雄性并不总是像人们可能预想的那样，让杂交的蜥蜴走向灭绝，因为某些杂交蜥蜴中的雌性，仍然能够通过名为孤雌生殖（parthenogenesis）的方式实现无性繁殖。尽管这些无性繁殖的雌性不需要精子来给自己的卵子受精，但某些物种中的雌性仍然需要开展性行为才能繁殖。跟其他个体进行模拟交配，这种交配行为不涉及遗传物质的传送，但能刺激未受精的卵子发育并分化出克隆了母本基因的胚胎。有一种生活在澳大利亚的壁虎比诺埃守宫（*Heteronotia binoei*）就是这样的无性世系。它们的全雌杂交种是三倍体，有 3 个染色体组。相比它们的二倍体祖先，这种孤雌生殖的壁虎不仅在低体温（10℃—15℃）下更活跃，而且还在该体温下显示出更强的耐力。不过，它们不是什么都更强，比如，这种无性繁殖的壁虎感染寄生虫的可能性是其他壁虎的 150 倍。

226

孤雌生殖壁虎耐力提高的原因尚不清楚。一个可能的解释是，杂交的物种往往优于亲本世系，因为它们的遗传多样性提升了。简单说来就是，两个或多或少独立的基因库融合在一起后，会产生新的遗传组合，运动能力等跟适合度相关的重要性状，总体的遗传变异增多，让自然选择可以在更多等位基因之间做出选择。

这种杂种优势（hybrid vigor）所基于的机制，从其他动物种类中获得了某些观念上的支持。例如，昆士兰大学的研究者发现，将两个亲缘关系密切的果蝇物种杂交，会打破每个物种内经年累代积聚而来的形态和行为上的遗传相关性模式，以前由于遗传约束条件而难以企及的遗传子空间的遗传变异，现在也得以释放出来。在遗传上获得解放的新杂交果蝇中，研究者选出各种性状组合，由此获得了对性状组合进行选择的可测量反应，而在亲本物种中，任一方都没有这种反应。

然而，杂种优势并不能解释，为什么出现了相比亲本世系在运动能力上没变化或者减弱的无性杂交种。例如，对 5 种孤雌生殖的杂交鞭尾蜥（*Cnemidophorus*）的非壁虎物种及其 6 种有性亲本物种在 5 种生理性状（包括速度、耐力和运力）上进行比较，结果表明：相比有性蜥蜴，无性种类的能力，要么没变化（在速跑和运力上），要么明显变差（在耐力上）。鱥属（*Phoxinus*）鱼类的游泳加速能力方面也表现出类似的结果，无性繁殖的杂交种比亲本有性种表现更差。

227

很难说为什么无性壁虎能力会增强，而其他分类群的无性世系的能力却下降了。一群不寻常的蝾螈可能提供了线索。钝口螈属（*Ambystoma*）中某些种类的无性蝾螈展示出奇特的行为——它们从近亲有性物种那里偷取雄性精囊，并用这些精囊来刺激卵子发育，但不一定把雄性的 DNA 融入它们的卵子中。但也有一些种类的蝾螈惊人地将从多个物种处得来的 DNA 融入它们的卵子中［一种被称为盗窃生殖（kleptogenesis）的方式］，使它们成为一种由从其他物种窃取的基因组组成的拼凑的杂交种!

在俄亥俄州立大学的罗伯特 · 丹顿（Robert Denton）的带领

下，研究者运用多种钝口螈开展了一项研究，他们发现，无性物种的运动耐力非常糟糕，是有性繁殖的同类的四分之一。丹顿及其同事认为，这是因为线粒体与从不同物种那里窃取的遗传成分不匹配，造成无性物种运用氧气的能力降低。这种说法当然貌似合理。然而，还有另一种引人注意的动物系统表明，性染色体对动物的某些能力的影响尤其明显。

非洲侏儒鼠（African pygmy mice）跟我们人类有着相似的遗传性别决定系统，雌性有两条 X 染色体（XX），雄性有一条 X 和一条 Y 染色体（XY）。但这种动物还携带着一种第三性染色体，称为 X*。性染色体为 X*Y 的小鼠，不能发育成雄性——它们在身体上是雌性，但它们的行为，相比性染色体为 XX 的雌性却更像雄性。这些性染色体为 X*Y 的雌性，不仅攻击性更强，比普通雌性的繁殖成功率也更高，而且头部更大，咬合力甚至比雄性还强！常有的情况是，非洲侏儒鼠等动物制造出的问题比它们解决了的问题要多得多，而且这些超级雌性的出现告诉我们，对于能力的遗传基础，我们还有很多东西要了解。

10
鼠与人

228

在研究动物世界的运动能力时，如果不考虑人类是不完整的。体育活动和运动消遣的流行意味着，相比地球上的其他动物，人类作为一个群体所展示的并且经常运用的能力要更丰富。20 世纪初，生理学家 A. V. 希尔意识到，对于人类运动能力的研究来说，体育赛事的记录是极具价值的资源。接下来的几十年里，研究者利用了这些数据，经常把它们跟实验室研究相结合，从而了解到了人类的很多能力，以及有关形态与生理基础的知识。实际上，得益于遍布全世界的体育科学和运动生理学实验室，第 6 章和第 7 章中探讨的形态与能力的关系在人类中或许比在其他任何动物中都更好理解。因此，如下现象确实让人觉得奇怪：尽管有大量关于人类能力的功能性数据，但人类很少像动物实验对象那样用来验证生态学和进化生物学的观点；而且，对人类能力的研究，大部分人都秉持完全不同的思维方式。

当然，人类也是动物，跟所有其他动物一样，我们（过去一直）都在自然选择和性选择的支配下进化着。不过，尽管我在整本书中自由地引用人类能力的例子来说明进化的概念，但并不是每个人都认同这种动物能力上的包容性观点。让我好奇的是，研究人类和非人类能力的科研人员往往彼此完全独立地做研究。人类和动物能力研究者的文氏图（Venn diagram）只有少量交叉，结果造成了在能力方面有两套博大精深、泾渭分明而又彼此互补的知识体系，强调完全不同的两个方面——人类能力和运动医学文献关注的是动力学、能量学、生物力学和营养学；而动物能力文献强调的是比较力学、生态环境、生理生态学和大量不同动物物种之间的适合度关联。

229

因此，人类能力的研究者主要关注进化和生态框架之外的领域，而动物能力的研究者却运用进化和生态框架来解释从非人类动物那里获得的数据（不过，公平地说，大多数的人类能力研究者对进化生态学方面的问题并不感兴趣，或者说只有次要的兴趣）。当人类能力研究者为了洞察人类能力而真的求助于动物模型（通常是其他灵长类动物或小鼠）时，这些模型仅承担告诉我们关于人类的指南或资源的角色。从互惠的角度来看，人类的数据很少被纳入比较动物研究中，尽管某些情况下它们可能具有高度相关性。

某种程度上，这种消极态度可能是进化生物学家和某些其他学科的研究者之间争斗的遗留物。历史上，后者尤其憎恶进化思想对人类行为领域的入侵，特别是那些被认为是特殊的或者不受选择影响的人类行为。人类并不特别，但也不必花力气去反驳。幸运的是，一直以来，双方都有人愿意来弥合这种分歧。研究者越来越多地运用各自的研究工具，来解决对方的问题。在最后一章中，我将回顾上文中介绍过的几个主题，并重点介绍涉及人类的研究。这些研究阐明了整合机械论和进化论方法对人类运动能力和进化生态学的洞见。

人类的赛跑

相比其他动物，人类的大多数能力都以平庸而著称。我们跑得不是特别快，跳得也不是特别远；我们是平淡无奇的游泳者和潜水者，甚至都没法靠自身的能力飞行。我们的机能在进化和遗传上都受到约束，这个事实意味着我们不可能事事都擅长，但即便如此，我们普遍缺乏运动能力的感觉仍让人尴尬。然而，在动物王国里，人类有一种运动能力无与伦比，那就是长距离耐力跑。

230

在炎热、干旱的环境中长距离奔跑，既不会过热，也不会累到崩溃，能做到这一点的唯一灵长类动物是人类，如果扩大到哺乳动物的范围，能力所及者也为数极少。从可以一口气奔跑数百英里穿越墨西哥西北部的峡谷而著称的塔拉乌玛拉印第安人（Tarahumara Indians），到威尔士一年一度的32公里人马马拉松大赛（Man versus Horse Marathon）——这是一项人类运动员与被人骑着的马之间的比赛（有时还能赢）——人类已经屡次证明自已是顶级的长跑运动员。这样的壮举需要从进化生物学的角度进行解释。

考古学和人种学的证据表明，大约 200 万年前，人类形成了一种搜寻猎物的策略，名为耐力狩猎（persistence hunting）。早期的人类就像现代的野狗一样，以比最快速度稍慢一点的速度长距离地追逐猎物，直到猎物渐渐由于疲劳或热消耗而慢下来，最终使猎物遭受棍棒殴打或者身中标枪（人会投标枪，野狗不会）而死。长距离奔跑时，长时间不停运动会升高核心体温，而对于那些覆盖着隔热皮毛、主要通过喘气来散热的动物来说，这是个严重的问题。

对于大型哺乳动物来说，炎热环境中体温变得过高的风险是实实在在的，这是平方 – 立方定律（square-cube law）的另一个结果。相对于体积来说，大型动物的表面积较小，这样一来，与外界环境接触以进行热交换的表面积就比小型动物小。这让大型动物更难散热，而小型动物却能轻松散热，这就是上文中讨论过的巨温性的生理基础。不过，虽然某些瞪羚进化出了蓄热能力（见第 5 章），但人类所表现出的性状，反而让我们能高效地散发掉大部分在长途奔跑中累积起来的热量。有越来越多的证据表明，区分人与其他灵长类动物的很多特征比如缺少毛皮、汗腺密度高、臀大肌肌群（在行走时很少收缩但在奔跑时可稳定重心）扩大、耳朵中对奔跑时音高快速变化敏感的半规管更大，这些都让我们在长距离有氧奔跑中表现出出类拔萃的适应能力。而在这样的奔跑下，我们的灵长类近亲和狩猎采集

231

者们喜爱的狩猎对象——大型哺乳动物——都会筋疲力尽，甚至累死。出汗是一种让身体冷却下来的高效策略，以至于被纳入新机器人的设计中。

人类耐力跑的动力学也对我们有利。对于四足动物来说，存在着一个速度界限，当快于该速度时，动物就会从慢跑转变为飞奔。作为两足动物，我们缺少飞奔（这需要另外两条腿）的能力，但我们偏好的耐力跑速度快于四足猎物慢跑与飞奔之间的转换速度。如此一来，人类能够以四足动物被迫飞奔的速度悠然地长距离奔跑，而一段路跑下来，飞奔对于四足动物来说能量成本高昂，而且也不可维持。在飞奔时，四足动物也没法运用它们主要的散热方法——喘气。最终的结果是，我们能一路追逐猎物，让它们在疲劳和过热的联合作用下，败给时间和距离的考验。

1984年，戴维·卡里尔提出了“人类是坚持不懈的猎手”的观点，虽然后来获得了犹他大学的戴维·布兰布尔（David Bramble）和哈佛大学的丹尼尔·利伯曼（Daniel Lieberman）的支持，但在某些圈子里并不受欢迎。批评者尤其喜欢指摘的是，在当代土著人群体中，很少见到耐力狩猎。然而，耐力狩猎可能涉及的历史和环境背景，以及在这个时代仍然存续的原因还是有必要弄明白的。如今潜在猎物的种群密度，即使与近代的记录数据相比，也要小得多，这样一来，合适的猎物就更难找到了。现如今，土著猎人也缺乏他们曾经享有的活动自由，大量竖立在博茨瓦纳及非洲南部其他地区的栅栏，进一步限制了他们的活动。另外，狩猎采集者，一个星期只要打猎两三天就能获得充足的食物；于是，现在的猎人没有必要经常采用这种策略（一位人类学家也讽刺说，习惯于久坐生活的现代研究者，不大可能准确地计量出耐力猎手的狩猎频率，要做到准确的计量，就需要加入他们，一起去追羚羊）。 232

终于，人类在接下来的时间里发明了弓箭，驯化了猎狗和马匹，在此基础上形成了可能取代耐力狩猎的策略。不过，即使如此，耐力狩猎进化的条件可能也不复存在了。然而对于叉角羚来说，这种最高级策略的进化遗产依然保留着。看起来可能有些奇怪，但我们对于参与马拉松比赛的癖好，可能是人类本能的表现。

愤怒的猿

对于自己关于人类进化的观点引发的争议，戴维·卡里尔并不担心，重要的是他可以用证据来支持这些观点。事实证明，卡里尔的另一个观点比耐力狩猎更具争议——人类能进化出手，至少在一定程度上，是对搏斗能力的性选择的回应。

这一观点出自一篇论文。在该论文中，卡里尔和其同事认为，抹香鲸撞沉捕鲸船就是基于头部撞击的雄性搏斗策略的证据。1821 年，美国的捕鲸船埃塞克斯号（Essex）被一头雄性抹香鲸用头——由硕大且充满油脂的鲸蜡器（之所以如此称呼是因为里面有质地如精液一般的油）支撑——撞沉了，就像破城槌一般撞开船体，尽管埃塞克斯号比这头鲸大得多、重得多，也厚实得多。关于鲸蜡器，传统生物学解释集中在生物声呐和浮力控制上，但卡里尔和其同事提出，鲸蜡器进化自雄性搏斗的武器。这解释了雄鲸为什么能如此高效地运用它来撞沉一艘船，有人观察到雄性抹香鲸正是以这种方式用头来撞船的。雄性的鲸蜡器本身比雌性大得多，这完全符合人们对主要用于雄性搏斗的器官的看法。还有人报道过，海豚和鼠海豚等其他鲸类动物也会用头撞击，它们的头部也存在一个相当于鲸蜡器的部位，称为圆形隆起。21 种鲸类动物中，从虎鲸、海豚到独角鲸（narwhal），偏向雄性的性别二态性跟圆形隆起的大小有关：性别二态性更明显的鲸类中，雄性的圆形隆起比雌性更大，这再一次符合圆形隆起是一种雄性武器的说法。

233

研究者模拟了一头重达 39000 千克的雄鲸发动攻击时造成的冲击，该鲸的鲸蜡器占体重的 20%（7800 千克，或者说大约是一辆小汽车重量的 4.5 倍），以 3 米 / 秒的速度——估计是埃塞克斯号和撞沉它的鲸的速度之和——移动。结果表明：该场景中实现的加速度完全足以撞破一艘船的船体；也处于很可能会损伤任何其他鲸的水平，只要这头鲸成了一头雄性抹香鲸用头撞击的目标，但这头抹香鲸在离开时却可以毫发无损，这要得益于鲸蜡器的减震能力。考虑到抹香鲸并非理想的实验对象，模拟研究可能与雄鲸搏斗时所测量到的能力差不多，而且尽管证据与特定条件有关，但也表明鲸蜡器很有可能是在该环境中进化出了该功能。

然而，这项关于鲸的研究并没有说服所有人。一位生物学家特地当着卡里尔的面，提出了一个颇有说服力的观点来反驳鲸蜡器用作武器的假设——他挥舞着拳头说："我可以用它来打你的脸，但它不是为了打脸进化而来的！"

这让卡里尔有了一个想法：如果人的拳头就是为了作为击打他人面部的武器进化来的呢？为了验证这个想法，他和迈克尔·摩根（Michael Morgan）测量了在张开拳头和握紧拳头击打时手部所感受到的力量。他们发现，在人们握紧拳头出击时，人手骨骼的比例能够支撑和保护手部免受伤害。这种特征在古人类世系早期就进化出来了，可是我们的灵长类近亲却并没有出现。这意味着以拳头为基础的雄性搏斗在人类进化史上具有重要作用。

拳头是为了雄性搏斗进化而来，这一主张立即遭到批评。某些研究者采取了一种与鲸蜡器猜想批评者类似的立场，也在适应性上做文章，提出针锋相对的指责。而有习武经验的研究者也掀起了新的攻击。人类之间真实的搏斗，当然不可能像功夫电影中展现的那样，现实中的搏斗完全是粗野不堪、杂乱无章的，早期的功夫电影对这方面的描述更为准确。[1]不过，在人类的搏斗中，电影很少涉及的一个方面是：用一只握紧的，不

234

1　有时候过犹不及。例如，1969 年的"007"系列电影《女王密使》（*On Her Majesty's Secret Service*）中，打斗场景看起来像是一头愤怒的海豹设计的。尤其是乔治·拉赞贝（George Lazenby），他看起来像不摔倒就不能出拳打人似的。

加保护的，只有天然支撑（甚至没有支撑）的拳头去击打皮包骨的人类头部时，手部可能遭受严重损伤。拳击手套对拳击手双手的保护要多于对对手头部的保护。出于该原因，某些传统武术流派鼓励人们搏斗时要张开手，不提倡紧握拳头。如此一来，如果有人认为，有一条进化途径是双手被经常用作武器，那么他就应该说明：在这样用手时，不仅手得到了保护，不受损伤；而且，尽管面临让自己受伤的高风险，但打架依然是我们祖先解决冲突升级的主要方式。同样的逻辑，还有其他人指出，如果拳头不是作为武器进化来的，那么在拳头和面部形态之间应该一直都有一种协同进化机制，来保护拳头击打得更多的部位。

这些反对意见直接促成卡里尔和摩根以此为主题发表了一篇论文。他们在论文中说明，打架很可能是我们祖先解决冲突升级的主要方式；在拳头和面部形态之间，一直都有协同进化来保护拳头击打得更多的部位。为了深入了解未经训练者的主要打斗攻击目标，他们把目光投向了流行病学上的受伤数据。在人际和家庭暴力的受害者中，面部不仅是最常见的受伤部位，而且在美国的家庭暴力受害者中，有 81% 的人是面部受伤，有 69% 的人是脸中部受伤；关于拳头太脆弱没法用于搏斗的批评，英国、丹麦和瑞典的受伤率研究也予以了反驳。在这些研究中，有 46%—67% 的面部骨折是被拳头打的，而施暴者的掌骨和指骨却很少骨折。直接引用卡里尔和摩根的原话是：“因此，人类的拳头是常见且高效的武器，在人类搏斗时，面部远比拳头更

235

容易受伤。”

接下来，卡里尔和摩根把目光转向人类及其祖先古人类的面部形态，探寻以下猜想的证据：在与他人发生争执时，受伤风险最高的面部骨骼有保护性的支撑物。而证据确实存在。我们的祖先南猿的骨骼极其强健，相比雌性，雄性的更是强健得多。硕大的下颌内收肌在遭受拳击时充当减震器和下颌稳定器，而大大的后犬齿可以将击打的能量从下颌传到头骨的其他部位。

这种关于人类面部结构的拳击假说，得到了其他证据的支持。相比睾酮水平较低的男性，循环睾酮水平较高的现代男性，面部更宽，也更强健。由于睾酮对力量和肌肉功能的影响，有人或许会认为，脸部更宽、睾酮更多的男性可能是更好的拳击手，而事实也证明确实如此：职业拳击手之间的搏斗结果，可以仅仅通过面部宽度［也就是说，面部宽度与高度之比（facial width-to-height ratio），简称 fWHR］来预测，面部更宽的拳击手更有可能赢得比赛。此外，人们通过一项独立研究发现，在给女性出示成对的拳击手（也就是说，特定的一场搏斗中的胜者和败者，对该女性来说，胜败是未知的）照片时，她们预测出胜者的概率很高，也认为胜者比败者更有魅力。如果说，出色的自行车手被认为更性感——前文第 3 章中对面部信号的研究说明了这一点，脸宽的男性是更好的拳击手，那么这会让我疑惑：跟爬升到顶级搏斗运动行列的人相比，优秀耐力运动员的 fWHR 的范围是多少。

阴险的左撇子运动策略

运动研究表明，人类所倾向的选择压力，跟塑造其他动物物种搏斗能力的一样；除此之外，运动研究还让我们深入了解其他生物体中雄性搏斗方面的信息。整个动物界中左右不对称很常见，通常表现为用手习惯现象：对于使用左边肢体还是右边肢体来执行某些任务，生物体都表现出一种偏好或偏爱。在脊椎动物和无脊椎动物中，都存在用手习惯问题，但在人类中，这一现象表现得尤其明显。大约 90% 的人习惯用右手，剩下的大约 10%（包括我自己）是左撇子以及交叉支配或混合用手（做某些事习惯用左手，做其他事习惯用右手），或者能够同等擅长地运用双手来做事——这种情况很少。

由于习惯用右手非常普遍，大多数需要单手操作的设备都是为惯用右手的人而设计的，受益者是右撇子。而左撇子每天都在诸如使用剪刀、螺旋开瓶器和开罐器等小事中挣扎，以便不严重伤害到自己或他人。还有其他缺点——20 世纪 80 年代以来，一连串的研究表明，相比右撇子，左撇子特别容易出现一些非常滑稽的情况，比如罹患精神分裂症，得一种自身免疫性疾病，平均早死 9 年，而这很有可能是因为使用电动链锯而导致的意外事故等。2004 年，一项探讨左撇子外科医生稀少问题的研究甚至发现有 10% 的左撇子外科医生对自己接受另一名左撇子外科医生的治疗表示担心，他们提供了一份简短但令人不安的手术器械清单，上面列出的都是左撇子外科医生认为操作起来“相当困难的”器械。

这些问题甚至延伸到了语言领域。单词“dextrous”的拉丁语词根是 dexter，意思是“以右边为导向”；而以左边为导向的原词是 sinister，现在它是“邪恶”的一个常见同义词。* 某个用左手或右手做事都特别出色的人，通常被描述为“双手灵巧的”（ambidextrous）——字面上的意思是“两只右手”，而一个双手都笨拙的人被视为“ambisinister”（字面意思是“两只左手”）！此外，“左边”的法语词是 gauche，在英语里是“笨拙”或“粗野”的意思。这种侮辱还在继续，但最终结果是，我本人这样的左撇子生活在一个充满敌意和冷漠的右撇子世界中，貌似这个世界在尽力地企图谋杀我们。

237

你会因为不是自己的错误而不断地把简单的任务搞砸，这样过了几十年后，你发现自己不用再纠结这些了，因为你很快就会死去，这很容易让人感觉受到了不公正对待。然而，左撇子可能有一种优势能弥补这种缺憾。假定身体两边的性状有平等的发展和用途，这是对人类等生物“默认的”进化设置，体现了两侧对称的发育程式，那么对这种对称的偏离，尤其是受到遗传影响的偏离，相比一边，总是更偏向于另一边，就很可能是选择作用的结果，要么是直接作用于这种不对称性状，要么是其他选中的某些事的遗传相关性的间接作用。这意味着，可能有一种跟习惯用手的方向选择有关的适合度优势。人类中的左撇子既少见，也是

* dextrous 中文为“手脚麻利”的意思，sinister 中文为“用心险恶”的意思。——译注

可遗传的（广义遗传力大约为0.3），这让我们有了一条线索，去了解可能属于左撇子的一种有选择性的优势。

在第3章关于招潮蟹的章节中，我们简单地提到过负频率相关的概念，它描述了稀有的策略或性状相对于普通的策略或性状有竞争优势的情况。这一情况有个缺乏想象力的名字——搏斗假说（fighting hypothesis），其内容是假定由于稀缺性，左撇子在跟右撇子的搏斗中具有优势。这足以解释，在人群中不习惯用右手的人很少，但总是有。用手习惯与众不同者存在优势，这一说法基于的原理是：在面对左撇子时，右撇子搏斗参与者必须调整他们的搏斗风格，以对付来自不熟悉角度的攻击，这会让他们处于微妙的劣势，在用到单手武器的搏斗中尤其如此，而经常跟右撇子搏斗的左撇子没有这种不利因素。有鉴于此，最好的策略［《公主新娘》（*The Princess Bride*）中埃尼戈·蒙托亚（Inigo Montoya）和恐怖海盗罗伯茨（Dread Pirate Roberts）采取的策略］是同时精通左手*和*右手的搏斗；然而，这种事说起来容易做起来难。尽管符合常理，但对于左撇子优势来说，搏斗假说的负频率相关不是唯一可能的解释。例如，另一种解释是，得益于它们更大的右脑半球，左撇子可能总体上有更好的空间和视觉技能。

238

搏斗假说有一定的实证支持，也可以用来解释文化上的反邪恶偏见。在几个传统的人类社会中，凶杀率与左撇子的比例呈正相关：在和平主义社会中，左撇子占总人口的约3%；但在那些好斗趋向更强的社会中，左撇子的占比高达总人口的27%。这说明，对于左撇子来说，尽管只是间接的，但确实在搏斗上有优势。不过，从搏斗运动以及其他的人类体育赛事中，我们或许还能深入地了解左撇子的竞技优势。

左撇子在击剑和网球等互动式运动中的比例很高；但在体操等非互动式运动中，左撇子并不多见。左撇子占比高的现象甚至延伸到互动式的团队运动中。2004 年，新南威尔士大学的罗伯·布鲁克斯以 2003 年板球世界杯为基础进行的一项研究表明，在世界顶尖的板球队中，左撇子击球手的比例不成比例地高。在对抗主要是右撇子的投球手时，左撇子击球手也表现得更好，尤其对手是来自投球经验不足、水平较低球队的投球手时。在搏斗类运动方面更为突出，在终极格斗冠军赛（UFC）中，左撇子占比也很高，但有趣的是，他们的得胜率不比右撇子高。

德国卡塞尔大学的研究者分析了从 1924 年到 2012 年的大量拳击手样本，试图解答某些跟早期横截面快照研究有关的问题——这些快照研究只考察一个时间点的搏斗数据（比如低样本大小）以及这样一种可能性：左撇子和右撇子的动态相对频率可能会让左撇子放弃自身的优势，当左撇子变得越来越普遍时。他们发现，久而久之，左撇子拳击手确实在搏斗中赢的比输的多，这为拳击运动的搏斗假说的负频率相关提供了直接的支持。

人类对左右肢的偏爱尤其强烈，但我们不是搏斗假说可能适用的唯一动物。招潮蟹也展示出偏手性，增大变成用于发信号和搏斗的主螯的要么是右螯，要么是左螯。但不同于人类，在大多数种类的招潮蟹中，主螯基本上都是可塑的。左右大螯之间，主螯的比例是 1 : 1。由此可见，对左右螯不对称的潮招蟹来说，选

239

择的影响可能很轻微。实际上，在招潮蟹中，关于搏斗假说的检验已经得出了不一致的结果，这说明在跟用螯习惯相同或不同的对手争斗时，争斗双方的偏手性确实会影响它们搏斗的方式，但对搏斗结果没有影响。不过，在已有记录的102种招潮蟹中，至少有5种是以右螯为主，这表明特别是在这些物种中，选择驱动的偏手性进化了。在这些物种中，关于搏斗假说的检验可能尤其富有启发性。

观众科学

从生态学和进化论得出的检验结果来看，除了原始样本的大小，人类运动的数据库还有其他优势。表现出最高水准的职业运动员，可能在训练水平、积极性、饮食和各种其他可能会让人混淆的环境因素方面都非常相似，而这种相似性也方便人们对能力做比较。很多运动也吸引了最高水平的男女竞技者，让我们得以深入了解不同性别之间的运动差异。

某些运动的纵向性是另一个优势，我们可以追踪运动员在个人运动生涯中的整体表现。正如第8章中所指出的，关于老化的研究经常受到许多生物体寿命过长的阻碍。如此一来，随着时间推移，观察具体动物怎样改变它们的性状表达，就成了一项挑战。理论上，有了人类的运动数据库，我们应该能够克服该障碍，但实际上事情并没那么简单。无论是由于跟年龄相关的能力衰弱，还是由于受伤导致的被迫退役，相比总体寿命，运动员的运动生涯往往较短。相对于 22—42 岁一直效力于美国职业篮球联赛（NBA）的卡里姆•阿布杜尔-贾巴尔（Kareem Abdul-Jabbar），或者职业生涯从 1981—2004 年横跨 23 个赛季、入选美国国家冰球联盟（NHL）名人堂的罗恩·弗朗西斯（Ron Francis）来说，更多运动员的职业生涯只能在 20 岁出头的年纪维持一两年。然而，从足够长的时间尺度来看，我们应该能在特定运动项目上拼凑出足够多的个人生涯数据，得以由此来检验某些设想。

240

本书反复讨论的一个主题是动物在性状表达上的取舍。但个体不一定要转化并接受伴随而来的成本，它们通常会以其他某种方式奋力补偿自己。我们已经说过几个关于性状补偿（trait compensation）的例子，比如第 4 章中的雌性突眼蝇，它们进化出跟雄性不同的翅膀形态，以此来应付基因座内性冲突强加给它们的大眼柄的后果。有研究已经考察过性状补偿可能存在的环境，这些研究表明，生活史是一个重要因素；例如，在新环境中表现出更强探索行为的褐安乐蜥，通常比不那么爱冒险的蜥蜴更容易扔掉尾巴，来补偿作为先驱者的内在风险，但只有在食物资源丰富（可能是因为重新长出一条丢失的尾巴成本不低）的情况下才会这样。从老化的角度来说，既然不是所有的能力性状以同一速度老化（见第 8 章），那么就出现了一个令人感兴趣的问题：为了补偿特定能力的老化，动物是否会加大在其他能力上的投入，从而延缓（至少暂时如此）总体上的适合度下降。就非人类动物来说，该问题难以回答，但我们可以运用人类的运动数据来解释。

人类体育赛事中的得分与个体适合度不一定成正比，至少，我不知道有任何研究表明超级运动明星比普通运动员的适合度更高，或者有任何实验表明运动员比非运动员展示出的适合度更高。不过，可以把得分看作在跟生态相关的能力活动上的成功标准。得分也是最明确的能力度量标准，即使在所有运动员都必须为团队成功而得分的团体运动中也是如此。在篮球运动中，从围绕篮筐的指定三分线外成功投进一球，可以得 3 分。自从 1945 年该规则出台以来，就一直备受争议，但最终在 1979—1980 年赛季被 NBA 采用。这使篮球运动中可以得 3 分的方式又多了一种，另一种方式是在三分线内投中常规的两分球，外加因对方球员犯规而获得加罚一分球的机会。

241

两分球、三分球和罚球要求球员用不同方式或强度，来整合不同的神经肌肉和能力特性，比如跳跃、准度、力量和动作控制。不过只有两分球涉及扣篮；而且早期的研究表明，在 86 年的时间里，奥运会跳远和跳高运动员的巅峰年龄分别大约为 22 岁和 24 岁。有鉴于此，一种可能性是：随着年龄增长，球员可以提高自己的三分球能力以此来补偿下降的跳跃能力（从而可能减少两分球）。此外，尽管女子 NBA（WNBA）直到 1996 年 4 月才成立，但打球的规则是一样的。比较 NBA 和 WNBA 的老化轨迹，我们可以检验男性与女性是否有相似的补偿模式（如果有的话）。

根据 1979—2010 年的每一场 NBA 球赛的所有得分数据分析确定的老化轨迹（同时考虑身高、上场时间、投篮成功率和团队整体素质）揭示出：NBA 球员的巅峰得分年龄是 25 岁或稍晚

（图 10.1a），超过这一年龄，得分急剧下降。[2]这也符合很多其他类型运动的趋势，包括那些涉及跳跃的运动。如果把所得分数按照罚球、两分球和三分球加以区分，罚球和两分球的巅峰年龄都大约是 25 岁。不过，三分球的巅峰年龄要晚得多，大约在 30 岁。

这似乎为补偿假说提供了某些支持，而且也很容易编造出这样一个场景：球员在强度和短期爆发力逐渐日落西山的同时开始提高命中率。不过，考虑到总体得分的老化曲线非常近似于两分球和罚球的老化曲线，可以合理地推断出随着时间推移，不是三分球，而是这些得分方法推动着篮球的总体得分能力。三分球的补偿效应（如果有的话）可能对总体得分没什么影响。

243

分析职业篮球运动员的老化趋势得出的第二个有趣结论是：在总体得分和各种得分类型上，WNBA 球员都展现出与男球员截然不同的老化轨迹。在总体得分能力上，WNBA 球员没显示出明显的老化（图 10.1b）。就特定得分方式来说，只有三分球显示出熟悉的老化模式，在大约 25 岁的时候达到一个峰值，随后是一个长长的平台期。不过，WNBA 的比赛自 1997—1998 年才开始举办，缩水的 WNBA 数据（1998—2009 年的 11 年间，有 540 名 WNBA 球员；相比之下，NBA 在 31 年间有 1035 名球员）意味着，WNBA 分析的结果不那么可靠。

2　值得强调的是，这体现了 31 年里的 1035 名球员的平均年龄轨迹。迈克尔·乔丹、勒布朗·詹姆斯以及其他每个看起来在能力上都没衰退的人也都包括在内。这种变异部分上受置信区间（confidence interval）的限制；但平均来看，巅峰得分年龄是 25 岁。

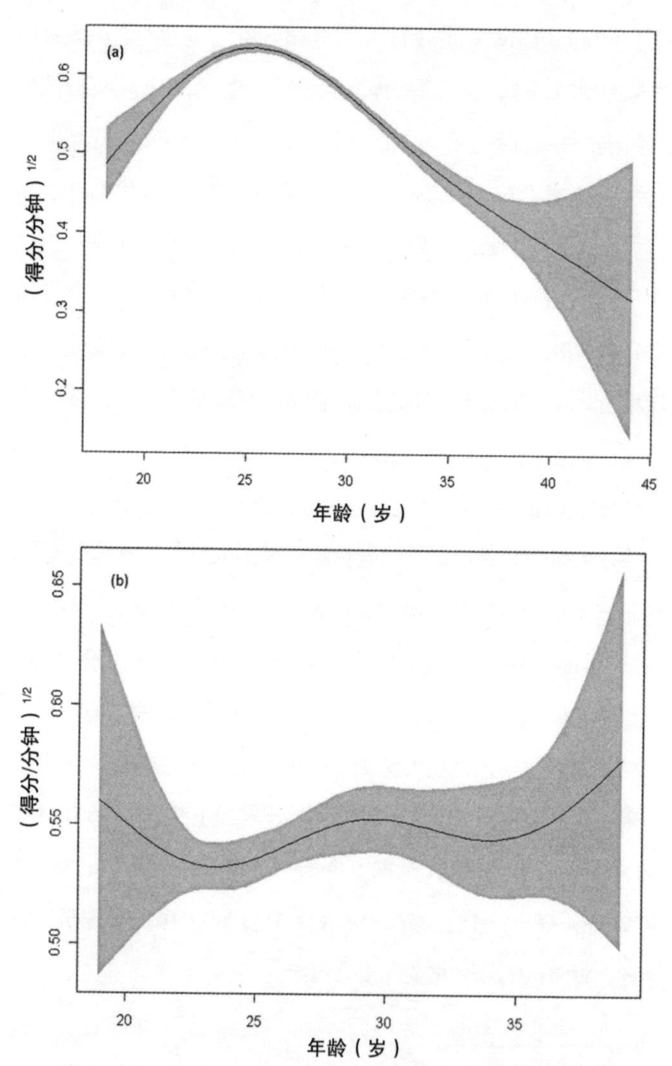

图 10.1 职业男(a)女(b)篮球运动员的每分钟平均得分老化曲线(由于枯燥的统计原因,对平方根进行了转换)。阴影部分表示 95% 的置信区间,说明两类球员中获得真实斜率所处的取值范围。
来源:Lailvaux et al. 2014

尽管有这些局限，但男女之间得分能力的老化轨迹似乎是有差异的。这些差异可以归因于许多因素。例如，它们可能是根本能力中固有的生理差异的反应，而正是这种根本能力推动得分，导致男女球员以迥异的方式打着同样的比赛。由于女性的垂直跳跃能力比男性大约低 33%，所以女子篮球赛中罕有扣篮。另外一个可能的因素是，NBA 和 WNBA 不同的赛程安排和强度。季后赛除外的常规 NBA 赛季有 82 场比赛，而常规的 WNBA 赛季只有 32 场比赛。即使 NBA 和 WNBA 球员投入一样多的训练，NBA 球员在每个赛季的平均上场时间也比 WNBA 球员的平均上场时间多 140% 左右；而且，时间一久，单是更艰苦的赛程安排就会导致男球员得分能力减退，而女球员不会。

靠不住的足球运动员

不同的运动需要运动员做出不同的互动和行为，对进化论新检验方法感兴趣的科学家当然会关注到这一点。将特定的运动互动与具体的生物现象或预测相匹配，不仅需要对科学和所研究的运动有切实的了解，还需要有敏锐的洞察力，以相关的方式将两者联系起来，而这通常是在周末喝完几杯之后做的事。这方面跟与运动相关的大多数问题一样，澳大利亚走在了前头。昆士兰大学行为实验室的研究者用进化论考察了足球运动的各个方面，并为衡量诚实与欺骗的某些想法找到了一块沃土。

244

如前所述，鉴于识别已经进化到误导境界的信号的困难程度，在非人类的动物身上测谎是有挑战性的。足球运动员展示出臭名昭著的欺骗性信号行为——假摔，即模仿对方球员铲球犯规的行为后果，故意摔倒。尽管成功的假摔会诱导信号接收者（裁判）奖赏信号发出者（假摔的球员），让他所在的球队获得任意球机会，但如果假摔的诡计不成功，也会招致信号接收者强加的惩罚。因为假摔既有好处也存在潜在的代价，所以动物信号理论主张，如果相比伴随的代价，好处可以最大限度地实现，那么它就会经常出现。特别是对于足球比赛来说，这意味着，如果在球场上的某些区域或比赛的某个阶段，假摔很可能最有利，那么在这些区域和时刻，球员就会更经常地假摔。于是，在离防守球门近的地方假摔较少见；而在离攻击球门近的地方假摔最常见。同样，相比球队目前在比赛中比分领先或落后，在比分打平时，假摔的好处可能是最大的，因为取得领先比打平或维持已有的领先都更有价值。

为了验证这些预测，格温多琳·大卫（Gwendolyn David）观看了60场电视转播的足球比赛（全世界6个职业足球联盟，每个联盟10场），作为自己博士学位论文的一部分。她用慢动作回放和多角度连续镜头来给每个球员的摔倒分类，要么归为假摔和铲球，要么归为没有任何信号的摔倒（例如，如果一名球员在非铲球的情况下绊倒或摔倒）。她还对球场进行了分区，并标注出各种摔倒出现在球场上相对于攻击球门和防守球门的哪块区域，记录下每次摔倒时的比分，并估算了每次摔倒离裁判有多近。格温多琳的结果支持了上述预测：在最靠近攻击球门的区域，球员假摔的频率大约是任意防守区域内的两倍；而且，相比假摔球员

245

所在球队领先或落后时，在比分打平时，假摔也更频繁。

然而，令人惊讶的是，尽管在更靠近假摔球员时，裁判能更好地察觉到欺骗，但在这些样本中，裁判从未惩罚过一次明显的假摔。目前尚不清楚为什么裁判不愿意惩罚有明显欺骗性的行为，但各种解释都有，从如果有合理的疑点，就倾向于宽大处理，到一种更具争议也更流行的观点认为，某些裁判就是毫无廉耻的混蛋（顺便提一句，在已经开始对假摔进行追溯性惩罚的美国和澳大利亚足球联赛中，假摔率明显下降）。该项研究还得出了进一步的一个结果：在假摔更流行的联赛中，裁判奖赏假摔也更频繁，这或许可以解释，为什么球员的这种行为在这些联赛中如此常见。格温多琳和论文合作者拒绝说出球员假摔最频繁的国际联赛的名字，但我们都清楚。

观众科学的局限性

虽然对板球比赛、自由搏击、篮球运动员的老化和足球运动员假摔的分析，展现出我们有能力利用现有运动数据，以新颖而有创造力的方式，来检验源于动物系统的预测，但它们仍然有局限性。或许最大的缺点是，数据不是来自检验特定假设的实验。科学家总是宁愿做实验，因为如果我们能执行一次操作，并观察到系统中随后的变化，而在不加控制的对照系中没有观察到该变化，那么我们可以充满信心地从控制的东西和改变的东西之间，推断出一种因果关系。如果做得正确，还能估计出对于该实验条件下的因果关系，我们可以有多大的信心。不过，运动数据库完全是临时的，尽管我们能在某些情况下寻找可模拟控制（比如规则上的改变）的条件，并思考由此造成的后果，但即便如此也不够理想。

246

运动数据库的这种临时性还造成了数据分析方面的问题。实验设计的一个关键环节是规划控制，从而使其结果尽可能明确。对运动数据库的分析通常意味着控制或解释许多混杂的变量和关系，而它们在合理设计的实验中不会存在。尽管其中一些问题可以用恰当的统计技巧来解决，但强行处理复杂且不受控制的数据库，而不会得出最糟的情况是错误的或最好的情况也是误导人的结论，这很难做到。不过，尽管与结合运用实验和推断相比，使用统计方法从冷冰冰且内涵丰富的数据库中抽取出信息丰富且吸引人的关键结论没有那么令人满意，但我仍然坚持认为这种努力是有价值的。最起码，它们可能会得出新的预测，用来引导以后通过实验进行的更严格研究。

将动物能力研究的思维方式和方法应用到人类的运动能力中，让我们回到了原点。虽然我们有着丰富多彩的文化特征，但我们既没有超越选择的界限，也没有超出进化世系的范围。动物运动能力的故事、我们自己的故事，跟螳螂虾或飞蛇的故事一样精彩。因此，理解从最小的昆虫到最大的哺乳动物的能力的本质，也就是在理解我们自己。

参考文献

在完整生物体能力的力学与生理学的基础知识方面，我主要借鉴了两本卓绝的参考书：R. 麦克尼尔 · 亚历山大的《动物运动原理》（*Principles of Animal Locomotion*）和史蒂文 · 沃格尔（Steven Vogel）的《比较生物力学：生命的物理世界》（*Comparative Biomechanics: Life's Physical World*）（两本书都是由普林斯顿大学出版社出版的）。两本书都以写得好而著称，只要你有时间和兴趣钻研它们，都可以受益匪浅（尽管亚历山大的书有更多专业内容）。关于更详细的案例研究，我凭借的是已发表的和同行评议的科学文献，以及（极）少数情况下的非科学资源。在下文中，我将列出每一章的主要参考文献；对于不止一章中参考的论文，在它们作为首次参考的一章下列出。

1　跑，跳，咬

Alexander, R. McN., V. A. Langman, and A. S. Jayes. 1977. Fast locomotion of some African ungulates. *Journal of Zoology* 183: 219–300.

Brown, G. P., C. Shilton, B. L. Phillips, and R. Shine. 2007. Invasion, stress, and spinal arthritis in cane toads. *Proceedings of the National Academy of Sciences of the United States of America* 104: 17698–17700.

Christiansen, P., and S. Wroe. 2007. Bite forces and evolutionary adaptations to feeding ecology in carnivores. *Ecology* 88: 347–358.

Coburn, T. A. 2011. *The National Science Foundation: Under the Microscope*.

Dlugosz, E. M., et al. 2013. Phylogenetic analysis of mammalian oxygen consumption during exercise. *Journal of Experimental Biology* 47: 4712–4721.

Gilman, C. A., M. D. Bartlett, G. B. Gillis, and D. J. Irschick. 2012. Total recoil: perch compliance alters jumping performance and kinematics in green anole lizards (*Anolis carolinensis*). *Journal of Experimental Biology* 215: 220–226.

Lailvaux, S. P., et al. 2004. Performance capacity, fighting tactics and the evolution of life-stage male morphs in the green anole lizard (*Anolis carolinensis*). *Proceedings of the Royal Society of London B: Biological Sciences* 271: 2501–2508.

Llewelyn, J., et al. 2010. Locomotor performance in an invasive species: cane toads from the invasion front have greater endurance, but not speed, compared to conspecifics from a long-colonised area. *Oecologia* 162: 343–348.

Phillips, B. L., G. P. Brown, J. K. Webb, and R. Shine. 2006. Invasion and the evolution of speed in toads. *Nature* 39: 803.

Wilson, A. M., et al. 2013. Locomotion dynamics of hunting in wild cheetahs. *Nature* 498: 185–192.

2 捕食与逃脱

Butler, M. A. 2005. Foraging mode of the chameleon, *Bradypodion pumilum:* a challenge to the sit-and-wait versus active foraging paradigm? *Biological Journal of the Linnean Society* 84: 797–808.

Crotty, T. L., and B. C. Jayne. 2015. Trade-offs between eating and moving: what happens to the locomotion of slender arboreal snakes when they eat big prey? *Biological Journal of the Linnean Society* 114: 446–458.

FitzGibbon, C. D., and J. H. Fanshawe. 1988. Stotting in Thomson's gazelles: an honest signal of condition. *Behavioral Ecology and Sociobiology* 23: 69–74.

Fu, S., et al. 2009. The behavioural, digestive and metabolic characteristics of fishes with different foraging strategies. *Journal of Experimental Biology* 212: 2296–2302.

Huey, R. B., and E. R. Pianka. 1981. Ecological consequences of foraging mode. *Ecology* 62: 991–999.

Kane, S. A., and M. Zamani. 2014. Falcons pursue prey using visual motion cues: new perspectives from animal-borne cameras. *Journal of Experimental Biology* 217: 225–234.

Leal, M., and J. A. Rodríguez-Robles. 1995. Antipredator responses of *Anolis cristatellus* (Sauria: Polychrotidae). *Copeia* 1995: 155–161.

Leong, T. M., and S. K. Foo. 2009. An encounter with the net-casting spider *Deinopis* species in Singapore (Araneae: Deinopidae). *Nature in Singapore* 2: 247–255.

Losos, J. B., T. W. Schoener, R. B. Langerhans, and D. A. Spiller. 2006. Rapid temporal reversal in predator-driven natural selection. *Science* 314: 1111.

McElroy, E. J., K. L. Hickey, and S. M. Reilly. 2008. The correlated evolution of biomechanics, gait and foraging mode in lizards. *Journal of Experimental Biology* 211: 1029–1040.

McHenry, M. J. 2012. When skeletons are geared for speed: the morphology, biomechanics, and energetics of rapid animal motion. *Integrative and Comparative Biology* 52: 588–596.

Mehta, R. S., and P. C. Wainwright. 2007. Raptorial jaws in the throat help moray eels swallow large prey. *Nature* 449: 79–83.

Miller, L. A., and A. Surlykke. 2001. How some insects detect and avoid being eaten by bats: tactics and countertactics of prey and predator. *BioScience* 51: 570–581.

Neutens, C., et al. 2014. Grasping convergent evolution in syngnathids: a unique tale of tails. *Journal of Anatomy* 224: 710–723.

Patek, S. N., and R. L. Caldwell. 2005. Extreme impact and cavitation forces of a biological hammer: strike forces of the peacock mantis shrimp *Odontodactylus scyllarus*. *Journal of Experimental Biology* 208: 3655–3664.

Patek, S. N., W. L. Korff, and R. L. Caldwell. 2004. Deadly strike mechanism of a mantis shrimp. *Nature* 428: 819–820.

Patek, S. N., J. E. Baio, B. L. Fisher, and A. V. Suarez. 2006. Multifunctionality and mechanical origins: ballistic jaw propulsion in trap-jaw ants. *Proceedings of the National Academy of Sciences of the United States of America* 103: 12787–12792.

Pruitt, J. N. 2010. Differential selection on sprint speed and *ad libitum* feeding behaviour in active vs. sit-and-wait foraging spiders. *Functional Ecology* 24: 392–399.

Robinson, M. H., and B. Robinson. 1971. The predatory behavior of the ogre-faced spider *Dinopis longipes* F. Cambridge (Araneae: Dinopidae). *American Midland Naturalist* 85: 85–96.

Rose, T. A., A. J. Munn, D. Ramp, and P. B. Banks. 2006. Foot-thumping as an alarm signal in macropodoid marsupials: prevalence and hypotheses of function. *Mammal Review* 36: 281–291.

Van Wassenbergh, S. 2013. Kinematics of terrestrial capture of prey by the eel-catfish *Channallabes apus*. *Integrative and Comparative Biology* 53: 258–268.

Van Wassenbergh, S., G. Roos, and L. Ferry. 2011. An adaptive explanation for the horse-like shape of seahorses. *Nature Communications* 2:5.

Van Wassenbergh, S., et al. 2006. A catfish that can strike its prey on land. *Nature* 440: 881.

——. 2009. Suction is kid's play: extremely fast suction in newborn seahorses. *Biology Letters* 5: 200–203.

Westneat, M. W. 1991. Linkage biomechanics and evolution of the unique feeding mechanism of *Epibulus insidiator* (Labridae, Teleostei). *Journal of Experimental Biology* 159: 165–184.

3 情人与对手

Allen, J. J., D. Akkaynak, A. K. Schnell, and R. T. Hanlon. 2017. Dramatic fighting by male cuttlefish for a female mate. *American Naturalist* 190: 144–151.

Andersson, M. 1994. *Sexual Selection*. Princeton, NJ: Princeton University Press.

Backwell, P. R. Y., M. D. Jennions, N. Passmore, and J. H. Christy. 1998. Synchronized courtship in fiddler crabs. *Nature* 391: 31–32.

Backwell, P. R. Y., et al. 2000. Dishonest signalling in a fiddler crab. *Proceedings of the Royal Society of London B: Biological Sciences* 267: 719–724.

Bely, A. E., and K. G. Nyberg. 2010. Evolution of animal regeneration: re-emergence of a field. *Trends in Ecology and Evolution* 25: 161–170.

Blackburn, D. C., J. Hanken, and F. A. Jenkins. 2008. Concealed weapons: erectile claws in African frogs. *Biology Letters* 4: 355–357.

Blows, M. W., R. Brooks, and P. G. Kraft. 2003. Exploring complex fitness surfaces: multiple ornamentation and polymorphism in male guppies. *Evolution* 57: 1622–1630.

Bywater, C. L., and R. S. Wilson. 2012. Is honesty the best policy? Testing signal reliability in fiddler crabs when receiver-dependent costs are high. *Functional Ecology* 26: 804–811.

Bywater, C. L., M. J. Angilletta, and R. S. Wilson. 2008. Weapon size is a reliable indicator of strength and social dominance in female slender crayfish (*Cherax dispar*). *Functional Ecology* 22: 311–316.

Emlen, D. J., J. Marangelo, B. Ball, and C. W. Cunningham. 2005. Diversity in the weapons of sexual selection: horn evolution in the beetle genus *Onthophagus* (Coleoptera: Scarabaeidae). *Evolution* 59: 1060–1084.

Hall, M. D., L. McLaren, R. C. Brooks, and S. P. Lailvaux. 2010. Interactions among performance capacities predict male combat outcomes in the field cricket *Teleogryllus commodus*. *Functional Ecology* 24: 159–164.

Husak, J. F., S. F. Fox, and R. A. Van Den Bussche. 2008. Faster male lizards are better defenders not sneakers. *Animal Behaviour* 75: 1725–1730.

Husak, J. F., A. K. Lappin, and R. A. Van Den Bussche. 2009. The fitness advantage of a high-performance weapon. *Biological Journal of the Linnean Society* 96: 840–845.

Husak, J. F., S. F. Fox, M. B. Lovern, and R. A. Van Den Bussche. 2006. Faster lizards sire more offspring: sexual selection on whole-animal performance. *Evolution* 60: 2122–2130.

Husak, J. F., A. K. Lappin, S. F. Fox, and J. A. Lemos-Espinal. 2006. Bite-force performance predicts dominance in male venerable collared lizards (*Crotaphytus antiquus*). *Copeia* 2006: 301–306.

Jacyniak, K. R., R. P. McDonald, and M. K. Vickaryous. 2017. Tail regeneration and other phenomena of wound healing and tissue restoration in lizards. *Journal of Experimental Biology* 220: 2858–2869.

Lailvaux, S. P., and D. J. Irschick. 2006. No evidence for female association with high-performance males in the green anole lizard, *Anolis carolinensis*. *Ethology* 112: 707–715.

——. 2007. The evolution of performance-based male fighting ability in Caribbean *Anolis* lizards. *American Naturalist* 170: 573–586.

Lailvaux, S. P., M. D. Hall, and R. C. Brooks. 2010. Performance is no proxy for genetic quality: trade-offs between locomotion, attractiveness, and life history in crickets. *Ecology* 91: 1530–1537.

Lailvaux, S. P., L. T. Reaney, and P. R. Y. Backwell. 2009. Dishonest signalling of fighting ability and multiple performance traits in the fiddler crab *Uca mjoebergi*. *Functional Ecology* 23: 359–366.

Lailvaux, S. P., J. Hathway, J. Pomfret, and R. J. Knell. 2005. Horn size predicts physical performance in the beetle *Euoniticellus intermedius*. *Functional Ecology* 19: 632–639.

Lappin, A. K., et al. 2006. Gaping displays reveal and amplify a mechanically based index of weapon performance. *American Naturalist* 168: 100–113.

Lee, S., S. Ditko, and A. Simek. 1963. Face to face with . . . the Lizard! *Amazing Spider-Man* 6.

McElroy, E. J., C. Marien, J. J. Meyers, and D. J. Irschick. 2007. Do displays send information about ornament structure and male quality in the ornate tree lizard, *Urosaurus ornatus*? *Ethology* 113: 1113–1122.

Meyers, J. J., D. J. Irschick, B. Vanhooydonck, and A. Herrel. 2006. Divergent roles for multiple sexual signals in a polygynous lizard. *Functional Ecology* 20: 709–716.

Mowles, S. L., P. A. Cotton, and M. Briffa. 2010. Whole-organism performance capacity predicts resource-holding potential in the hermit crab *Pagurus bernhardus*. *Animal Behaviour* 80: 277–282.

——. 2011. Flexing the abdominals: do bigger muscles make better fighters? *Biology Letters* 7: 358–360.

Nicoletto, P. F. 1993. Female sexual response to condition-dependent ornaments in the guppy, *Poecilia reticulata*. *Animal Behaviour* 46: 441–450.

——. 1995. Offspring quality and female choice in the guppy *Poecilia reticulata*. *Animal Behaviour* 49: 377–387.

Pomfret, J. C., and R. J. Knell. 2006. Sexual selection and horn allometry in the dung beetle *Euoniticellus intermedius*. *Animal Behaviour* 71: 567–576.

Postma, E. 2014. A relationship between attractiveness and performance in professional cyclists. *Biology Letters* 10: 20130966.

Reby, D., and K. McComb. 2003. Anatomical constraints generate honesty: acoustic cues to age and weight in the roars of red deer stags. *Animal Behaviour* 65: 519–530.

Snowberg, L. K., and C. W. Benkman. 2009. Mate choice based on a key ecological performance trait. *Journal of Evolutionary Biology* 22: 762–769.

Vanhooydonck, B., A. Y. Herrel, R. Van Damme, and D. J. Irschick. 2005. Does dewlap size predict male bite performance in Jamaican *Anolis* lizards? *Functional Ecology* 19: 38–42.

Wilson, R. S., et al. 2007. Dishonest signals of strength in male slender crayfish (*Cherax dispar*) during agonistic encounters. *American Naturalist* 170: 284–291

——. 2010. Females prefer athletes, males fear the disadvantaged: different signals used in female choice and male competition have varied consequences. *Proceedings of the Royal Society B: Biological Sciences* 277: 1923–1928.

4 雌性与雄性

Andrade, M. C. B. 1996. Sexual selection for male sacrifice in the Australian redback spider. *Science* 271: 70–72.

Arnqvist, G., and L. Rowe. 2005. *Sexual Conflict*. Princeton, NJ: Princeton University Press.

Becker, E., S. Riechert, and F. Singer. 2005. Male induction of female quiescence/catalepsis during courtship in the spider, *Agelenopsis aperta*. *Behaviour* 142: 57–70.

Brodie, E. D. 1989. Behavioral modification as a means of reducing the cost of reproduction. *American Naturalist* 134: 225–238.

Cox, R. M., D. S. Stenquist, J. P. Henningsen, and R. Calsbeek. 2009. Manipulating testosterone to assess links between behavior, morphology, and performance in the brown anole *Anolis sagrei*. *Physiological and Biochemical Zoology* 82: 686–698.

Husak, J. F. 2006. Do female collared lizards change field use of maximal sprint speed capacity when gravid? *Oecologia* 150: 339–343.

Husak, J. F., and D. J. Irschick. 2009. Steroid use and human performance: lessons for integrative biologists. *Integrative and Comparative Biology* 49: 354–364.

Husak, J. F., G. Ribak, G. S. Wilkinson, and J. G. Swallow. 2011. Compensation for exaggerated eye stalks in stalk-eyed flies (Diopsidae). *Functional Ecology* 25: 608–616.

Husak, J. F., et al. 2013. Effects of ornamentation and phylogeny on the evolution of wing shape in stalk-eyed flies (Diopsidae). *Journal of Evolutionary Biology* 26: 1281–1293.

Huyghe, K., et al. 2009. Effects of testosterone on morphology, performance and muscle mass in a lizard. *Journal of Experimental Zoology Part A: Ecological Genetics and Physiology* 313A: 9–16.

Ketterson, E. D., V. Nolan, and M. Sandell. 2005. Testosterone in females: mediator of adaptive traits, constraint on sexual dimorphism, or both? *American Naturalist* 166: S85–S98.

Miles, D. B., R. Calsbeek, and B. Sinervo. 2007. Corticosterone, locomotor performance, and metabolism in side-blotched lizards (*Uta stansburiana*). *Hormones and Behavior* 51: 548–554.

Mohdin, A. 2015. Zoologger: oral sex may be a life saver for spider. *New Scientist* http://www.newscientist.com/article/dn26995-zoologger-oral-sex-may-be-a-life-saver-for-spider.html#.VOVrCmR4pCC.

Ramos, M., D. J. Irschick, and T. E. Christenson. 2004. Overcoming an evolutionary conflict: removal of a reproductive organ greatly increases locomotor performance. *Proceedings of the National Academy of Sciences* 101: 4883–4887.

Ramos, M., J. A. Coddington, T. E. Christenson, and D. J. Irschick. 2005. Have male and female genitalia coevolved? A phylogenetic analysis of genitalic morphology and sexual size dimorphism in web-building spiders (Araneae: Araneoidea). *Evolution* 59: 1989–1999.

Ribak, G., and J. G. Swallow. 2007. Free flight maneuvers of stalk-eyed flies: do eye-stalks affect aerial turning behavior? *Journal of Comparative Physiology A: Neuroethology, Sensory, Neural, and Behavioral Physiology* 193: 1065–1079.

Scales, J., and M. Butler. 2007. Are powerful females powerful enough? Acceleration in gravid green iguanas (*Iguana iguana*). *Integrative and Comparative Biology* 47: 285–294.

Seebacher, F., H. Guderley, R. M. Elsey, and P. L. Trosclair. 2003. Seasonal acclimatisation of muscle metabolic enzymes in a reptile (*Alligator mississippiensis*). *Journal of Experimental Biology* 206: 1193–1200.

Shine, R. 2003. Effects of pregnancy on locomotor performance: an experimental study on lizards. *Oecologia* 136: 450–456.

Swallow, J. G., G. S. Wilkinson, and J. H. Marden. 2000. Aerial performance of stalk-eyed flies that differ in eye span. *Journal of Comparative Physiology B* 170: 481–487.

Tarka, M., M. Åkesson, D. Hasselquist, and B. Hansson. 2014. Intralocus sexual conflict over wing length in a wild migratory bird. *American Naturalist* 183: 62–73.

Trivers, R. L. 1972. Parental investment and sexual selection. In *Sexual Selection and the Descent of Man*, 136–179. New York: Aldine de Gruyter.

Veasey, J. S., D. C. Houston, and N. B. Metcalfe. 2001. A hidden cost of reproduction: the trade-off between clutch size and escape take-off speed in female zebra finches. *Journal of Animal Ecology* 70: 20–24.

Warrener, A. G., K. L. Lewton, H. Pontzer, and D. E. Lieberman. 2015. A wider pelvis does not increase locomotor cost in humans, with implications for the evolution of childbirth. *PLoS One* 10: e0118903.

Webb, J. K. 2004. Pregnancy decreases swimming performance of female northern death adders (*Acanthophis praelongus*). *Copeia* 2004: 357–363.

Wells, C. L., and S. A. Plowman. 1983. Sexual differences in athletic performance: biological or behavioral? *Physician and Sportsmedicine* 11: 52–63.

5 热与冷

Alexander, R. M. 1989. *Dynamics of Dinosaurs and Other Extinct Giants*. New York: Columbia University Press.

Alonso, P. D., et al. 2004. The avian nature of the brain and inner ear of *Archaeopteryx*. *Nature* 430: 666–669.

Autumn, K., D. Jindrich, D. DeNardo, and R. Mueller. 1999. Locomotor performance at low temperature and the evolution of nocturnality in geckos. *Evolution* 53: 580–599.

Bakker, R. T. 1986. *The Dinosaur Heresies*. New York: Citadel Press.

Bennett, A. F., and J. A. Ruben. 1979. Endothermy and activity in vertebrates. *Science* 206: 649–654.

Chown, S. L., and S. W. Nicolson. 2004. *Insect Physiological Ecology: Mechanisms and Patterns.* Oxford: Oxford University Press.

Condon, C. H. L., and R. S. Wilson. 2006. Effect of thermal acclimation on female resistance to forced matings in the eastern mosquitofish. *Animal Behaviour* 72: 585–593.

Cowles, R. B. 1958. Possible origin of dermal temperature regulation. *Evolution* 12: 347–357.

Dial, K. P., B. E. Jackson, and P. Segre. 2008. A fundamental avian wing-stroke provides a new perspective on the evolution of flight. *Nature* 451: 985–983.

Else, P. L., and A. J. Hulbert. 1987. Evolution of mammalian endothermic metabolism: "leaky" membranes as a source of heat. *American Journal of Physiology: Regulatory, Integrative and Comparative Physiology* 253: R1–R7.

Feduccia, A. 1993. Evidence from claw geometry indicating arboreal habits of *Archaeopteryx. Science* 259: 790–793.

Gamble, T., et al. 2012. Repeated origin and loss of adhesive toepads in geckos. *PloS One* 7: e39429.

Gomes, F. R., C. R. Bevier, and C. A. Navas. 2002. Environmental and physiological factors influence antipredator behavior in *Scinax hiemalis* (Anura: Hylidae). *Copeia* 2002: 994–1005.

Grady, J. M., et al. 2014. Evidence for mesothermy in dinosaurs. *Science* 344: 1268–1272.

Gunn, D. L. 1933. The temperature and humidity relations of the cockroach (*Blatta orientalis*). *Journal of Experimental Biology* 10: 274–285.

Gunn, D. L., and C. A. Cosway. 1938. The temperature and humidity relations of the cockroach. *Journal of Experimental Biology* 15: 555–563.

Heinrich, B. 2013. *The Hot-Blooded Insects: Strategies and Mechanisms of Thermoregulation.* Berlin: Springer.

Herrel, A., R. S. James, and R. Van Damme. 2007. Fight versus flight: physiological basis for temperature-dependent behavioral shifts in lizards. *Journal of Experimental Biology* 210: 1762–1767.

Hertz, P. E., R. B. Huey, and E. Nevo. 1982. Fight versus flight: body temperature influences defensive responses of lizards. *Animal Behaviour* 30: 676–679.

Hetem, R., et al. 2013. Cheetah do not abandon hunts because they overheat. *Biology Letters* 9: 20130472.

Huey, R. B., and A. F. Bennett. 1987. Phylogenetic studies of coadaptation: preferred temperatures versus optimal performance temperatures of lizards. *Evolution* 41: 1098–1115.

Huey, R. B., and M. Slatkin. 1976. Costs and benefits of lizard thermoregulation. *Quarterly Review of Biology* 51: 363–384.

Huey, R. B., P. H. Niewiarowski, J. Kaufman, and J. C. Herron. 1989. Thermal biology of nocturnal ectotherms: is sprint performance of geckos maximal at low body temperatures? *Physiological Zoology* 62: 488–504.

Hulbert, A. J., and P. L. Else. 2000. Mechanisms underlying the cost of living in animals. *Annual Review of Physiology* 62: 207–235.

Kingsolver, J. G. 1985. Butterfly thermoregulation: organismic mechanisms and population consequences. *Journal of Research on the Lepidoptera* 24: 1–20.

Kramer, A. E. 1968. Motor patterns during flight and warm-up in Lepidoptera. *Journal of Experimental Biology* 48: 89–109.

Krogh, A., and E. Zeuthen. 1941. The mechanism of flight preparation in some insects. *Journal of Experimental Biology* 18: 1–10.

Lailvaux, S. P., G. J. Alexander, and M. J. Whiting. 2003. Sex-based differences and similarities in locomotor performance, thermal preferences, and escape behaviour in the lizard *Platysaurus intermedius wilhelmi. Physiological and Biochemical Zoology* 76: 511–521.

Martin, T. L., and R. B. Huey. 2008. Why "suboptimal" is optimal: Jensen's inequality and ectotherm thermal preferences. *American Naturalist* 171: E102–E118.

McNab, B. K. 2002. *The Physiological Ecology of Vertebrates: A View from Energetics.* Ithaca, NY: Comstock.

Pearson, O. P. 1954. Habits of the lizard *Liolaemus multiformis multiformis* at high altitudes in southern Peru. *Copeia* 1954: 111–116.

Pontzer, P., V. Allen, and J. R. Hutchinson. 2009. Biomechanics of running indicates endothermy in bipedal dinosaurs. *PLoS One* 4: e7783.

Ruben, J. 1991. Reptilian physiology and the flight capacity of *Archaeopteryx. Evolution* 45: 1–17.

Schaeffer, P. J., K. E. Conley, and S. L. Lindstedt. 1996. Structural correlates of speed and endurance in skeletal muscle: the rattlesnake tailshaker muscle. *Journal of Experimental Biology* 199: 351–358.

Seebacher, F., G. C. Grigg, and L. A. Beard. 1999. Crocodiles as dinosaurs: behavioural thermoregulation in very large ectotherms leads to high and stable body temperatures. *Journal of Experimental Biology* 202: 77–86.

Sellers, W. I., and P. L. Manning. 2007. Estimating dinosaur maximum running speeds using evolutionary robotics. *Proceedings of the Royal Society of London B: Biological Sciences* 274: 2711–2716.

Sellers, W. I., et al. 2017. Investigating the running abilities of *Tyrannosaurus rex* using stress-constrained multibody dynamic analysis. *PeerJ* 5: e3402.

Seymour, R. 2013. Maximal aerobic and anaerobic power generation in large crocodiles *versus* mammals: implications for dinosaur gigantothermy. *PLoS One* 8: e69361.

Shine, R., M. Wall, T. Langkilde, and R. T. Mason. 2005. Battle of the sexes: forcibly inseminating male garter snakes target courtship to more vulnerable females. *Animal Behaviour* 70: 1133–1140.

Shipman, P. 1998. *Taking Wing: Archaeopteryx and the Evolution of Bird Flight.* New York: Simon and Schuster.

Spotila, J. R., M. P. O'Connor, P. Dodson, and F. V. Paladino. 1991. Hot and cold running dinosaurs: body size, metabolism, and migration. *Modern Geology* 16: 203–227.
Taylor, C. R., and V. J. Rowntree. 1973. Temperature regulation and heat balance in running cheetahs: a strategy for sprinters? *American Journal of Physiology* 224: 848–851.
Wilson, R. S., C. H. L. Condon, and I. A. Johnston. 2007. Consequences of thermal acclimation for the mating behaviour and swimming performance of female mosquito fish. *Philosophical Transactions of the Royal Society B: Biological Sciences* 362: 2131–2139.

6 形状与结构

Arnold, S. J. 1983. Morphology, performance, and fitness. *American Zoology* 23: 347–361.
Biewener, A. A. 2003. *Animal Locomotion*. Oxford: Oxford University Press.
Blob, R. W., R. Rai, M. L. Julius, and H. L. Schoenfuss. 2006. Functional diversity in extreme environments: effects of locomotor style and substrate texture on the waterfall-climbing performance of Hawaiian gobiid fishes. *Journal of Zoology* 268: 315–324.
Bomphrey, R. J., T. Nakata, N. Philips, and S. M. Walker. 2017. Smart wing rotation and trailing-edge vortices enable high frequency mosquito flight. *Nature* 544: 92–95.
Bonine, K. E., and T. Garland. 1999. Sprint performance of phrynosomatid lizards, measured on a high-speed treadmill, correlates with hindlimb length. *Journal of Zoology* 248: 255–265.
Clifton, G. T., T. L. Hedrick, and A. A. Biewener. 2015. Western and Clark's grebes use novel strategies for running on water. *Journal of Experimental Biology* 218: 1235–1243.
D'Amore, D. C., K. Moreno, C. R. McHenry, and S. Wroe. 2011. The effects of biting and pulling on the forces generated during feeding in the Komodo dragon (*Varanus komodoensis*). *PLoS One* 6: e26226.
Davenport, J. 1994. How and why do flying fish fly? *Reviews in Fish Biology and Fisheries* 4: 184–214.
Dickinson, M. H., et al. 2000. How animals move: an integrative view. *Science* 288: 100–106.
Dudley, R., et al. 2007. Gliding and the functional origins of flight: biomechanical novelty or necessity? *Annual Review of Ecology, Evolution, and Systematics* 38: 179–201.
Flammang, B. E., A. Suvarnaraksha, J. Markiewicz, and D. Soares. 2016. Tetrapod-like pelvic girdle in a walking cavefish. *Scientific Reports* 6: 23711.
Fry, B. G., et al. 2009. A central role for venom in predation by *Varanus komodoensis* (Komodo dragon) and the extinct giant *Varanus (Megalania) priscus*. *Proceedings of the National Academy of Sciences* 106: 8969–8974.
Gilbert, C. 1997. Visual control of cursorial prey pursuit by tiger beetles (Cicindelidae). *Journal of Comparative Physiology* A 181: 217–230.

Glasheen, J. W., and T. A. McMahon. 1996a. Size-dependence of water-running ability in basilisk lizards (*Basiliscus basiliscus*). *Journal of Experimental Biology* 199: 2611–2618.

——. 1996b. A hydrodynamic model of locomotion in the basilisk lizard. *Nature* 380: 340–342.

Harpole, T. 2005. Falling with the falcon. *Air and Space Magazine* http://www.airspacemag.com/flight-today/falling-with-the-falcon-7491768/?no-ist=&page=1.

Hoyt, J. W. 1975. Hydrodynamic drag reduction due to fish slimes. In *Swimming and Flying in Nature*, vol. 2, ed. T. Wu, 653–672. Berlin: Springer.

Hudson, P. E., et al. 2011. Functional anatomy of the cheetah (*Acinonyx jubatus*). *Journal of Anatomy* 218: 375–385.

Humphrey, J. A. C. 1987. Fluid mechanic constraints on spider ballooning. *Oecologia* 73: 469–477.

Hutchinson, J. R., D. Famini, R. Lair, and R. Kram. 2003. Are fast-moving elephants really running? *Nature* 422: 493–494.

Jenkins, A. R. 1995. Morphometrics and flight performance of southern African peregrine and lanner falcons. *Journal of Avian Biology* 26: 49–58.

Johansson, F., M. Söderquist, and F. Bokma. 2009. Insect wing shape evolution: independent effects of migratory and mate guarding flight on dragonfly wings. *Biological Journal of the Linnean Society* 97: 362–372.

Krausman, P. R., and S. M. Morales. 2005. *Acinonyx jubatus*. *Mammalian Species* 771. 1–6.

Laybourne, R. C. 1974. Collision between a vulture and an aircraft at an altitude of 37,000 feet. *Wilson Bulletin* 86: 461–462.

Lentink, D., et al. 2007. How swifts control their glide performance with morphing wings. *Nature* 446: 1082–1085.

McGuire, J. A., and R. Dudley. 2005. The cost of living large: comparative gliding performance in flying lizards (Agamidae: *Draco*). *American Naturalist* 166: 93–106.

Miles, D. B., L. A. Fitzgerald, and H. L. Snell. 1995. Morphological correlates of locomotor performance in hatchling *Amblyrhynchus cristatus*. *Oecologia* 103: 261–264.

Myers, M. J., and K. Steudel. 1985. Effect of limb mass and its distribution on the energetic cost of running. *Journal of Experimental Biology* 116: 363–373.

Ropert-Coudert, Y., et al. 2004. Between air and water: the plunge dive of the Cape Gannet *Morus capensis*. *Ibis* 146: 281–290.

Sagong, W., W. Jeon, and H. Choi. 2013. Hydrodynamic characteristics of the sailfish (*Istiophorus platypterus*) and swordfish (*Xiphias gladius*). *PLoS One* 8: e81323.

Sharp, N. C. C. 2012. Animal athletes: a performance review. *Veterinary Record* 171: 87–94.

Socha, J. J. 2002. Gliding flight in the paradise tree snake. *Nature* 418: 603–604.

Socha, J. J, T. O'Dempsey, and M. LaBarbera. 2008. A 3-D kinematic analysis of gliding in a flying snake, *Chrysopelea paradisi*. *Journal of Experimental Biology* 208: 1817–1833.

Svendsen, M. B. S., et al. 2016. Maximum swimming speeds of sailfish and three other large marine predatory fish species based on muscle contraction time and stride length: a myth revisited. *Biology Open* 5: 1415–1419.

Van Valkenburgh, B., et al. 2004. Respiratory turbinates of canids and felids: a quantitative comparison. *Journal of Zoology* 264: 281–293.

Videler, J. J. 2006. *Avian Flight*. Oxford: Oxford University Press.

Videler, J. J., et al. 2016. Lubricating the swordfish head. *Journal of Experimental Biology* 219: 1953–1956.

Wang, L., et al. 2011. Why do woodpeckers resist head impact injury? A biomechanical investigation. *PLoS One* 6: e26490.

Wassersug, R. J., et al. 2005. The behavioral responses of amphibians and reptiles to microgravity on parabolic flights. *Zoology* 108: 107–120.

Wen, L., J. C. Weaver, and G. V. Lauder. 2014. Biomimetic shark skin: design, fabrication, and hydrodynamic function. *Journal of Experimental Biology* 217: 1656–1666.

Williams, T. M., et al. 1997. Skeletal muscle histology and biochemistry of an elite sprinter, the African cheetah. *Journal of Comparative Physiology B* 167: 527–535.

Wojtusiak, J., E. J. Godzínska, and A. Dejean. 1995. Capture and retrieval of very large prey by workers of the African weaver ant, *Oecophylla longinoda*. *Tropical Zoology* 8: 309–318.

Yafetto, L., et al. 2008. The fastest flights in nature: high-speed spore discharge mechanisms among fungi. *PLoS One* 3: e3237.

Young, J., et al. 2009. Details of insect wing design and deformation enhance aerodynamic function and flight efficiency. *Science* 325: 1549–1552.

7 限制与取舍

Abe, T., K. Kumagai, and W. F. Brechue. 2000. Fascicle length of leg muscles is greater in sprinters than distance runners. *Medicine and Science in Sports and Exercise* 32: 1125–1129.

Alexander, R. M. 1991. It may be better to be a wimp. *Nature* 353: 696.

Bayley, T. G., G. P. Sutton, and M. Burrows. 2012. A buckling region in locust hindlegs contains resilin and absorbs energy when jumping or kicking goes wrong. *Journal of Experimental Biology* 215: 1151–1161.

Biewener, A. A. 2016. Locomotion as an emergent property of muscle contractile dynamics. *Journal of Experimental Biology* 218: 285–294.

Bro-Jørgensen, J. 2013. Evolution of sprint speed in African savannah herbivores in relation to predation. *Evolution* 67: 3371–3376.

Burrows, M. 2003. Froghopper insects leap to new heights. *Nature* 424: 509.

Burrows, M., S. R. Shaw, and G. P. Sutton. 2008. Resilin and chitinous cuticle form a composite structure for energy storage in jumping by froghopper insects. *BMC Biology* 6: 16.

Byers, J. A. 2003. *Built for Speed: A Year in the Life of Pronghorn*. Cambridge, MA: Harvard University Press.

Carrier, D. R. 2002. Functional trade-offs in specialization for fighting versus running. In *Topics in Functional and Ecological Vertebrate Morphology*, ed. P. Aerts, K. D'Aoút, A. Herrel, and R. Van Damme, 235–255. Maastricht: Shaker.

——. 1996. Ontogenetic limits on locomotor performance. *Physiological Zoology* 69: 467–488.

Costello, D. F. 1969. *The Prairie World*. New York: Thomas Y. Crowell.

Cullen, J. A., T. Maie, H. L. Schoenfuss, and R. W. Blob. 2013. Evolutionary novelty versus exaptation: oral kinematics in feeding versus climbing in the waterfall-climbing Hawaiian goby *Sicyopterus stimpsoni*. *PLoS One* 8: e53274.

Curry, J. W., R. Hohl, T. D. Noakes, and T. A. Kohn. 2012. High oxidative capacity and type IIx fibre content in springbok and fallow deer skeletal muscle suggest fast sprinters with a resistance to fatigue. *Journal of Experimental Biology* 215: 3997–4005.

Deban, S. M., and J. A. Scales. 2016. Dynamics and thermal sensitivity of ballistic and non-ballistic feeding in salamanders. *Journal of Experimental Biology* 219: 431–444.

de Groot, J. H., and J. L. van Leeuwen. 2004. Evidence for an elastic projection mechanism in the chameleon tongue. *Proceedings of the Royal Society B: Biological Sciences* 271: 761–770.

Farley, C. T. 1997. Maximum speed and mechanical power output in lizards. *Journal of Experimental Biology* 200: 2189–2195.

Hedenström, A., et al. 2016. Annual 10-month aerial life phase in the common swift *Apus apus*. *Current Biology* 26: 3066–3070.

Heers, A. M., and K. P. Dial. 2015. Wings versus legs in the avian *bauplan*: development and evolution of alternative locomotor strategies. *Evolution* 69: 305–320.

Hudson, P. E., et al. 2011. Functional anatomy of the cheetah (*Acinonyx jubatus*). *Journal of Anatomy* 218: 363–374.

Husak, J. F., and S. F. Fox. 2006. Field use of maximal sprint speed by collared lizards (*Crotaphytus collaris*): compensation and sexual selection. *Evolution* 60: 1888–1895.

Iosilevskii, G., and D. Weihs. 2008. Speed limits on swimming of fishes and cetaceans. *Journal of the Royal Society Interface* 5: 329–338.

Irschick, D. J., and J. B. Losos. 1999. Do lizards avoid habitats in which performance is submaximal? The relationship between sprinting capabilities and structural habitat use in Caribbean anoles. *American Naturalist* 154: 298–305.

Irschick, D. J., B. Vanhooydonck, A. Herrel, and A. Andronescu. 2003. The effects of loading and size on maximum power output and gait characteristics in geckos. *Journal of Experimental Biology* 206: 3923–3934.

Killen, S. S., J. J. H. Nati, and C. D. Suski. 2015. Vulnerability of individual fish to capture by trawling is influenced by capacity for anaerobic metabolism. *Proceedings of the Royal Society of London B: Biological Sciences* 282: 20150603.

Kohn, T. A., J. W. Curry, and T. D. Noakes. 2011. Black wildebeest skeletal muscle exhibits high oxidative capacity and a high proportion of type IIx fibres. *Journal of Experimental Biology* 214: 4041–4047.

Kropff, E., J. E. Carmichael, M. Moser, and E. I. Moser. 2015. Speed cells in the medial entorhinal cortex. *Nature* 523: 419–424.

Lindstedt, S. L., et al. 1991. Running energetics in the pronghorn antelope. *Nature* 353: 748–750.

Losos, J. B., and B. Sinervo. 1989. The effects of morphology and perch diameter on sprint performance of *Anolis* lizards. *Journal of Experimental Biology* 145: 23–30.

Marsh, R. L., and A. F. Bennett. 1986. Thermal dependence of sprint performance of the lizard *Sceloporus occidentalis*. *Journal of Experimental Biology* 126: 79–87.

McKean, T., and B. Walker. 1974. Comparison of selected cardiopulmonary parameters between the pronghorn and the goat. *Respiration Physiology* 21: 365–370.

Noakes, T. D. 2011. Time to move beyond a brainless exercise physiology: the evidence for complex regulation of human exercise performance. *Applied Physiology, Nutrition, and Metabolism* 36: 23–35.

Pasi, B. M., and D. R. Carrier. 2003. Functional trade-offs in the limb muscles of dogs selected for running vs. fighting. *Journal of Evolutionary Biology* 16: 324–332.

Quillin, K. J. 2000. Ontogenetic scaling of burrowing forces in the earthworm *Lumbricus terrestris*. *Journal of Experimental Biology* 203: 2757–2770.

Vanhooydonck, B., R. Van Damme, and P. Aerts. 2001. Speed and stamina trade-off in lacertid lizards. *Evolution* 55: 1040–1048.

Vanhooydonck, B., et al. 2014. Is the whole more than the sum of its parts? Evolutionary trade-offs between burst and sustained locomotion in lacertid lizards. *Proceedings of the Royal Society B: Biological Sciences* 281: 10.

Wainwright, P. C., M. E. Alfaro, D. I. Bolnick, and C. D. Hulsey. 2005. Many-to-one mapping of form to function: a general principle in organismal design? *Integrative and Comparative Biology* 45: 256–262.

Wakeling, J. M., and I. A. Johnston. 1998. Muscle power output limits fast-start performance in fish. *Journal of Experimental Biology* 201: 1505–1526.

Watanabe, Y. Y., et al. 2011. Poor flight performance in deep-diving cormorants. *Journal of Experimental Biology* 214: 412–421.

Weir, J. P., T. W. Beck, J. T. Cramer, and T. J. Housh. 2006. Is fatigue all in your head? A critical review of the central governor model. *British Journal of Sports Medicine* 40: 573–586.

Wilson, R. S., J. F. Husak, L. G. Halsey, and C. J. Clemente. 2015. Predicting the movement speeds of animals in natural environments. *Integrative and Comparative Biology* 55: 1125–1141.

Williams, S. B., et al. 2008. Functional anatomy and muscle moment arms of the pelvic limb of an elite sprinting athlete: the racing greyhound (*Canis familiaris*). *Journal of Anatomy* 213: 361–372.

Wolfman, M., and G. Pérez. 1985. A flash of lightning. *Crisis on Infinite Earths* 8. DC Comics.

8 获取与消耗

Au, D., and D. Weihs. 1980. At high speeds dolphins save energy by leaping. *Nature* 284: 548–550.

Bailey, I., J. P. Myatt, and A. M. Wilson. 2013. Group hunting within the Carnivora: physiological, cognitive and environmental influences on strategy and cooperation. *Behavioral Ecology and Sociobiology* 67: 1–17.

Baker, A. B., and Y. Q. Tang. 2010. Aging performance for masters records in athletics, swimming, rowing, cycling, triathlon, and weightlifting. *Experimental Aging Research* 36: 453–477.

Biewener, A. A., D. D. Konieczynski, and R. V. Baudinette. 1998. In vivo muscle force-length behavior during steady-speed hopping in tammar wallabies. *Journal of Experimental Biology* 201: 1681–1694.

Bronikowski, A. M., T. J. Morgan, T. Garland, and P. A. Carter. 2006. The evolution of aging and age-related physical decline in mice selectively bred for high voluntary exercise. *Evolution* 60: 1494–1508.

Cespedes, A. M., and S. P. Lailvaux. 2015. An individual-based simulation approach to the evolution of locomotor performance. *Integrative and Comparative Biology* 55: 1176–1187.

Cespedes, A., C. M. Penz, and P. DeVries. 2014. Cruising the rain forest floor: butterfly wing shape evolution and gliding in ground effect. *Journal of Animal Ecology* 84: 808–816.

Chatfield, M. W. H., et al. 2013. Fitness consequences of infection by *Batrachochytrium dendrobatidis* in northern leopard frogs (*Lithobates pipiens*). *EcoHealth* 10: 90–98.

Dawson, T. J., and C. R. Taylor. 1973. Energetic cost of locomotion in kangaroos. *Nature* 246: 313–314.

Garland, T. 1983. Scaling the ecological cost of transport to body mass in terrestrial animals. *American Naturalist* 121: 571–587.

Hämäläinen, A., M. Dammhahn, F. Aujard, and C. Kraus. 2015. Losing grip: senescent decline in physical strength in a small-bodied primate in captivity and in the wild. *Experimental Gerontology* 61: 54–61.

Higham, T. E., and D. J. Irschick. 2013. Springs, steroids, and slingshots: the roles of enhancers and constraints in animal movement. *Journal of Comparative Physiology B: Biochemical, Systemic, and Environmental Physiology* 183: 583–595.

Hubel, T. Y., et al. 2016. Energy cost and return for hunting in African wild dogs and cheetahs. *Nature Communications* 7: doi 10.1038/ncomms11034.

Hunt, J., et al. 2004. High-quality male field crickets invest heavily in sexual display but die young. *Nature* 432: 1024–1027.

Husak, J. F. 2006. Does speed help you survive? A test with collared lizards of different ages. *Functional Ecology* 20: 174–179.

Husak, J. F., H. A. Ferguson, and M. B. Lovern. 2016. Trade-offs among locomotor performance, reproduction and immunity in lizards. *Functional Ecology* 30: 1665–1674.

Husak, J. F., A. R. Keith, and B. N. Wittry. 2015. Making Olympic lizards: the effects of specialised exercise training on performance. *Journal of Experimental Biology* 218: 899–906.

Killen, S. S., D. P. Croft, K. Salin, and S. K. Darden. 2016. Male sexually coercive behaviour drives increased swimming efficiency in female guppies. *Functional Ecology* 30: 576–583.

Kogure, Y., et al. 2016. European shags optimize their flight behaviour according to wind conditions. *Journal of Experimental Biology* 219: 311–318.

Lailvaux, S. P., and J. F. Husak. 2014. The life-history of whole-organism performance. *Quarterly Review of Biology* 89: 285–318.

Lailvaux, S. P., R. L. Gilbert, and J. R. Edwards. 2012. A performance-based cost to honest signaling in male green anole lizards (*Anolis carolinensis*). *Proceedings of the Royal Society of London B: Biological Sciences* 279: 2841–2848.

Lailvaux, S. P., F. Zajitschek, J. Dessman, and R. Brooks. 2011. Differential aging of bite and jump performance in virgin and mated *Teleogryllus commodus* crickets. *Evolution* 65: 3138–3147.

Lane, S. J., W. A. Frankino, M. M. Elekonich, and S. P. Roberts. 2014. The effects of age and lifetime flight behavior on flight capacity in *Drosophila melanogaster*. *Journal of Experimental Biology* 217: 1437–1443.

Magurran, A. E. 2005. *Evolutionary Ecology: The Trinidadian Guppy*. Oxford: Oxford University Press.

Marden, J. H. 1987. Maximum lift production during takeoff in flying animals. *Journal of Experimental Biology* 130: 235–258.

Murphy, K., P. Travers, and M. Walport. 2008. *Immunobiology*, 7th ed. New York: Garland.

Payne, N. L., et al. 2016. Great hammerhead sharks swim on their side to reduce transport costs. *Nature Communications* 7: 12289.

Pinshow, B., M. A. Fedak, and K. Schmidt-Nielsen. 1977. Terrestrial locomotion in penguins: it costs more to waddle. *Science* 195: 592–594.

Portugal, S. J., et al. 2014. Upwash exploitation and downwash avoidance by flap phasing in ibis formation flight. *Nature* 505: 399–402.

Reaney, L. T., and R. J. Knell. 2015. Building a beetle: how larval environment leads to adult performance in a horned beetle. *PLoS One* 10: e0134399.

Reznick, D. N., et al. 2004. Effect of extrinsic mortality on the evolution of senescence in guppies. *Nature* 431: 1095–1099.

Roberts, T. J., R. L. Marsh, P. G. Weyand, and C. R. Taylor. 1997. Muscular force in running turkeys: the economy of minimizing work. *Science* 275: 1113–1115.

Royle, N. J., J. Lindström, and N. B. Metcalfe. 2006. Effect of growth compensation on subsequent physical fitness in green swordtails *Xiphophorus helleri*. *Biology Letters* 2: 39–42.

Royle, N. J., N. B. Metcalfe, and J. Lindström. 2006. Sexual selection, growth compensation and fast-start swimming performance in green swordtails, *Xiphophorus helleri*. *Functional Ecology* 20: 662–669.

Rusli, M. U., D. T. Booth, and J. Joseph. 2016. Synchronous activity lowers the energetic cost of nest escape for sea turtle hatchlings. *Journal of Experimental Biology* 219: 1505–1513.

Spencer, R. J., M. B. Thompson, and P. Banks. 2001. Hatch or wait? A dilemma in reptilian incubation. *Oikos* 93: 401–406.

Ward, P. I., and M. M. Enders. 1985. Conflict and cooperation in the group feeding of the social spider *Stegodyphus mimosarum*. *Behaviour* 94: 167–182.

Weihs, D. 2002. Dynamics of dolphin porpoising revisited. *Integrative and Comparative Biology* 42: 1071–1078.

Williams, T. M., et al. 1992. Travel at low energetic cost by swimming and wave-riding bottlenose dolphins. *Nature* 355: 821–823.

——. 2014. Instantaneous energetics of puma kills reveal advantage of felid sneak attacks. *Science* 346: 81–85.

Wilson, R. P., B. Culik, D. Adelung, N. R. Coria, and H. J. Spairani. 1991. To slide or stride: when should Adélie penguins (*Pygoscelis adeliae*) toboggan? *Canadian Journal of Zoology* 69: 221–225.

Wyneken, J., and M. Salmon. 1992. Frenzy and postfrenzy swimming activity in loggerhead, green, and leatherback hatchling sea turtles. *Copeia* 1992: 478–484.

Zamora-Camacho, F. J., S. Reguera, M. V. Rubiño-Hispán, and G. Moreno-Rueda. 2015. Eliciting an immune response reduces sprint speed in a lizard. *Behavioral Ecology* 26: 115–120.

9 先天与后天

Berwaerts, K., E. Matthysen, and H. Van Dyck. 2008. Take-off flight performance in the butterfly *Pararge aegeria* relative to sex and morphology: a quantitative genetic assessment. *Evolution* 62: 2525–2533.

Blows, M. W., et al. 2015. The phenome-wide distribution of genetic variance. *American Naturalist* 186: 15–30.

Bouchard, C., T. Rankinen, and J. A. Timmons. 2011. Genomics and genetics in the biology of adaptation to exercise. *Comprehensive Physiology* 1: 1603–1648.

Boyle, E. A., Y. I. Li, and J. K. Pritchard. 2017. An expanded view of complex traits: from polygenic to omnigenic. *Cell* 169: 1177–1186.

Bräu, L., S. Nikolovski, T. N. Palmer, and P. A. Fournier. 1999. Glycogen repletion following burst activity: a carbohydrate-sparing mechanism in animals adapted to arid environments? *Journal of Experimental Zoology* 284: 271–275.

Cullum, A. J. 1997. Comparisons of physiological performance in sexual and asexual whiptail lizards (genus *Cnemidophorus*): implications for the role of heterozygosity. *American Naturalist* 150: 24–47.

Denton, R. D., K. R. Greenwald, and H. L. Gibbs. 2017. Locomotor endurance predicts differences in realized dispersal between sympatric sexual and unisexual salamanders. *Functional Ecology* 31: 915–926.

Ginot, S., J. Claude, J. Perez, and F. Veyrunes. 2017. Sex reversal induces size and performance differences among females of the African pygmy mouse, *Mus minutoides*. *Journal of Experimental Biology* 220: 1947–1951.

Higgie, M., S. Chenoweth, and M. W. Blows. 2000. Natural selection and the reinforcement of mate recognition. *Science* 290: 519–521.

Kearney, M., R. Wahl, and K. Autumn. 2005. Increased capacity for sustained locomotion at low temperature in parthenogenetic geckos of hybrid origin. *Physiological and Biochemical Zoology* 78: 316–324.

Le Galliard J., J. Clobert, and R. Ferrière. 2004. Physical performance and Darwinian fitness in lizards. *Nature* 432: 502–505.

Marden, J. H., et al. 2013. Genetic variation in HIF signaling underlies quantitative variation in physiological and life-history traits within lowland butterfly populations. *Evolution* 67: 1105–1115.

McKenzie, E., et al. 2005. Recovery of muscle glycogen concentrations in sled dogs during prolonged exercise. *Medicine and Science in Sports and Exercise* 37: 1307–1312.

Mee, J. A., C. J. Brauner, and E. B. Taylor. 2011. Repeat swimming performance and its implications for inferring the relative fitness of asexual hybrid dace (Pisces: *Phoxinus*) and their sexually reproducing parental species. *Physiological and Biochemical Zoology* 84: 306–315.

Raichlen, D. A., and A. D. Gordon. 2011. Relationship between exercise capacity and brain size in mammals. *PLoS One* 6: e20601.

Rhodes, J. S., S. C. Gammie, and T. Garland. 2005. Neurobiology of mice selected for high voluntary wheel-running activity. *Integrative and Comparative Biology* 45: 438–455.

Saglam, I. K., D. A. Roff, and D. J. Fairbairn. 2008. Male sand crickets trade-off flight capability for reproductive potential. *Journal of Evolutionary Biology* 21: 997–1004.

Sharman, P., and A. J. Wilson. 2015. Racehorses are getting faster. *Biology Letters* 11: 20150310.

Sorci, G., J. G. Swallow, T. Garland, and J. Clobert. 1995. Quantitative genetics of locomotor speed and endurance in the lizard *Lacerta vivipara*. *Physiological Zoology* 68: 698–720.

Storz, J. F., J. T. Bridgham, S. A. Kelly, and T. Garland. 2015. Genetic approaches in comparative and evolutionary physiology. *American Journal of Physiology: Regulatory, Integrative and Comparative Physiology* 309: R197–R214.

10 鼠与人

Adusumilli, P. S., et al. 2004. Left-handed surgeons: are they left out? *Current Surgery* 61: 587–591.

Brooks, R., L. F. Bussière, M. D. Jennions, and J. Hunt. 2004. Sinister strategies succeed at the cricket World Cup. *Proceedings of the Royal Society of London B: Biological Sciences* 271: S64–S66.

Carrier, D. R. 1984. The energetic paradox of human running and hominid evolution. *Current Anthropology* 24: 483–495.

Carrier, D. R., and M. H. Morgan. 2015. Protective buttressing of the hominin face. *Biological Reviews* 90: 330–346.

Carrier, D. R., S. M. Deban, and J. Otterstrom. 2002. The face that sank the *Essex*: potential function of the spermaceti organ in aggression. *Journal of Experimental Biology* 205: 1755–1763.

Coren, S., and D. F. Halpern. 1991. Left-handedness: a marker for decreased survival fitness. *Psychological Bulletin* 109: 90–106.

David, G. K., et al. 2012. Receivers limit the prevalence of deception in humans: evidence from diving behaviour in soccer players. *PLoS One* 6: e26017.

Faurie, C., and M. Raymond. 2005. Handedness, homicide and negative frequency-dependent selection. *Proceedings of the Royal Society of London B: Biological Sciences* 272: 25–28.

Grouios, G., H. Tsorbatzoudis, K. Alexandris, and V. Barkoukis. 2000. Do left-handed competitors have an innate superiority in sports? *Perceptual and Motor Skills* 90: 1273–1282.

Lailvaux, S. P., R. S. Wilson, and M. M. Kasumovic. 2014. Trait compensation and sex-specific aging of performance in male and female professional basketball players. *Evolution* 68: 1523–1532.

Liebenberg, L. 2008. The relevance of persistence hunting to human evolution. *Journal of Human Evolution* 55: 1156–1159.

Lieberman, D. E., and D. M. Bramble. 2007. The evolution of marathon running: capabilities in humans. *Sports Medicine* 37: 288–290.

Lieberman, D. E., D. M. Bramble, D. A. Raichlen, and J. J. Shea. 2009. Brains, brawn, and the evolution of human endurance running capabilities. In *The First Humans:*

Origin and Early Evolution of the Genus Homo, ed. F. E. Grine, J. G. Fleagle, and R. E. Leakey, 77–92. Berlin: Springer.
Little, A. C., et al. 2015. Human perception of fighting ability: facial cues predict winners and losers in mixed martial arts fights. *Behavioral Ecology* 26: 1470–1475.
Loffing, F., and N. Hagemann. 2015. Pushing through evolution? Incidence and fight records of left-oriented fighters in professional boxing history. *Laterality* 20: 270–286.
Morgan, M. H., and D. R. Carrier. 2013. Protective buttressing of the human fist and the evolution of hominin hands. *Journal of Experimental Biology* 216: 236–244.
Nickle, D. C., and L. M. Goncharoff. 2013. Human fist evolution: a critique. *Journal of Experimental Biology* 216: 2359–2360.
Palmer, A. R. 2004. Symmetry breaking and the evolution of development. *Science* 306: 828–833.
Perez, D. M., S. J. Heatwole, L. J. Morrell, and P. R. Y. Backwell. 2015. Handedness in fiddler crab fights. *Animal Behaviour* 110: 99–104.
Pollett, T. V., G. Stulp, and T. G. G. Groothuis. 2013. Born to win? Testing the fighting hypothesis in realistic fights: left-handedness in the Ultimate Fighting Championship. *Animal Behaviour* 86: 839–843.
Raymond, M., D. Pontier, A. B. Dufour, and A. P. Møller. 1996. Frequency-dependent maintenance of left handedness in humans. *Proceedings of the Royal Society of London B: Biological Sciences* 263: 1627–1633.
Schulz, R., and C. Curnow. 1988. Peak performance and age among superathletes: track and field, swimming, baseball, tennis, and golf. *Journal of Gerontology* 43: 113–120.
Van Damme, R., and R. S. Wilson. 2002. Athletic performance and the evolution of vertebrate locomotor capacity. In *Topics in Functional and Ecological Vertebrate Morphology*, ed. P. Aerts, K. D'Août, A. Herrel, and R. Van Damme, 257–292. Maastricht: Shaker.
Zilioli, S., et al. 2015. Face of a fighter: bizygomatic width as a cue of formidability. *Aggressive Behavior* 41: 322–330.

致 谢

数位同事、合作者和朋友，在百忙之中慷慨地抽出时间审读本书的章节。有些人甚至自愿浏览了整本书。感谢格雷厄姆·亚历山大（Graham Alexander）、罗伯·布鲁克斯、戴维·卡里尔、马尔科姆·戈登（Malcolm Gordon）、雷·休伊、杰瑞·胡萨克、邓肯·厄斯奇克、乔纳森·洛索斯、阿沙迪·米勒（Ashadee Miller）、希拉·帕特克、埃里克·波斯特马、迈克尔·萨迪（Michael Sadie）、欧文·特雷布兰奇（Owen Terreblanche）、格林尼斯·威廉斯（Glynnis Williams）和罗比·威尔逊，他们对各章做出了评论和批评，中肯得当，饱含满满的善意。得益于他们的警觉，很多令人尴尬的错误得以避免，没有他们的帮助，这本书会糟糕得多。在我埋首键盘时，很多合作者和学生的稿件没有浏览，邮件没有回复，对他们，我充满歉意；不妨说，你们根本就不需要我。坎迪斯·拜沃特中断了去欧洲的度假来分析数据，为我解答了关于她在招潮蟹方面的成果的疑问，对此我万分感激——我可能做不到像她这么乐于助人！阿兰·德让（Alain Dejean）、丹耶·德托（Tanya Detto）、杰瑞·胡萨克、米凯莱·约翰逊（Michele Johnson）、罗布·科内尔、斯坦·林德斯泰特、利安·雷尼和埃瓦尔德·魏贝尔（Ewald Weibel），慷慨地允许我使用他们的照片和数据，感谢你们所有人！

在正文中，我运用了众多杰出研究者的成果，有时候，对于如何更好地把功劳归于他们，我感觉极度苦恼。虽然我不想把本书整成一连串的姓名和机构，但我还是认为有必要不时强调一下，我现在自负地谈论的研究，实际上是哪些人做的。由于我往往要去应付太多别的事——五花八门的事，所以我最终做了这样的处理。感谢我所有的同事，他们迷人的研究促成了这本书；我希望，我这样做恰如其分。也感谢我的经纪人，不屈不挠的罗素·盖伦（Russell Galen），他从一开始就对本项目充满信心；劳拉·琼斯·杜利（Laura Jones Dooley），有史以来最好的文稿编辑；以及珍·托马斯·布莱克（Jean Thomson Black）、迈克尔·狄尼恩（Michael Deneen）、玛格丽特·沃特泽尔（Margaret Otzel）和耶鲁大学出版社的其他每个人，感谢他们的辛勤工作（和耐心）。

最后，我想特别地感谢我的搭档德比·拉米尔（Debbie Ramil），没有他，一切可能都会慢得多。

索　引

（索引后页码为英文原书页码，即本书页边码）

E

F

G

I

J

K

L

N

O

P

Q

V

W

Z

图书在版编目（CIP）数据

力量的进化：动物如何变得更强 / (美) 西蒙·莱尔沃克斯 (Simon Lailvaux) 著；范伟译. -- 北京：社会科学文献出版社, 2020.9

书名原文: Feats of Strength: How Evolution Shapes Animal Athletic Abilities

ISBN 978-7-5201-6733-8

Ⅰ. ①力… Ⅱ. ①西… ②范… Ⅲ. ①动物-进化-研究 Ⅳ. ①Q951

中国版本图书馆CIP数据核字（2020）第092107号

力量的进化：动物如何变得更强

著　　者 / [美] 西蒙·莱尔沃克斯（Simon Lailvaux）
译　　者 / 范　伟

出 版 人 / 谢寿光
责任编辑 / 杨　轩　王　雪

出　　版 / 社会科学文献出版社（010）59367069
地址：北京市北三环中路甲29号院华龙大厦　邮编：100029
网址：www.ssap.com.cn
发　　行 / 市场营销中心（010）59367081　59367083
印　　装 / 三河市东方印刷有限公司

规　　格 / 开　本：880mm×1230mm　1/32
印　张：11　字　数：237千字
版　　次 / 2020年9月第1版　2020年9月第1次印刷
书　　号 / ISBN 978-7-5201-6733-8
著作权合同登记号 / 图字01-2019-0836号
定　　价 / 79.00元